U0793116

高等职业教育通信类专业系列教材

WLAN 技术与应用

主 编 韩金燕 孙秀英

参 编 陈 勇 钟 伟 余建明

机 械 工 业 出 版 社

本书系统地阐述了目前国内基于华为设备所涉及的 WLAN 基本原理和主要技术，注重技术理论的阐述，强调理论与实践相结合，深入浅出，实用性很强。

本书共 8 章，前 4 章内容主要为理论部分，介绍了数据通信基础知识、WLAN 概述、WLAN 产品与关键技术以及 WLAN 组网与业务开通；后 4 章内容主要为实操部分，详细阐述了 WLAN 基本操作与配置、WLAN 实战配置与注意事项、WLAN 安全认证配置以及 WLAN 漫游配置相关内容。

本书在内容上力求理论的系统性和技术的实践性、新颖性相结合，图文并茂，内容丰富，可以作为高职高专通信类专业的教材，也可以作为从事 WLAN 技术的科研与工程技术人员的参考教材。

为方便教学，本书配有免费电子课件、习题与思考答案、模拟试卷及答案等，凡选用本书作为授课教材的学校，均可来电（010-88379564）或 QQ（3045474130）索取。

图书在版编目（CIP）数据

WLAN 技术与应用/韩金燕，孙秀英主编. —北京：机械工业出版社，2017.6(2024.9 重印)

高等职业教育通信类专业系列教材

ISBN 978-7-111-56848-3

Ⅰ.①W… Ⅱ.①韩… ②孙… Ⅲ.①无线电通信-局域网-高等职业教育-教材 Ⅳ.①TN92

中国版本图书馆 CIP 数据核字（2017）第 105196 号

机械工业出版社（北京市百万庄大街 22 号 邮政编码 100037）
策划编辑：曲世海 责任编辑：曲世海 冯睿娟
责任校对：王 延 封面设计：陈 沛
责任印制：郜 敏
北京富资园科技发展有限公司印刷
2024 年 9 月第 1 版第 8 次印刷
184mm×260mm · 12.5 印张 · 303 千字
标准书号：ISBN 978-7-111-56848-3
定价：39.80 元

电话服务	网络服务
客服电话：010-88361066	机 工 官 网：www.cmpbook.com
010-88379833	机 工 官 博：weibo.com/cmp1952
010-68326294	金 书 网：www.golden-book.com
封底无防伪标均为盗版	机工教育服务网：www.cmpedu.com

前　言

随着计算机技术的飞速发展，人们的日常生活与互联网联系得越来越紧密，一方面互联网为人们的日常生活带来了极大的便利，另一方面，人们对互联网的依赖性也越来越高，需求的体验感也越来越强烈。

在过去的很长一段时间里，无线局域网即 WLAN 技术仅被视为降低互联网成本的一种方式，但在近几年由于用户移动性的提高，互联网组织正通过 WLAN 技术来更改运营方式，目的是实现用户对网络无处不在的访问。

为了满足用户对无线网络速率的更高需求，无线局域网技术的创新一直在继续。目前，电气和电子工程师协会（IEEE）正在开发新的标准，如 802.11ax，在 5GHz 频段实现 10 Gbit/s 的数据传输速率；802.11ay，将在 60 GHz 频段实现 20 Gbit/s 的数据传输速率。

本书内容的选取注重基础知识学习和能力培养的紧密结合，教学内容分理论与实操两部分，教学内容的组织与编写遵循初学者认知规律由浅入深。本书主要有如下特点：

1. 以通信主流设备厂商——华为技术有限公司的 WLAN 设备为基础。

2. 精选教学内容。结合高等职业教育的特点及教学对象特点，本书分成理论与实操两部分。从工程应用的角度出发，按照够用、会用和实用的原则精选理论知识；以实际的工程操作和现场的工作状态选取实践项目。

3. 精选内容的同时，每个章节都设置了课程目标、本章小结、习题与思考，为读者提供教学或学习帮助。

由于编者水平所限，书中难免有错漏和欠妥之处，恳请读者批评、指正。

编　者

目　录

实 操 部 分

理论部分

第1章 数据通信基础知识

课程目标：

- 了解数据传输的基本概念
- 了解 DCE 和 DTE 的概念
- 熟悉信号和信道的基本概念
- 掌握数据传输的方式、形式和介质
- 掌握 OSI 模型的定义和每层功能
- 掌握 TCP/IP 的层次结构以及各层功能
- 掌握 VLAN 帧格式
- 掌握 VLAN 的概念与作用
- 掌握 VLAN 的创建与配置
- 掌握 Access、Trunk、Hybrid 端口原理
- 可以通过华为 ENSP 软件来配置相应的端口类型

1.1 数据传输的基本概念

把数据从 A 地点传输到 B 地点的通信过程称为数据传输。数据传输系统（Data Transmission System）主要由控制信道以及数据传输信道这两个部分组成，在某些情况下，可能还包括数据传输两端的复用设备，在通信网络中主要有两种设备，分别是 DCE 设备以及 DTE 设备。一般网络中的设备称为 DCE，即数据通信设备，而网络两端的终结设备，比如我们熟悉的个人计算机（PC）或者输入输出设备统称为 DTE，即数据终端设备，它所发出的数据信息主要为字母、数字以及符号的组合，同时为了可以将这些数据进行传输，就需要相应的编码，一般常用二进制代码，比如国际五号码（IA5）、EBCDIC 码、国际电报二号码（ITA2）和汉字信息交换码等。

1.1.1 DCE 和 DTE 的概念

数据在网络中传输需要 DCE 与 DTE，计算机网络中，设备硬件的设计需要考虑 DCE 和 DTE，因此我们需要掌握 DCE 与 DTE 的概念。

DTE（Data Terminal Equipment）：数据终端设备，指所有的拥有作为二进制数字数据源节点或终节点能力的单元，也就是说与我们切身接触的一些网络设备，比如 PC、传真机、打印机等，我们需要进行数据通信的信息都可以通过这些设备转换成二进制比特流信号，即“0”“1”信号。

DCE（Data Circuit - terminating Equipment）：数据通信设备或者数据电路终端设备，它表示任何可以在网络中发送与接收模拟信号、数字信号的功能单元，DTE 将产生的携带有信息的信号资源转换成二进制比特流，但是这样的数据不适合直接在通信双方的介质中进行传输，为此引入了 DCE，来对这些二进制比特流进行调制，目的是使这些携带信息的信号可以远距离发送与接收。

网络中常见的通信组网路径为 DTE—DCE—DCE—DTE，比如若要进行 QQ 聊天，首先需要网络，现在用户普遍通过光网络终端（ONT）设备接入网络，其次使用计算机打开 QQ 软件，登录账号，写好一段文字，并通过网络发送给你的通信好友，最后对方接收并阅读。这里的计算机就是 DTE，而光网络终端设备就是 DCE，光网络终端与计算机之间的连接也就是通信介质，一般是 RJ45 网线，QQ 发的消息就是所需要的信息资源，当然这里介绍的比较简单，实践应用中 DCE 与 DTE 的变化很多，比如 DCE 与 DTE 之间的端口定义，如 V35、RS232、RS422、RS485 等，虽然端口不同但是如果从大的方面即 DCE、DTE 的角度来看待这些端口，就大同小异了，我们仅仅需要知道常见的端口如何使用即可，很多复杂的端口并不经常使用，如 V35 端口数据传输，需要数据时钟源的同步，在很多情况下对于应用来说都是非必要的。

1.1.2　信号与信道

1. 信号（Signal）

信号是信息的载体，信息需要通过信号进行传递，信号其实我们接触的非常多，比如声音信号、光信号和电信号等。

通信网络中，电信号又分为模拟信号和数字信号。

（1）模拟信号

模拟信号的信号波形随着信息的变化而改变，通常把模拟信号称为连续信号，其特点是幅度连续（即某一取值范围内可以取无限多个值），实际生产生活中的各种物理量，比如声音、温度、风速、电路中任何一点的电压等都是模拟信号。

图 1-1 所示的模拟信号是随时间连续变化的电磁波，利用幅度、频率或相位等参数来表示要传输的数据，每个参数的取值都可以是无限多个。

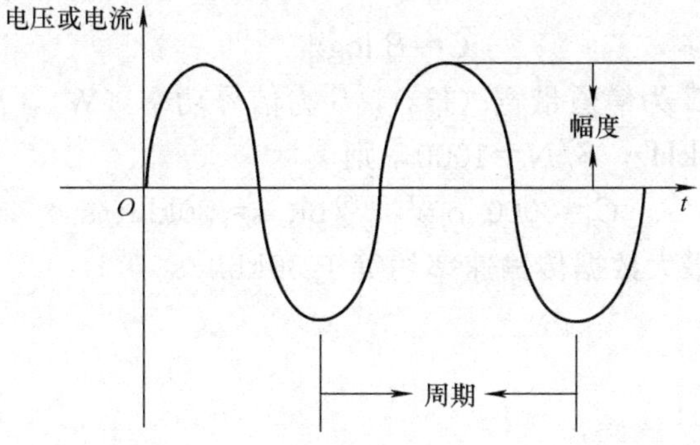

图 1-1　模拟信号

（2）数字信号

数字信号是指其自变量与因变量都是离散的、不连续的，可以用整数表示的信号。在数字电路中，数字信号只有“0”与“1”两种状态，在通信终端设备中，如计算机只可以处理电信号，而电信号只有电平高低之分，如何区分这些高低电平所表示的信息呢？计算机在处理电信号的时候，生成一个相对应的阈控值，在阈控值之上记录为“1”，阈控值之下则记录为“0”，如果某段时刻信号传输过程中出现了干扰信号，只要干扰信号不超过阈控值的范围，计算机就可以还原出原始的有用信号，所以数字信号在网络中传输有较强的抗干扰能力。图 1-2 所示的信号为数字信号。

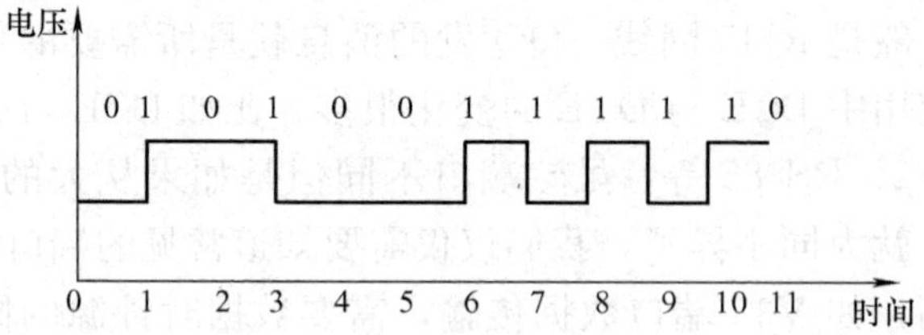

图 1-2　数字信号

2. 信道

信道（Channel）指信号的传输通道，是信号传输的媒介，包括通信设备（如集线器、交换机、路由器等）和传输介质（如同轴电缆、双绞线、光纤等）。

1）按照传输介质划分，可分为有线信道与无线信道。

2）按照传输信号类型划分，可分为模拟信道和数字信道。

3）按照使用权限划分，可分为专用信道和公用信道等。

实际中的信道，传输上是存在一定的损耗的，比如延迟、噪声等问题，这些问题都会使得信号的强度减弱，从而导致信噪比（S/N）降低。

信号的延迟会使得接收端收到的信号产生畸变，即错误的信号，而噪声会破坏信号，从而产生误码，持续时间为 0.01s 的信号干扰，会破坏大约 560bit 的数据。

在被高斯白噪声干扰的信道中，计算最大信息传送速率 C 公式称为香农公式，香农公式如下：

$$C=B\log_2^{(1+S/N)}$$

式中，S/N 为信噪比，B 为信道带宽（Hz），S 为信号功率（W），N 为噪声功率（W）。

例：信道带宽 $B=3\text{kHz}$，$S/N=1000$，则

$$C=3000\log_2^{(1+1000)}\ \text{bit/s}\approx 30\text{kbit/s}$$

也就是说，该信道上的最大数据传输速率约等于 30kbit/s。

1.1.3　数据传输

1. 传输形式

数据传输形式上可以分为两种：基带传输与频带传输。

（1）基带传输

未对载波调制的待传送的信号称为基带信号，它所占的频带称为基带，所以基带传输就是指，按照数字信号原有的波形（以脉冲形式）在信道上直接传输，它要求信道具有较宽的通道频带，基带的高限频率与低限频率之比通常远大于1。

在某些有线信道中，特别是传输距离较近的情况下，数字传输使用基带信号进行传输，信号可以直接传达，我们称之为数字信号的基带传输。

（2）频带传输

频带传输就是采用调制解调器，对传输的信号进行频率变换的一种传输方式。在发送端，对信号进行调制，可以使得信号更好地适应传输通道的频率特性，即将二进制比特流“0”与“1”变换成具有一定频带范围的模拟信号；在接收端，通信设备通过解调器，将信号进行反向变换，把模拟的信号变换成原始的二进制比特流“0”与“1”，从而使得终端设备接收识别这种信号。

常用的调制方法有：相位调制、振幅调制与频率调制等。

2. 传输方式

数据信息在通信网络中传输主要有3种方式：单工方式、半双工方式和全双工方式。

1）单工方式，如图1-3所示。

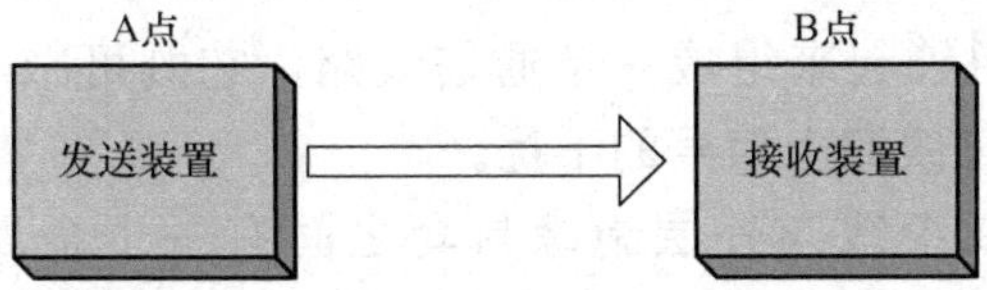

图1-3　单工方式

单工方式数据传输是指两终端中只有一端可以发送数据，另外一端只可以接收数据，比如我们计算机的输入设备键盘、听广播的收音机等都是采用单工方式进行数据传输。

2）半双工方式，如图1-4所示。

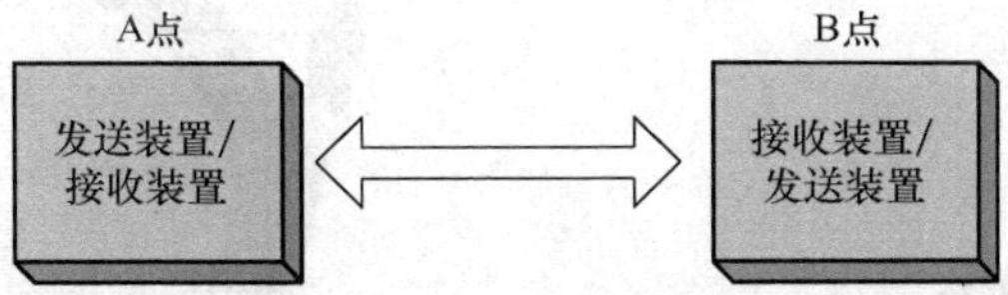

图1-4　半双工方式

半双工方式的数据传输是指通信双方都可以进行数据的发送和接收，但是不可以同时进行发送或接收，即当一台设备发送时，另外一台设备只可以进行接收，反之亦然。这种通信方式在我们生活中最常见的就是对讲机。

3）全双工方式，如图1-5所示。

全双工方式的数据传输是指通信双方都可以进行数据的发送与接收，并且数据的发送与接收可以同时进行，即当一台设备发送数据时，另外一台设备也可以发送数据。这种通信方式在我们生活中应用广泛，比如移动电话网络就是典型的全双工数据传输方式。

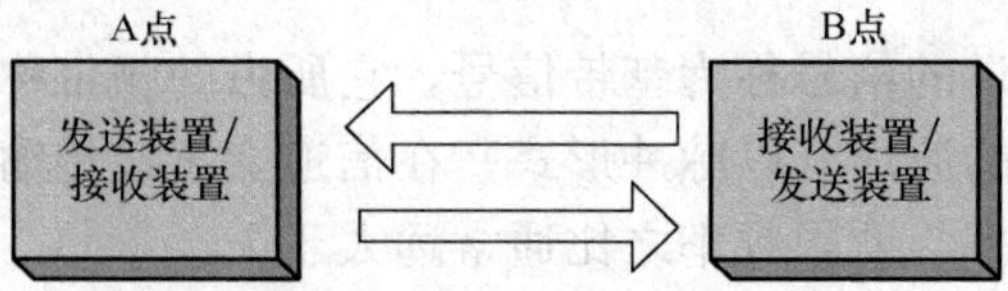

图 1-5　全双工方式

3. 传输介质

（1）同轴电缆

同轴电缆如图 1-6 所示，它是一种早期使用的传输介质，由一对同轴导线组成，同轴电缆的标准分为两种：10BASE2 和 10BASE5，这两种标准都支持 10Mbit/s 的传输速率，最长传输距离分别为 185m 和 500m，一般情况下，10Base2 同轴电缆使用 BNC 接头，10Base5 同轴电缆使用 N 型接头。

现如今，10Mbit/s 的传输速率早已不能满足目前通信网络的需求，因此同轴电缆在目前通信网络中很少应用。

（2）双绞线

双绞线如图 1-7 所示，双绞线主要分两种：一种是屏蔽双绞线（Shielded Twisted Pair，STP），另外一种是非屏蔽双绞线（Unshielded Twisted Pair，UTP）。双绞线实际上是将两条互相绝缘的铜导线 90°扭绞起来组成一条通信线路，它既可减小流过电流时所辐射的能量，也可降低来自其他通信线路上信号的干扰。

1）屏蔽双绞线：在双绞线与外层绝缘封套之间有一个金属屏蔽层，可以屏蔽电磁干扰。

2）非屏蔽双绞线：双绞线与外层绝缘封套之间没有金属屏蔽层，但是价格较屏蔽双绞线较低。

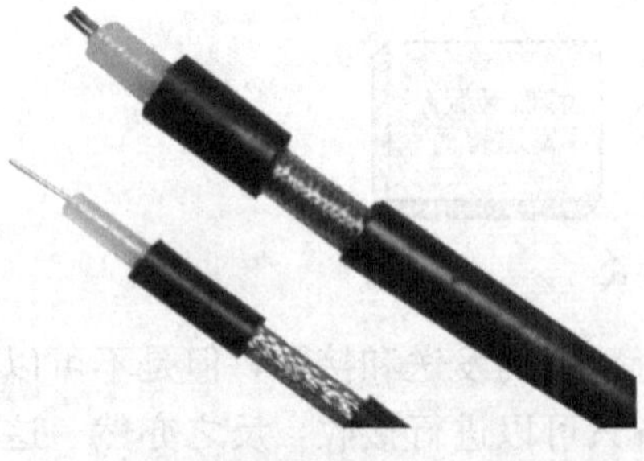

图 1-6　同轴电缆

图 1-7　双绞线

双绞线有很多种类型，不同类型的双绞线所支持的传输速率一般也不相同，比如，3 类双绞线支持 10Mbit/s 传输速率；5 类双绞线支持 100Mbit/s 传输速率；超 5 类双绞线及更高级别的双绞线支持千兆以太网传输。

双绞线一般使用 RJ－45 接头连接网络设备，所以习惯上称为 RJ－45 网线。

（3）光纤（Optical Fiber）

现如今，通信介质中传输速率最快的要属光纤，并且在未来几十年内也不会有新的传输介质能够超越光纤。光纤实际上是一种石英玻璃纤维，它是承载光信号即光波进行信息传递的，因此也称为光导纤维，简称光纤（Optical Fiber），而多根光纤经过各种加强、保护处理组成一体时称为光缆（Optical Cable）。

光纤按照颜色区分，可以分为单模光纤与多模光纤，单模光纤是黄色的，采用一种波长进行数据传输，而多模光纤是橙色或者橘红色的，采用多种波长进行数据传输，单模光纤如图 1-8 所示，多模光纤如图 1-9 所示。

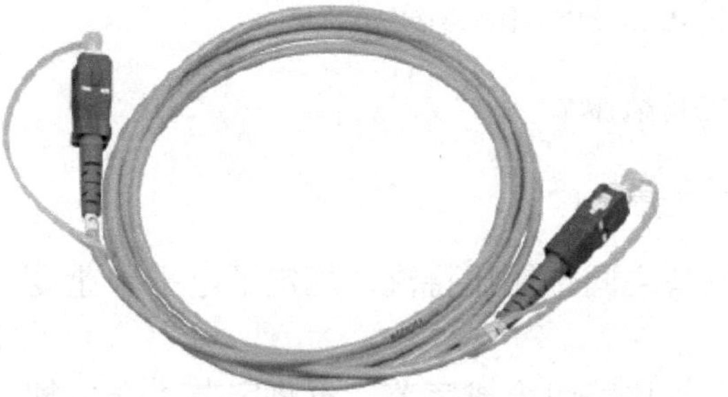

图 1-8　单模光纤

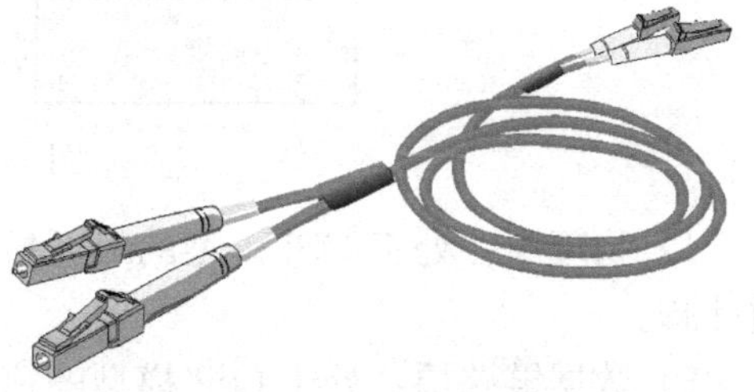

图 1-9　多模光纤

1.2　OSI 与 TCP/IP 模型

1.2.1　OSI 模型

1969 年 12 月，美国国防部高级计划研究署的分组交换网 ARPANET 投入运行，从此，计算机网络发展进入新纪元。ARPANET 当时仅有 4 个节点，分别在美国国防部、原子能委员会、麻省理工学院和加利福尼亚，这 4 台计算机之间进行数据通信仅有传送数据的通道是不够的，同时还必须遵守一些事先约定好的规则。

ARPANT 的实践经验表明对于非常复杂的计算机网络而言，其结构最好是采用分层模型，根据这一特点，国际标准化组织 ISO 于 1984 年，推出了开放系统互联参考模型（Open System Interconnect Reference Model，ISO - OSI RM），从此 OSI 模型很快成为了计算机网络通信的基础模型。

首先，OSI 模型是一个开放性的模型，它强调的是，只要遵循所制定的国际标准，那么该系统模型就能与世界上所有的其他服从此标准的系统进行互联互通；再次，OSI 模型严格遵循分层原则，按照一定的分层方法，得到了一个层次明确的体系结构。它采用分层结构化技术，将整个通信网络功能分为七层（如图 1-10 所示），由低层至高层分别是物理层、数据链路层、网络层、传输层、会话层、表示层、应用层，每一层都有特定的功能，并且在数据开放与研究上，层与层之间分离，但是，层与层之间又有密切的联系。

OSI 模型每层的主要功能如下：

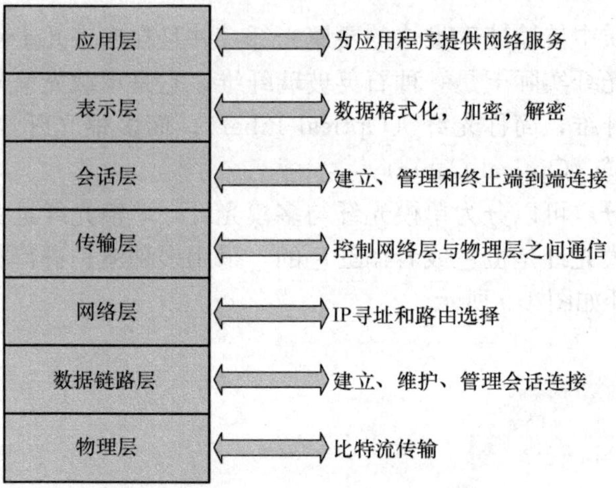

图 1-10　OSI 七层模型

1）物理层：处于 OSI 模型的最低层，在设备之间传输比特流，规定了电平、速度和电缆针脚。

2）数据链路层：处于 OSI 模型的第二层，将比特组合成字节，再将字节组合成帧，使用链路层地址（以太网使用 MAC 地址）来访问介质，并进行差错检测。

3）网络层：处于 OSI 模型的第三层，是网络体系中最复杂的一层，提供逻辑地址，供路由器确定路径。

4）传输层：处于 OSI 模型的第四层，是网络体系中最重要的一层，提供面向连接或非面向连接的数据传递以及进行重传前的差错检测。

5）会话层：处于 OSI 模型的第五层，负责建立、管理和终止表示层实体之间的通信会话。该层的通信由不同设备中的应用程序之间的服务请求和响应组成。

6）表示层：处于 OSI 模型的第六层，提供各种用于应用层数据的编码和转换功能，确保一个系统的应用层发送的数据能被另一个系统的应用层识别。

7）应用层：处于 OSI 模型的高层，即第七层，也就是 OSI 模型中最靠近用户的一层，为应用程序提供网络服务。

1.2.2　TCP/IP 模型

TCP/IP 模型是在 OSI 模型的基础上改进的，其将 OSI 模型的上三层，即会话层、表示层与应用层合并成一层，即为应用层，将 OSI 模型下二层，物理层与数据链路层合并成网络接口层，TCP/IP 四层从下至上分别为网络接口层、网络层、传输层和应用层，如图 1-11 所示。

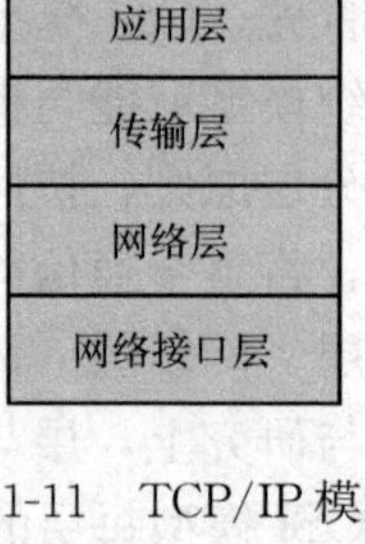

图 1-11　TCP/IP 模型

每一层都有重要的协议，如下所示：

1）应用层：主要有 FTP（File Transfer Protocol，文件传输协议）、Telnet（远程登录）协议、HTTP（Hyper Text Transfer Protocol，超文本传输协议）、SNMP（Simple Network Management Protocol，简单网络管理协议）、TFTP（Trivial File Transfer

Protocol，简单文件传输协议）、NTP（Network Time Protocol，网络时间协议）。

2）传输层：TCP（Transmission Control Protocol，传输控制协议）、UDP（User Datagram Protocol，用户数据报协议）。

3）网络层：IP（Internet Protocol，因特网协议）。

4）网络接口层：802.3 协议、802.5 协议、高级数据链路控制（High - level Data Link Control，HDLC）协议、点对点协议（Point to Point Protocol，PPP）、帧中继（Frame Relay，FR）协议及定义端口类型的 V.35、V.21 协议等。

TCP/IP 模型每一层的功能与 OSI 模型大同小异，如下所示：

1）网络接口层只是要求能够为上层即网络层提供一个访问的接口，以便于在其上层进行传递分组，这一层并没有被严格定义，所以其具体的实现方法是随网络类型改变而改变。

2）网络层是整个 TCP/IP 模型的核心层，它的功能是路由选址，即将数据按照一定的规则、顺序，分组发往目标网络或主机，同时，为了尽快地发送分组，可能需要沿不同的路径同时进行分组传递，因此，分组到达的顺序和发送的顺序可能不同，这就需要上层必须对分组进行排序。网络层除了完成路由选址的功能外，还可以实现不同网络的互连互通。

3）传输层是将源主机和目标主机上的对等实体进行数据传输。传输层定义了两种不同服务质量的传输层协议，分别是 TCP 与 UDP。TCP 用“三次握手”机制，这是一种可靠的、面向连接的协议，它可以将主机发出的二进制比特流无差错地发到网络上的其他主机；而 UDP 是一个不可靠的、无连接的传输层协议，主要应用在那些不需要对报文进行排序、流量控制以及对数据报文准确度要求不高的场合，比如 QQ 聊天的应用，就是采用 UDP 进行数据报文的传输。

4）应用层主要面向用户提供调用和访问网络中各种应用程序的接口，并向用户提供各种标准的应用程序及相应的协议。用户可以根据自己的需要建立自己的应用程序，所以应用层包含了所有高层的协议。

1.3 VLAN 技术

1.3.1 VLAN 概述

随着网络技术的发展，通信网络设备的数量急剧增加，传统以太网面临着冲突严重、广播风暴泛滥以及用户数据的安全无法得到保障等诸多问题，VLAN（Virtual Local Area Network，虚拟局域网）技术应运而生。VLAN 是将一个物理的局域网在逻辑上划分成多个广播域的技术，网络设备与用户并不受到物理位置的影响，可以根据部门、功能、应用等组织起来，相同的 VLAN 之间可以进行通信，而不同 VLAN 之间可以二层隔离，这样既能够隔离广播域，又能够提升网络的安全性。

1.3.2 VLAN 帧格式

VLAN 帧格式实际上是在普通以太网帧的基础上增加了 VLAN 的标签（ID），用 VLAN ID 把用户或网络设备划分为更小的工作组，每一个 VLAN 都包含着一组有着相同需求的计算机组合，与物理上的LAN（局域网）有着相同的属性，即一个VLAN内部的广播流量、单播流量只会在此VLAN内部进行数据发送，不会转发到其他VLAN中，从而有助于控制流量、隔离广播风暴、简化网络管理、提高网络可靠性与安全性，不带标签的帧格式与带标签的帧格式如图1-12与图1-13所示。

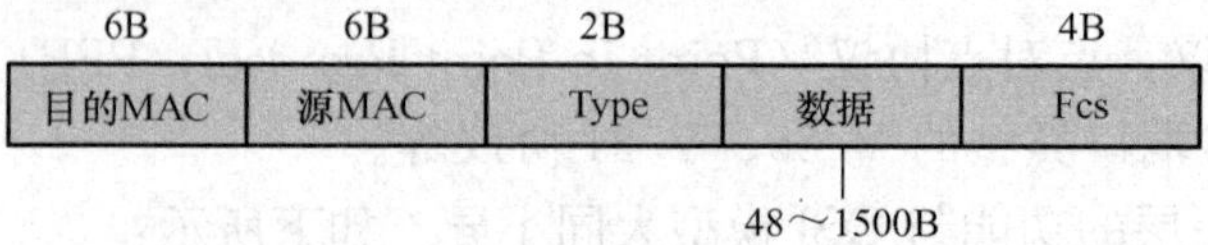

图1-12　不带标签的帧格式

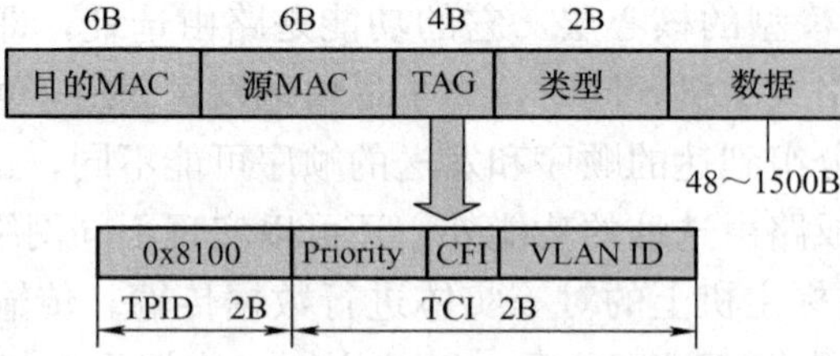

图1-13　带标签的帧格式

不带标签的帧格式（Untagged Frame）就是普通的以太网帧，普通PC的网卡是可以识别这样的报文并进行通信的，而带标签的帧格式（Tagged Frame）是在以太网帧的源MAC地址和目的MAC地址之后，加上4B的VLAN标签头，一般来说这样的标签头，普通PC的网卡是不能识别的，标签头详细说明如下。

TPID：Tag Protocol Identifier，2B，固定取值0x8100，是IEEE定义的新类型，表明这是一个携带802.1Q标签的帧，如果不支持802.1Q的设备收到这样的帧，会将其丢弃。

TCI：Tag Control Information，2B，帧的控制信息，TCI详情如下：

1）Priority：优先级，3bit，表示帧的优先级，取值范围为0～7，值越大优先级越高，当网络阻塞时，优先发送优先级高的数据帧。

2）CFI（Canonical Format Indicator）：规范格式指示符，CFI表示MAC地址是否是经典格式，取值为“0”说明是经典格式，取值为“1”表示为非经典格式。它用于区分以太网帧、FDDI（Fiber Distributed Digital Interface）帧和令牌环网帧，在以太网中，CFI取值为0。

3）VLAN ID（VLAN Identifier）：VLAN标签，12bit，在交换机中，可配置的VLAN ID取值范围为0～4095，但是0和4095在协议中规定为保留的VLAN ID，不能给用户使用，因此实际的取值范围为1～4094。

1.3.3　VLAN的端口类型

VLAN的端口主要有三种类型，分别为Access端口、Trunk端口和Hybrid端口。

（1）Access端口

Access端口一般用于连接计算机，且此端口只属于一个VLAN，即默认VLAN为所属VLAN。该端口转发数据的过程为：当该端口收到不带标签的报文时，先接收该报文，再打上默认 VLAN ID 发送；当收到带标签的报文时，如果 VLAN ID 与默认 VLAN ID 相同，则接收该报文，如果 VLAN ID 与默认 VLAN ID 不同，则丢弃该报文；发送数据帧时，必须先剥离帧的默认 VLAN ID，即发送出去的数据帧永远是不带标签的数据帧，然后再发送。

（2）Trunk 端口

Trunk 端口一般用于连接交换机，此端口允许多个 VLAN 通过，可以接收和发送多个 VLAN 的报文，但是只允许发送一个不带 VLAN ID（默认 VLAN ID）的数据帧。

当该端口接收到带标签的 VLAN 数据帧时，首先查看该 VLAN 是否在该端口的 VLAN ID 允许列表内，如果在，则接收此报文；如果不在，则丢弃该数据报文。

当接收到不带标签的 VLAN 数据帧时，会打上此端口的默认 VLAN ID（默认为 1，可以配置），这一点与 Access 端口一致。

发送数据帧时，如果 VLAN ID 与默认 VLAN ID 相同，且存在于该端口的 VLAN ID 允许列表内，则去掉此 VLAN ID 标签，发送不带标签的数据帧；如果 VLAN ID 与默认 VLAN ID 不同，但在该端口允许通过的 VLAN ID 允许列表中时，则保留原有的 VLAN ID 标签，即发送带标签的数据帧。

（3）Hybrid 端口

Hybrid 端口是华为私有的端口，是一种混合型的端口，此类型的端口可以允许多个 VLAN 通过，可以发送和接收多个带标签的数据帧，可以应用在交换机与交换机之间，也可以应用在交换机与计算机之间的连接。

Hybrid 端口在接收数据帧的处理方法与 Trunk 端口一致，唯一不同的是，Trunk 端口只允许发送一个不带标签的数据帧，而 Hybrid 端口可以发送多个不带标签的数据帧，只要发送的数据帧的 VLAN ID 存在于 Hybrid 端口的不带标签列表内即可。

1.3.4 VLAN 的端口配置

（1）Access 端口配置（基于华为 eNSP 软件，以交换机 3700 为例）

```
[S5700]vlan  10                                        //创建 VLAN 10
[S5700-vlan10] quit
[S5700]interface GigabitEthernet 0/0/1                 //进入端口 GE0/0/1
[S5700-GigabitEthernet0/0/1]port link-type access      //修改端口类型为 Access 端口
[S5700-GigabitEthernet0/0/1]port default  vlan  10     //将端口默认 VLAN ID 改成
                                                         VLAN 10
```

数据配置完成后，就将此交换机的 GE0/0/1 端口改成 Access 端口，并且将此端口默认 VLAN ID 修改成 VLAN 10。

（2）Trunk 端口配置

```
[S5700]vlan  20                                        //创建 VLAN 20
[S5700-vlan20] quit
[S5700]interface GigabitEthernet 0/0/2                 //进入端口 GE0/0/2
[S5700-GigabitEthernet0/0/2]port link-type  trunk      //修改端口类型为 Trunk 端口
```

[S5700-GigabitEthernet0/0/2]port trunk allow-pass vlan 20 //为此端口加上允许通过的VLAN ID为VLAN 20

[S5700-GigabitEthernet0/0/2]port trunk pvid vlan 20 //将端口默认 VLAN ID 改成VLAN 20

数据配置完成后，就将此交换机的 G0/0/2 端口改成 Trunk 端口，为此端口添加了允许VLAN 通过列表，即允许 VLAN 20 通过，同时修改了此端口的默认 VLAN ID 为 VLAN 20。

(3) Hybrid 端口配置

[S5700]vlan 30 //创建 VLAN 30

[S5700-vlan30] quit

[S5700]interface GigabitEthernet 0/0/3 //进入端口 GE0/0/3

[S5700-GigabitEthernet0/0/3]port link-type hybrid //修改端口类型为 Hybrid 端口

[S5700-GigabitEthernet0/0/3]port hybrid pvid vlan 30//将端口默认 VLAN ID 改成VLAN 30

[S5700-GigabitEthernet0/0/3]port hybrid untagged vlan 10 //允许 VLAN 10 不带标签报文通过

[S5700-GigabitEthernet0/0/3]port hybrid tagged vlan 20 //允许 VLAN 20 带标签报文通过

数据配置完成后，就将此交换机的 GE0/0/3 端口改成 Hybrid 端口，为此端口添加了允许 VLAN 通过列表，即允许 VLAN 10 不带标签报文通过，允许 VLAN 20 带标签报文通过，同时修改了此端口的默认 VLAN ID 为 VLAN 30。

本 章 小 结

本章主要回顾了与无线局域网有密切关系的数据通信基础知识，首先回顾了数据传输的基本概念、信号与信道的概念，以及数据是如何在网络中传输的，同时介绍了 OSI 模型、TCP/IP 模型及其协议相关知识，并对这两种模型进行了比较；其次是介绍了 VLAN，包括VLAN 的作用和 VLAN 的配置等；最后介绍了 3 种类型端口：Access 端口、Trunk 端口、Hybrid 端口以及这 3 种端口的数据配置。

习题与思考

1. OSI 模型分为哪几层？各层次有什么功能？
2. TCP/IP 模型分为哪几层？各层次有什么功能？
3. VLAN 产生的原因有哪些？其有哪些作用？
4. 简要概述 Access 端口收发数据的过程。
5. 简要概述 Trunk 端口收发数据的过程。
6. 简要概述 Hybrid 端口收发数据的过程。
7. 基于华为 eNSP 软件，配置 3 种类型的端口，并且加入默认 VLAN 100。

8. 使用华为 eNSP 软件，根据图 1-14 的网络拓扑图进行端口数据配置，使得 PC 1 与 PC 3 进行互通，使得 PC 2 与 PC 4 进行互通。

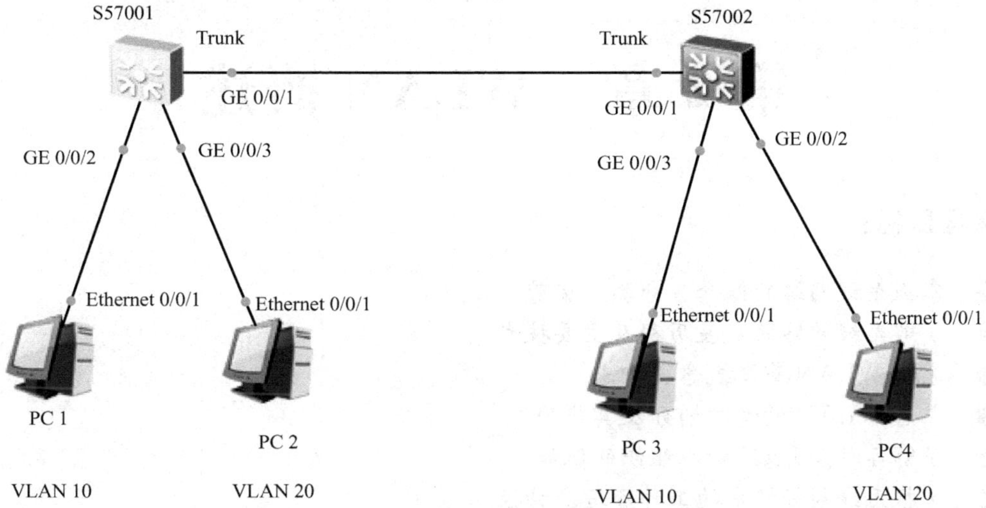

图 1-14　端口数据配置

第 2 章　WLAN 概述

课程目标：

- 掌握无线网络的概念、分类、优势
- 了解无线网络的发展历程及主要技术
- 掌握 WLAN 基本概念、特点
- 熟悉 WLAN 的频段划分及其应用
- 了解各种 WLAN 标准组织的职能
- 掌握无线射频技术的工作原理及特性
- 了解 WLAN 信道捆绑技术
- 了解 MIMO 技术工作原理
- 了解 FHSS、DSSS、OFDM 技术以及相应的编码方式、调制技术

2.1　无线网络概述

2.1.1　什么是无线网络

众所周知，有线网络使用双绞线、光缆等传输介质来传输信息数据，在光缆铺设方面存在着铺设费用高、不灵活、施工时间长等问题，在某些特定的区域或环境更存在线缆铺设困难与工程成本高的难题，极大地限制了有线网络的覆盖面。那么，怎样才能使人们随时随地使用通信网络呢？最有效的解决办法就是建设无线网络，那么什么是无线网络呢？

无线网络就是指，使用无线电波、激光、红外线或是射频等相关技术建设的一个近距离或者较远距离的无线连接网络。无线网络不仅可以作为有线数据网络的延伸与补充，而且还可以对有线数据网络进行备份，无线网络由于利用电磁波来接收与发送数据、因此避免了有线网络的弊端，可以灵活、方便地铺设需要的网络，减少了有线网络铺设线缆的建设成本等问题。

2.1.2　无线网络的发展历程

无线网络的发展历程如图 2-1 所示。

无线网络的初步应用，可以追溯到第二次世界大战期间，当时美国陆军采用无线电信号传输资料，他们研发出了一套无线电传输技术，并且采用相当高强度的加密技术，当初美军和盟军都广泛使用这项技术，这项技术让许多学者得到了灵感。

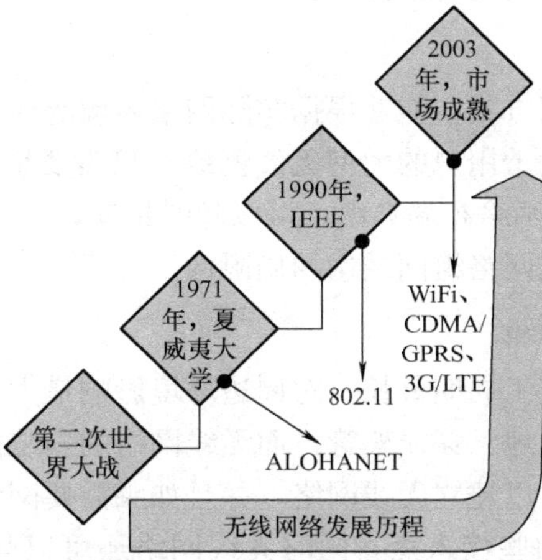

图 2-1 无线网络发展历程

1971 年，夏威夷大学（University of Hawaii）的研究员们经过多年的研究，终于创造出了第一个基于封包式技术的无线电通信网络，这个被称为 ALOHANET 的网络，可以说是最原始的 WLAN（无线局域网），当时这个 ALOHANET 网络仅仅包括了 7 台计算机，并且采用双向星形拓扑（Bi - Directional Star Topology ）结构，横跨四座夏威夷的岛屿，中心计算机放置在瓦胡岛（Oahu Island）上，从那时开始，无线网络正式诞生了。

1990 年，IEEE（电气和电子工程师协会）正式启用了 802.11 项目，从那时开始，无线网络技术逐渐走向成熟，802.11（WiFi）标准诞生以来，先后有 802.11a、802.11b、802.11g、802.11e、802.11f、802.11h、802.11i 和 802.11j 等标准制定或者酝酿，目前 802.11n 应用已经非常普遍，可以提供用户高速度、高质量的 WLAN 服务。

2003 年以来，无线网络市场急剧增长，成为了 ICT（信息通信技术）市场中新的增长亮点，此时的人们对于网络速度与灵活的使用性能的需求越来越大，因而无线网络带给人们的优越性越来越受到社会人士的追捧，于是与 PC 或者移动通信设备相结合的 WiFi 技术、CDMA/GPRS、3G、LTE 技术越来越火热，那么在相应配套产品大量面世之后，构建无线网络所需要的成本下降了，一时间，无线网络已经成为我们生活的主流部分，如今它不仅像以前那样被视为降低互联网成本的方式，而且作为通信技术来改变运营商的运营方式。

现如今，随着 3G、4G（LTE）或者 5G 等高速移动网络的到来，移动网络已经成为我们每个人生活中不可缺少的一部分，并且在生活中处处设置了 WiFi 无线热点，比如火车站、商店、娱乐场所、高校等都有 WiFi 无线热点，并且未来几年将会实现 WLAN 无线无缝覆盖城市。

2.1.3 无线网络的优势

我们都知道无线网络是采用电磁波进行数据信息发送的，并且随着这么多年的发展，无线网络数据传输速度也可以满足人们的日常需求，在对网络性能与组网所需成本等诸多方面综合性考虑下，已经可以与有线光纤网络相媲美，甚至在某些特殊场合，某些方面远远超过有线网络，那么无线网络主要有哪些优势呢？

（1）易于扩展

无线网络可以有多种组网方式，能够根据实际网络环境等因素灵活地去选择，从只满足几个用户的小型无线网络到上千用户的大型无线网络，只需要增加一定数量的接入点（Access Point，AP）即可。无线网络布局自由，可以随时扩充，并且能够提供有线网络无法提供的漫游等功能，打破了有线网络组网结构的局限性。

（2）安装便捷、施工周期短

一般在网络建设当中，施工周期最长、对周边环境影响最大的就是网络布线的施工，在施工过程中，往往需要破墙掘地、穿线架管，而无线网络的安装简便快捷，只需要将AP设备放在需要的适当的位置就可以建立无线网络，并且如果需要网络覆盖面增加、延伸、用户数量增加，只需要相应地增加些接入点，同时无线网络还可以与有线网络实现资源无缝的结合。

（3）多种终端接入

无线网络可以支持多种类型的终端设备的接入，包括计算机、PC、打印机、POS机、投影仪等办公设备，并且配有各种端口的无线网卡，能满足各类移动终端设备接入无线网络。

（4）满足不同厂商设备互联互通

每种无线网络都有通用的国际标准，只要不同通信厂商的产品符合相应的国际标准，那么它们的通信设备之间就可以实现互联互通。

（5）经济节约、建设成本低

由于有线网络组网缺少一定的灵活性，那么，在网络敷设布局之前，网络规划工程师必须尽可能地考虑未来几年甚至几十年的发展需求，这样可能会导致预设大量利用率较低的信息点，也可能会导致由于网络的发展速度过快，超出了设计规划时的预期，又花费较多费用进行网络改造，而无线网络的覆盖敷设可以避免或减少这些问题的发生，从而大大降低了建设成本。

2.1.4 无线网络的分类

无线通信技术分别以频率、频宽、范围、应用方式等要素来加以区分。与有线网络一样，根据网络数据传输距离、网络覆盖范围，无线网络可分为以下4种不同的类型。

1）个人无线网络（Wireless Personal Area Network，WPAN），覆盖范围一般在10m以内，主要提供个人区域无线的连接，一般是点对点连接和小型网络的连接，特点是易用、低费用、便携等，主要技术有IrDA（Infrared Data Association）、蓝牙（Bluetooth）、Zigbee、UWB（Ultra WideBand）、HomeRF等。

2）无线局域网（Wireless Local Area Network，WLAN），覆盖范围一般在100m以内，特点是可靠性高、成本低、组网灵活、可低速移动、带宽提供能力强、安装方便、技术应用广泛等，使用工作频段有2.4GHz和5GHz，主要技术有802.11a/b/g/n等。

3）无线城域网络（Wireless Metro Area Network，WMAN），覆盖范围一般在10km

以内，主要用于骨干网连接和用户覆盖，一般使用的频段需要申请，公用的频段也可以，但是有干扰，主要技术有 WiMax（802.16）。

4）无线广域网（Wireless Wide Area Network，WWAN），主要是运营商用于无线覆盖，带宽小，基于时长或者流量来收费，主要技术有 2G/3G/4G 等。

2.2 WLAN 标准组织

在 WLAN 技术不断进步和普及的过程中，WLAN 标准化起到了非常关键的作用，下面分别对一些重要的标准化组织及标准进行介绍，这些组织主要有：SRMC、FCC、ETSI、IEEE、WiFi 联盟、IETF 和 WAPI 产业联盟。

1）SRMC：中国国家无线电监测中心（State Radio Monitoring Center）。自 1990 年 6 月 1 日起，中国工业和信息化部强制规定，所有在中国境内销售及使用的无线电组件产品，必须取得无线电型号的核准认证（Radio Type Approval Certification）。该机构为目前中国大陆唯一获得授权可测试及认证无线电型号核准规定的机构。

2）FCC：美国联邦通信委员会（Federal Communications Commission），是于 1934 年建立的美国政府的一个独立机构。FCC 通过控制无线电广播、电视、电信、卫星和电缆来协调国内和国际的通信，许多无线电应用产品、通信产品和数字产品要进入美国市场，都要求得到 FCC 的认可，也就是 FCC 认证。FCC 调查和研究产品安全性的各个阶段以找出解决问题的最好方法，同时 FCC 也负责无线电装置、航空器的检测等。

FCC 制定法规的目的是减少电磁干扰，管理和控制无线电频率范围，保护电信网络、电气产品的正常工作。其官方网站是 http://www.fcc.gov，如果感兴趣可以去网上查询相关信息。

3）ETSI：在欧洲的相应组织是欧洲电信标准化协会（ETSI），该协会是由欧共体委员会 1988 年批准建立的一个非赢利性的电信标准化组织，总部设在法国南部的尼斯。ETSI 的标准化领域主要是电信业，并涉及与其他组织合作的信息及广播技术领域。ETSI 作为一个被 CEN（欧洲标准化协会）和 CEPT（欧洲邮电主管部门会议）认可的电信标准协会，其制定的推荐性标准常被作为欧洲法规的技术基础而采用并被要求执行。

ETSI 的标准制定工作是开放式的。标准的立题是由 ETSI 的成员通过技术委员会提出的，经技术大会批准后列入 ETSI 的工作计划，由各技术委员会承担标准的研究工作，技术委员会提出的标准草案，经秘书处汇总发往成员国的标准化组织征询意见，返回意见后，再修改汇总，在成员国单位进行投票，赞成票超过 70%以上的可以成为正式 ETSI 标准，否则可成为临时标准或其他技术文件。ESTI 的官方网站是 http://www.etsi.org。

4）IEEE：WLAN 的很多标准 802.11a、802.11b、802.11g、802.11n 等都由 IEEE 制定，IEEE 全称是美国电气和电子工程师协会，IEEE 被国际标准化组织授权为可以制定标准的组织，设有专门的标准工作委员会，有 3 万多义务工作者参与标准的研究和制定工作，每年制定和修订 800 多个技术标准。其中比较出名的是 IEEE 802 委员会，它成立于 1980 年 2 月，任务是制定局域网的国际标准，WLAN 的无线局域网标准就是其中的一部分，比如

IEEE有802.3和802.11，802.3是有线局域网，802.11是无线局域网，也就是我们这门课程所介绍的WLAN技术。

IEEE的标准制定内容有：电气与电子设备、试验方法、元器件、符号、定义以及测试方法等。IEEE的官方网站是http://www.ieee.org。

5）WiFi联盟：1999年，几位WiFi行业领袖携手创建了一个全球性非营利性组织——WiFi联盟，旨在推动为高速无线局域网采纳的一个全世界通用的标准。WiFi联盟致力于无线相容性的认证，它是由300多家会员公司组成的不断壮大的非营利国际组织，图2-2所示为WiFi联盟的主要成员，有我们熟悉的苹果、英特尔、微软等，华为也是WiFi联盟的重要成员之一。

图2-2　WiFi联盟成员

WiFi联盟作为WLAN领域内行业和技术的引领者，为全世界提供测试认证。WiFi联盟的官方网站是http://www.wi-fi.org。

6）IETF：IETF是因特网工程任务组（Internet Engineering Task Force）的缩写。IETF又叫互联网工程任务组，成立于1985年底，是全球互联网最具权威的技术标准化组织，主要任务是负责互联网相关技术规范的研发和制定，当前绝大多数国际互联网技术标准出自IETF，例如IP路由协议中OSPF、BGP等都是由IETF制定完成的。那么WLAN技术和IETF有什么关联呢？其实WLAN瘦AP架构的组网中最重要的无线接入点的控制和配置协议（Control And Provisioning of Wireless Access Points，CAPWAP）也是由IETF制定完成的。IETF的官方网站是http://www.ietf.org。

7）WAPI产业联盟：WAPI是无线局域网鉴别和保密基础结构（Wireless LAN Authentication and Privacy Infrastructure）的简称，是一种安全协议，同时也是中国无线局域网安全强制性标准。WAPI产业联盟（中国计算机行业协会无线网络和网络安全接入技术专业委员会）成立于2006年3月7日，是由积极投身于无线局域网产品的研发、制造、运营的企事业单位、团体组成的民间社团组织及产业合作平台。

在中国的WAPI产业联盟成员有中国移动、中国电信、中国联通、华为、中兴、H3C、中国普天、海尔、大唐移动等，既有电信运营商，也有网络设备制造商，还有专门的芯片制造商。WAPI产业联盟的官方网站是http://www.wapia.org。

2.3　无线射频技术概述

2.3.1　无线射频技术基础

WLAN是计算机网络与无线通信技术相结合的产物，它以无线多址信道作为传输媒介，利用电磁波完成数据交互，实现传统有线局域网的功能。由于射频信号的发送和接收是WLAN的有机组成部分，所以我们需要理解无线射频的基本理论，掌握无线射频的工作原理，以便可以高效地设计和诊断WLAN网络。

（1）无线电波概念

在射频通信技术中，一台设备发出振动信号，并由一台或多台设备接收，这种振动信号基于一个常数，被称为频率。无线电波是介于3Hz和3000GHz之间的电磁波，如图2-3所示。

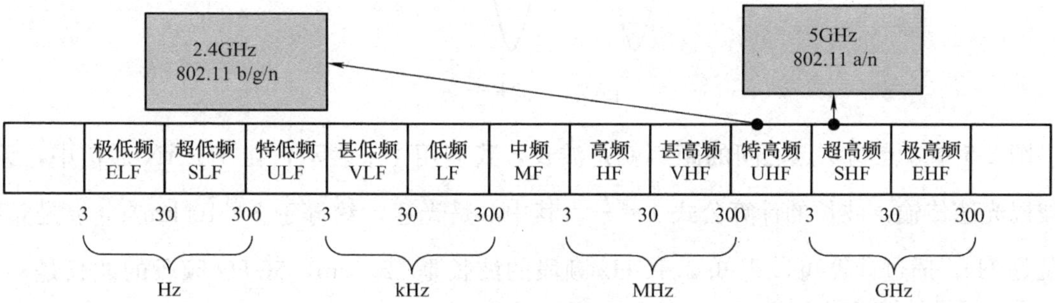

图2-3　无线电波工作频段

WLAN通信技术所使用的无线频段范围有两个，一个是2.4GHz，主要是运行IEEE 802.11b/g/n协议，WLAN的干扰源如微波炉、蓝牙设备等也是工作在此范围内；另外一个相对来说干扰源少的频段是5GHz工作频段，主要运行IEEE 802.11a/n协议。

无线通信技术的基础是载波，载波是指被调制为传输信号的波形，通常为正弦波，通常要求正弦载波的频率远远高于调制信号的带宽，否则会发生混叠，使传输信号失真。在图2-4中，信号在发射器部分产生，并不带有任何信息，在接收器部分也作为不变的信号

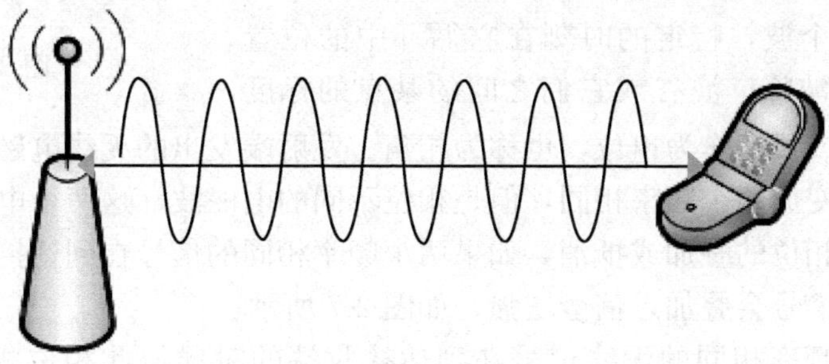

图2-4　载波

出现。可以这样理解，我们一般需要发送的数据频率是低频的，如果按照数据本身的频率来传输，不利于接收和同步，使用载波传输，可以将数据的信号加载到载波的信号上，接收方按照载波的频率来接收数据信号，有意义的信号波的波幅与无意义的信号波的波幅是不同的，将这些信号提取出来就是我们需要的数据信号。每一个波都有波长、相位、频率和周期这些基础属性，下面我们一一解释。

（2）波长

波长是指在某一固定的频率里，沿着波的传播方向，在波的图形中，离平衡位置的“位移”与“时间”皆相同的两个质点之间的最短距离，波长反映了波在空间上的周期性，如图 2-5 所示。

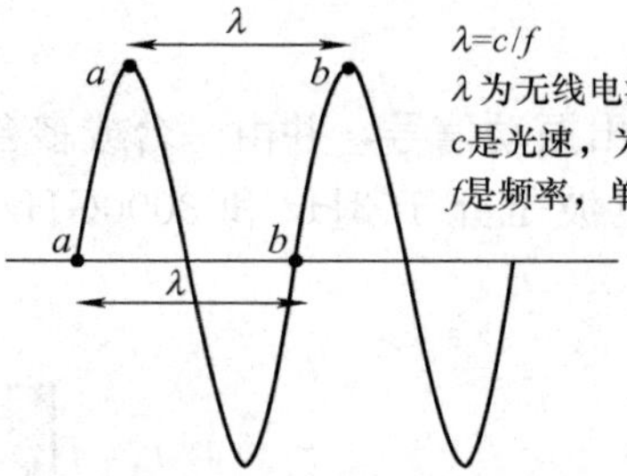

图 2-5　波长计算

图 2-5 中 a 点与 b 点之间的距离就是波长，我们用 λ 来表示，在 WLAN 通信中，无线电波以光速传输，波长的计算公式 $\lambda=\frac{c}{f}$，其中 c 是光速，约等于 3×10^5km/s，f 是频率，单位是 Hz，通过计算可以得知 2.4GHz 频段的波长是 12.5cm，5GHz 频段的波长是 6cm，5.8GHz 频段的波长是 5.2cm。

（3）振幅

电磁波的另外一种属性是振幅，振幅指振动物体离开平衡位置的最大距离，振幅 A 在数值上等于最大位移的大小，如图 2-6 所示，振幅单位用 m 或 cm 来表示，在无线网络里，无线电波的振幅是电磁波携带能量的大小，反映无线电信号的强弱。

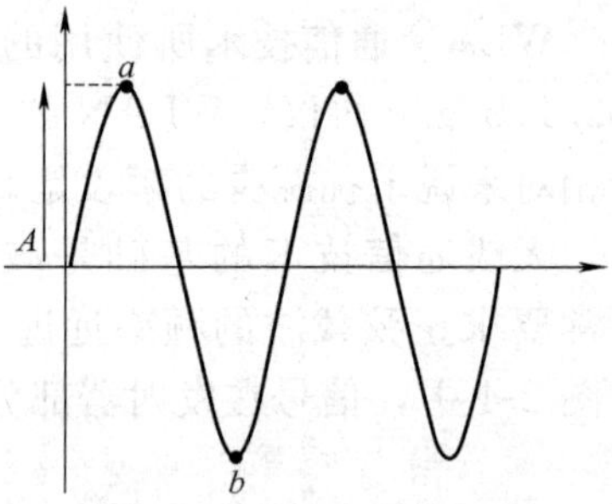

图 2-6　振幅

（4）相位

相位是对于一个波，特定的时刻在它循环中的位置，一种对于它是否在波峰、波谷或它们之间的某点的标度，通常以度（角度）或弧度作为单位，也称为相角。发射端发出的无线电磁波经过不同的路径到达接收端时，会变成两个频率相同，但是相位不同的电磁波，这两个电磁波会依照相位的相同或不同，发生相位的叠加或抵消，如果两个频率相同的信号在到达接收端的时候，彼此相位相同，则两个信号会叠加，信号增强，如图 2-7 所示。

反之如果两个频率相同的无线信号在到达接收端的时候彼此相位相反，即相差 180°，那么这两个信号会衰减，信号减弱，如图 2-8 所示。

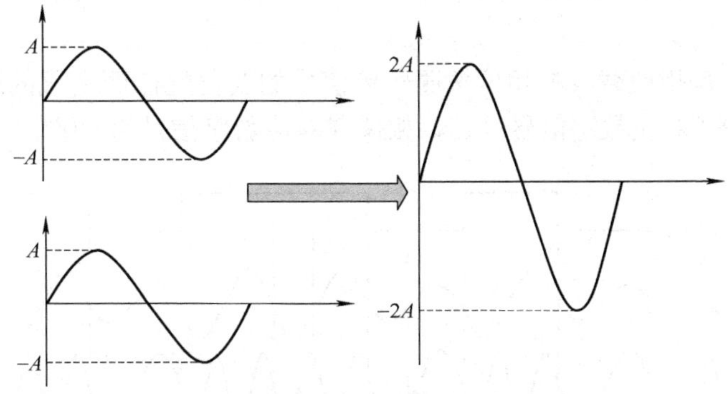

图 2-7 相位相同信号叠加

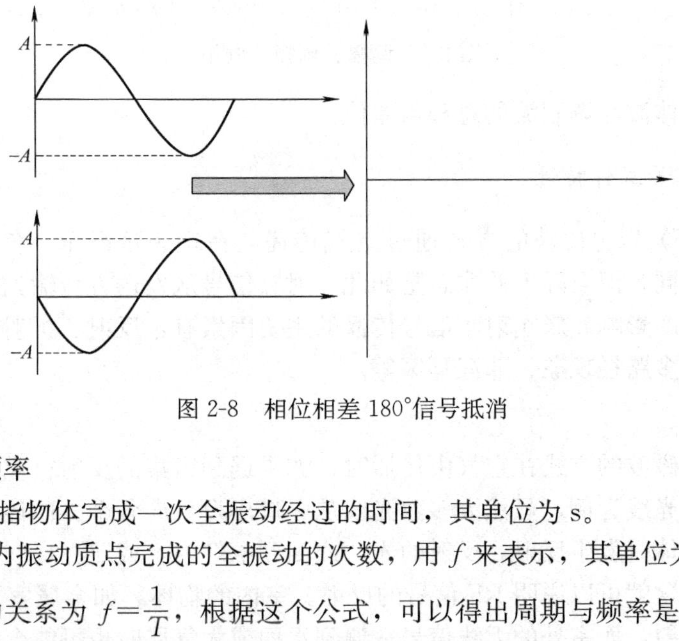

图 2-8 相位相差 180°信号抵消

（5）周期与频率

周期（T）是指物体完成一次全振动经过的时间，其单位为 s。

频率是指 1s 内振动质点完成的全振动的次数，用 f 来表示，其单位为 Hz。

周期和频率的关系为 $f=\frac{1}{T}$，根据这个公式，可以得出周期与频率是反比的关系，周期越长，频率越低，振动越慢；周期越短，频率越高，振动越快。

2.3.2 无线射频技术的原理与特性

1. 调制与解调技术

调制：将各种数字基带信号转换成适于信道传输的数字频带信号。

解调：在接收端将收到的数字频带信号还原成数字基带信号。

根据所控制的信号参量的不同，调制可分为：调幅、调频、调相。

1）调幅（AM）是使载波的振幅按照所需传送信号的变化规律而变化，但频率保持不变的调制方法，如图 2-9 中 AM 所示，振幅相对大的信号对应数字信号“1”，振幅相对小的信号对应数字信号“0”。

2）调频（FM）是使载波的瞬时频率按照所需传递信号的变化规律而变化的调制方

法，如图 2-9 中 FM 所示，频率大的信号对应数字信号“1”，频率小的信号对应数字信号“0”。

3）调相（PM）是指使载波的相位按照所传信号的变化规律而变化的调制方法，如图 2-9 中 PM 所示，相位 180°对应数字信号“1”，相位 0°对应数字信号为“0”。

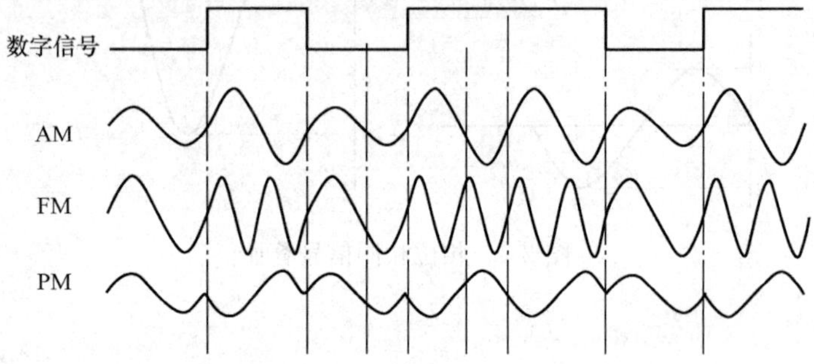

图 2-9　调幅、调频、调相

注：边带是载体波与调制波的总和与差值。

2. 无线射频信号工作特性

射频信号（RF）以电磁波的方式通过空气传播，在理想情况下，信号到达接收方时，与发送方发送的相同，但实际上并非总是如此，射频信号从发送方传输到接收方时，将会受到一些物体或材质的影响。影响射频信号传播的主要因素有：反射、折射、吸收、散射、衍射、衰减、增益、多路径现象、菲涅耳区等。

（1）反射

无线信号以电磁波的方式在空气中传播时，如果遇到密集的反射材质，那么它将发生反射。以电灯发出的光线为例，虽然大多数光线从电灯出发，向各个方向传播，但是有些可能在撞到房间里的物体时发生反射，反射的光，或回到电灯内，或照亮房间内的其他区域，使得其他区域更亮，这就可以说明 RF 信号的反射。室内的物体，如金属家具、文件柜和金属门等都可能导致反射，而室外的无线信号在遇到水面或大气层时也可能会发生反射。

反射的 RF 信号对原信号会造成一定的干扰，导致原信号失真，所以在 RF 信号的传播过程中，最好不要有障碍物影响。

（2）折射

在两种密度不同的介质的边界上，RF 信号也可能发生折射。反射是遇到物体表面弹回来，而折射是穿过物体表面后，发生弯曲。折射信号的角度与原信号不同，传播速度也可能降低，例如信号穿过密度不同的大气层或密度不同的建筑物墙面时，将发生折射，如图 2-10 所示。

（3）吸收

RF 信号进入能够吸收其能量的材质时，信号将衰减，材质的密度越高，信号的衰减就越严重，过低的信号强度将影响接收方收到信号的能力，图 2-11 说明了吸收对信号强度的影响。

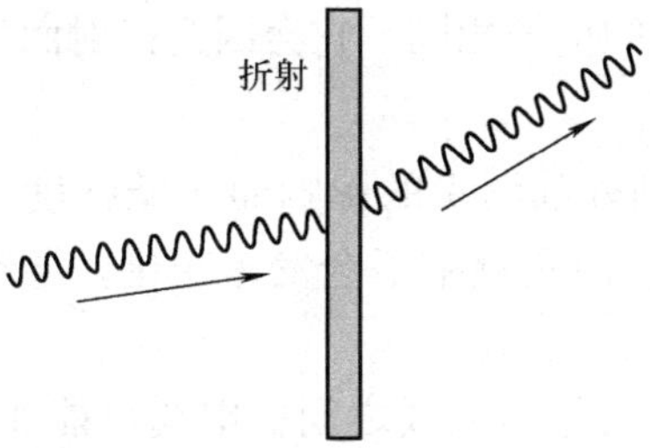

图 2-10　折射

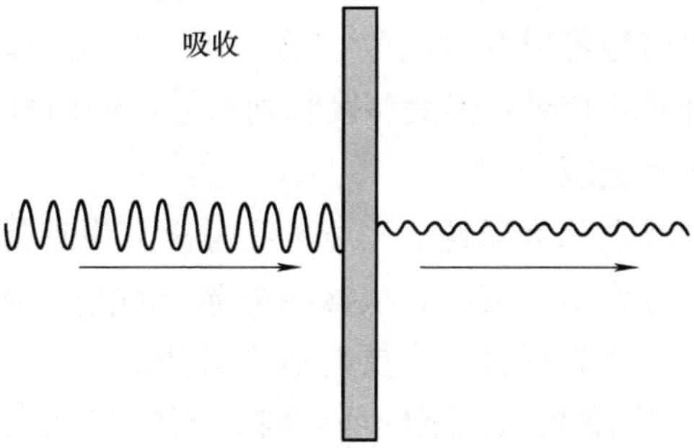

图 2-11　吸收

最常见的吸收情景是，无线信号穿过水分（水分可能包含在无线传输路径中的树叶或无线设备附近的人体中）时能量被吸收导致衰减。

（4）散射

当 RF 信号遇到粗糙、不均匀的材质或由非常小的颗粒组成的材质时，可能向很多不同的方向散射，这是因为材质中不规则的细微表面将反射信号，如图 2-12 所示，无线信号通过不平整物体表面时将发生散射。

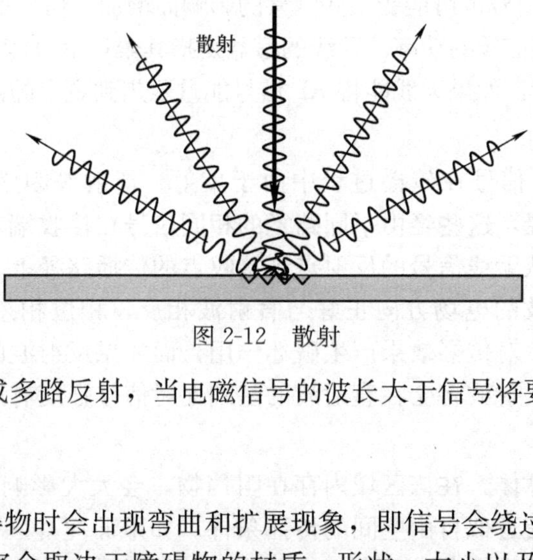

图 2-12　散射

散射很容易被描述成多路反射，当电磁信号的波长大于信号将要通过的媒介时，多路反射就会发生。

（5）衍射

当 RF 信号遇到障碍物时会出现弯曲和扩展现象，即信号会绕过物体，再组合成完整的电波。发生衍射的条件完全取决于障碍物的材质、形状、大小以及射频信号的特性，如极化、相位和振幅。衍射如图 2-13 所示，它说明了信号遇到不透明的物体时，RF 信号将发生

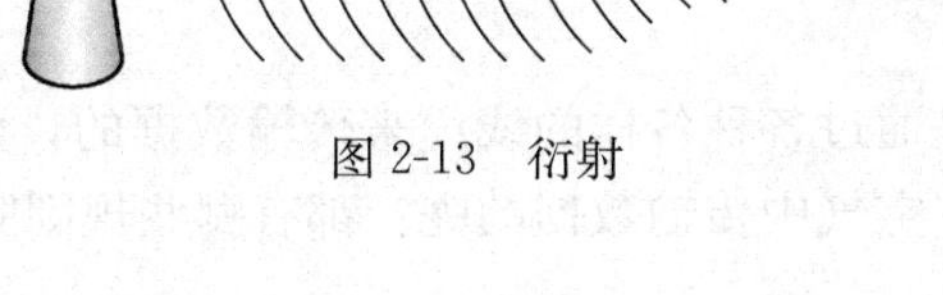

图 2-13　衍射

衍射，衍射生成的是同心波，而不是整个信号，因此将影响实际电波。在图 2-13 中，衍射将导致信号可以绕过吸收它的物体，并完成自我修复，这种特殊性，使得在发送方和接收方之间有建筑物时，仍能够接收到信号，但信号不再与原来的信号相同，它会因为衍射而失真。

（6）衰减

衰减也称为损耗。当 RF 信号离开发射器后，将受到外部因素的影响而降低强度，这种现象被称为信号衰减，衰减将导致无线射频的强度变小，但是频率不会发送变化。导致信号衰减的因素有很多，主要有以下几种：

1）电缆衰减：室外环境时，信号在电缆中传输，发射器与天线之间的电缆可能非常长，会导致信号衰减发生。

2）障碍物导致衰减：RF 信号在传播过程中有很多吸收和扭曲信号的物体，即使是很普通的建筑材料、树木、金属，都会导致信号衰减。

3）噪声或干扰导致衰减：附近可能有很多无线装置，在信道上发生冲突，导致信号衰减。

4）自由空间衰减：在任何环境中，自由空间的衰减都很大，RF 信号的功率与传输距离的二次方成反比，这意味着随着接收器远离发射器，接收的信号强度将急剧降低。

（7）增益

在传输路径中，RF 信号也可能受某些因素的影响而增加，信号增益可以通过天线来实现，但是天线本身并不能提高信号的功率。天线的增益是指其聚焦信号能量的能力，这是相对于不聚焦能量的全向天线而言，如果天线能将 RF 信号能量聚焦到更窄的范围，其增益将更高。

（8）多路径现象

多路径现象是指 RF 信号在传播过程中由于反射、衍射等因素导致存在着许多时延不同、损耗各异的传输路径，这些经由不同路径的相同信号在接收端，会发生叠加，增大或减小接收信号的能量。如从无线信号的反射点到接收点的传播路径上，既有直射波，又有反射波等，在接收端，反射波的电场方向正好与直射波相反，相位相差 180°，这样反射波将会减弱直射波的信号强度，对传播效果产生破坏作用，而如果反射波的电场方向正好与直射波相同，相位一样，这样反射波将会在直射波的基础上对信号强度有增大的作用。

（9）菲涅耳区

菲涅耳区是一个椭球体，在该区域内存在阻挡物，会大大影响信号的传输效果，相反，若不被阻挡，则可以获得近似自由空间的传播条件。如果菲涅耳区内有物体，RF 信号可能会发生衍射，这部分信号将弯曲，导致延迟或改变，进而影响接收方收到的信号。在传输路径的任何位置都可以计算菲涅耳区半径 R_1，在实际中物体必须与菲涅耳区的下边缘有一定的距离，有些资料建议为半径 R_1 的 60%。

2.4 WLAN 工作频段

传统的以太网网络都是通过各种各样的线缆来传输数据的，而 WLAN 是在空气中传输数据的，那么到底是如何在空气中传输数据的呢？都有哪些规则呢？

2.4.1 频段与信道

在学习 WLAN 的频段与信道之前，我们先学习 ISM（Industrial Scientific Medical）频段。ISM 是由美国联邦通信委员会（FCC）定义的，分别表示工业、科学与医学，也就是说此频段主要是开放给工业、科学、医学三个主要领域使用，ISM 频段在各国的规定并不统一。

1）工业频段：美国频段为 902～928MHz，欧洲 900MHz 的频段则有部分用于 GSM 通信，工业频段的引入避免了 2.4GHz 附近各种无线通信设备的相互干扰。

2）科学频段：频段范围为 2.4～2.4835GHz，为 802.11 2.4GHz 工作频段，蓝牙等其他无线网络，也可工作在该频段。

3）医学频段：频段范围为 5.725～5.875GHz，与 5.15～5.35GHz 一起作为 802.11 5GHz 工作频段。

2.4GHz 无线技术是一种短距离无线传输技术，2.4GHz 频段是全世界公开通用的无线频段，在 2.4GHz 频段下工作可以获得更大的使用范围和更强的抗干扰能力，目前广泛应用于家用及商用领域，由于它整体的频宽胜于其他 ISM 频段，允许系统共存，允许双向传输，且抗干扰性强，传输距离远，所以越来越多的技术选择了 2.4GHz 频段，使得该频段日益拥挤。由于 2.4GHz 频带已经被到处使用，采用 5GHz 频段可以减少冲突，不过高载波频率也带来了负面效果，如 5GHz 频段几乎被限制在直线范围内使用，这导致必须使用更多的接入点，另外 5GHz 频段更容易被吸收，所以信号不能传播得像 2.4GHz 频段信号那么远。

通过上面这么多的知识介绍，我们知道 WLAN 工作在不同的频段，那 WLAN 具体通过什么来传输数据的呢？是信道！不同频段的信道是不一样的，而且在不同的国家，同一个频段下的信道也是有差别的。

2.4.2 2.4GHz 频段

2.4GHz 频段范围为 2.4～2.4835GHz，共 83.5MHz，在 2.4GHz 频段下工作的协议有 802.11g/b/n。不同的协议每个信道所占用的带宽是不一样的，802.11b 占用的信道带宽为 22MHz，如图 2-14 所示，而 802.11g/n 占用的信道带宽为 20MHz。从图 2-14 中我们可以看出，2.4GHz 频段内有 14 个信道，信道之间相互交错，其中第 14 个信道比较特殊，只有在少数的国家可以使用，比如日本。相邻信道的中心频点相差 5MHz，所以 2.4GHz 频段下不重叠的信道有 1、6、11，2、7、12，3、8、13，4、9、14，常用的为 1、6、11 信道。

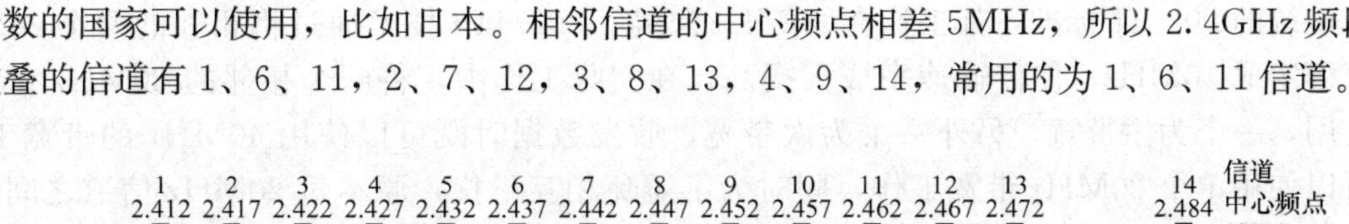

图 2-14 2.4GHz 频段

每个国家对于频段的定义都不尽相同，这取决于各个国家对于频段使用的机构，比如中国的原无线电管理委员会、美国的 FCC 等，表 2-1 所示为不同国家信道与工作频率对比。

表 2-1　不同国家信道与工作频率对比

信　道	频率/MHz	中国	美国、加拿大	欧洲	日本	澳大利亚
1	2412	是	是	是	是	是
2	2417	是	是	是	是	是
3	2422	是	是	是	是	是
4	2427	是	是	是	是	是
5	2432	是	是	是	是	是
6	2437	是	是	是	是	是
7	2442	是	是	是	是	是
8	2447	是	是	是	是	是
9	2452	是	是	是	是	是
10	2457	是	是	是	是	是
11	2462	是	是	是	是	是
12	2467	是	否	是	是	是
13	2472	是	否	是	是	是
14	2484	否	否	否	只用于 802.11b	否

注："是"表示使用，"否"表示没有使用。

由表 2-1 可以看出，中国、美国、加拿大、欧洲规定的工作频率为 2.4 ～2.4835GHz。中国和欧洲支持 1～13 信道被使用，美国和加拿大支持 1～11 信道被使用，日本支持 1～14 信道被使用，其中 14 信道只能用于 802.11b 标准。

正常情况下，WLAN 使用一个信道，也就是一个 20MHz 带宽的信道，那么可不可以通过某种技术将信道变宽、变大来提高传输速率呢？信道绑定技术就可以实现这样一个功能。

信道绑定技术通过将相邻的两个 20MHz 信道绑定成 40MHz，使传输速率成倍提高，对于无线技术，提高所用频谱的宽度，可以最为直接地提高吞吐，就好比是马路变宽了，车辆的通行能力自然提高。

传统的 802.11 标准，都工作在 20MHz 频宽，802.11n 技术通过将相邻的两个 20MHz 信道绑定成 40MHz，使传输速率成倍提高，在实际工作中，将两个相邻的 20MHz 信道绑定使用，一个为主带宽，另外一个为次带宽，收发数据时既可以使用 40MHz 的带宽工作，也可以使用单个 20MHz 带宽工作，同时为了避免相互干扰，原本每 20MHz 信道之间都会预留 1 小部分的带宽，当采用信道绑定技术工作在 40MHz 带宽时，这一部分预留的带宽也可以被用来通信，进一步提高了吞吐量。

但是由于在 2.4GHz 频段内，相互不重叠的信道只有 3 个，所以一般不建议在 2.4GHz 这个频段内进行信道绑定。

由于 2.4GHz 频段为 ISM 的开放频段，生活中有很多设备都工作在这频段范围内，为了很好地部署 WLAN 网络，我们需要了解一些生活中常见的使用此频段的设备，从而可以尽量避免 WLAN 网络受到这些设备的干扰。工作在 2.4GHz 频段的设备主要有无声电话、微波炉、无线摄像头、蓝牙、红外传感器、手机、中低端笔记本等生活设备。

2.4.3 5GHz 频段

5GHz 频段要比 2.4GHz 频段宽得多，在这个频段内可以使用的带宽最大为 580MHz，但是对 5GHz 频段的定义每个国家也是不一样的，在 5GHz 频段工作的协议为 802.11a/n，在 5GHz 频段下每个信道占用 20MHz 的带宽来传输数据，由于 802.11a 与 802.11n 都工作在 5GHz 的频段下，所以 802.11n 协议是向下兼容 802.11a 的。由图 2-15 可以看出 5GHz 频段分为 3 个部分，第一部分为 5.15～5.25GHz，第二部分为 5.25～5.35GHz，第三部分为 5.725～5.825GHz，其中还有一部分处于扩展的频段，为 5.470～5.725GHz，这部分扩展频段只有少数国家支持，如美国。

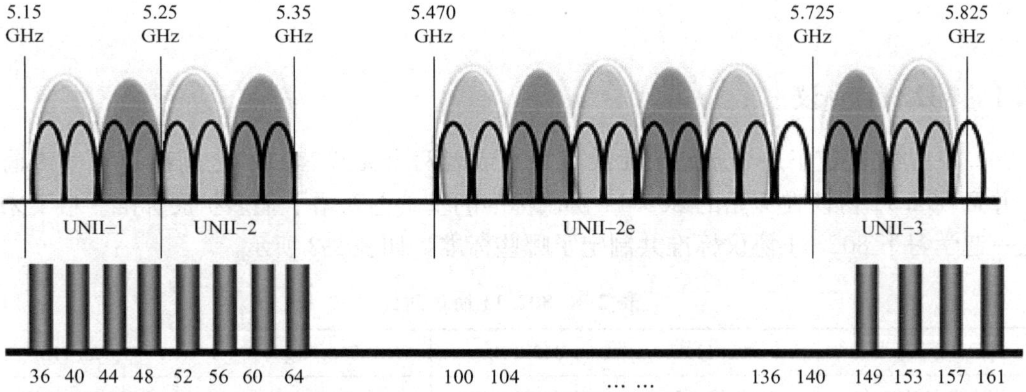

图 2-15 5GHz 频段

表 2-2 所示为中国和美国在 5GHz 频段所支持的信道比较。

表 2-2 5GHz 频段信道与中心频率

信道编号	频段/GHz	中心频率/MHz	美国	中国
36	5.15～5.25 UNII 低频段	5180	是	是
40		5200	是	是
44		5220	是	是
48		5240	是	是
52	5.25～5.35 UNII 中频段	5260	是	是
56		5280	是	是
60		5300	是	是
64		5320	是	是
149	5.725～5.825 UNII 高频段	5745	是	是
153		5765	是	是
157		5785	是	是
161		5805	是	是
165	～5.850	5825	是	是

注："是"表示使用，"否"表示没有使用。

从表 2-2 中我们不难发现，中国和美国均支持 23 个相互不重叠的信道，但中国最常用的是 5.8GHz 频段，也就是从 5.725～5.825GHz 的频段，共有 5 个不重叠的信道，它们分别为 149、153、157、161 和 165 信道，所以在 5GHz 频段下，不重叠的信道数量要比在 2.4GHz 频段下不重叠的信道数量要多，具体在网络规划的时候可以将 2.4GHz 频段内的信道与 5GHz 频段内的信道结合使用，进行无线覆盖。

相对于 2.4GHz 频段的干扰，5GHz 频段的干扰源较少，而随着网络的发展，人们生活需求的增多，越来越多的设备也使用 5GHz 频段，如无绳电话、雷达、无线传感器等。

2.5 802.11 协议与物理层技术

2.5.1 802.11 协议

802.11 协议规定了一个基站与无线客户端或者两个无线客户端之间通过空气传输的端口，并且 802.11 协议在原始的 802.11 协议标准的基础上新增了很多扩展标准。接下来，我们先一起学习下 802.11 协议标准共制定了哪些标准，如表 2-3 所示。

表 2-3 802.11 协议对比

标准号	802.11a	802.11b	802.11g	802.11n
标准发布时间	1999 年 9 月	1999 年 9 月	2003 年 6 月	2009 年 9 月
工作频率范围/GHz	5.150～5.350、 5.475～5.725、 5.725～5.850	2.4～2.4835	2.4～2.4835	2.4～2.4835、 5.150～5.350、 5.475～5.725、 5.725～5.850
非重叠信道数	24	3	3	27
最高速率/(Mbit/s)	54	11	54	300～600
实际吞吐量/(Mbit/s)	24	6	24	100 以上
受干扰机率	低	高	高	低
环境适应性	较好	差	好	很好
调制方式	OFDM	CCK/DSSS	CCK/OFDM/DSSS	MIMO/OFDM/DSSS/CCK
兼容性	802.11a	802.11b	802.11b	802.11a/b/g
覆盖范围/m	室内：50 室外：150	室内：150 室外：300	室内：150 室外：300	室内：150 室外：300

（1） 802.11a 协议

802.11a 早在 1999 年就已经成为标准，但是经过很长一段时间后相关产品才开始出现，其硬件最早出现在 2001 年底。该协议工作在 5GHz 频段，采用正交频分复用（Orthogonal Frequency Division Multiplexing，OFDM）技术（多载波调制的一种），最高可支持 54Mbit/s 的吞吐量，共支持 8 种不同的数据速率，分别是 6Mbit/s、9Mbit/s、12Mbit/s、18Mbit/s、24Mbit/s、36Mbit/s、48Mbit/s 和 54Mbit/s。

（2）802.11b 协议

802.11b 协议也是在 1999 年成为标准的，不过 802.11b 协议比 802.11a 普及的更加广泛，因为当时的网络设备、用户设备基本上只支持 2.4GHz 频段。802.11b 工作频段在 2.4GHz，采用的是直接序列扩频技术（Direct Sequence Spread Spectrum，DSSS），即利用 10 个以上的码片来代表原来的“1”或“0”位，使得原来较高功率、较窄频的频率变成具有较宽频的低功率频率。802.11b 协议最高可支持 11Mbit/s 的吞吐量，共支持 4 种数据速率，分别是 1Mbit/s、2Mbit/s、5.5Mbit/s 和 11Mbit/s。

（3）802.11g 协议

802.11g 协议相比 802.11b 的速率有了很大的提升，802.11g 最大传输速率可以达到 54Mbit/s，802.11g 协议也是工作在 2.4GHz 频段，其协议向下兼容 802.11b，所以支持的速率有 6Mbit/s、9Mbit/s、12Mbit/s、18Mbit/s、24Mbit/s、36Mbit/s、48Mbit/s 和 54Mbit/s 以及 802.11b 可以支持的速率 1Mbit/s、2Mbit/s、5.5Mbit/s 和 11Mbit/s。802.11g 信道数量比 802.11b 少一个，共 13 个信道，而且 802.11g 每个信道的带宽为 20MHz，不过相邻信道的中心频点距离也是 5MHz。

（4）802.11n 协议

随着通信网络技术的飞速发展，802.11a/b/g 这三种协议速率已经无法满足用户的需求，现如今用的最多的协议是 802.11n 协议。

2004 年 1 月，IEEE 宣布组成一个新的单位来发展新的 802.11 标准，在 2009 年 9 月正式批准 IEEE 802.11n。目前 802.11n 数据传输速率理论上可以达到 600Mbit/s，同时与 802.11a/b/g 三种标准协议不同，802.11n 协议使用双频工作模式，即可以工作在 2.4GHz 与 5GHz 频段，这样可以保障 802.11n 兼容以往的 802.11a/b/g 协议标准。

802.11n 标准全面改进了 802.11 标准，不仅涉及物理层标准，同时也采用新的高性能无线传输技术提升物理层的性能，优化数据帧结构，提高网络的吞吐量性能及无线链路的可靠性。

802.11n 速率如何提升至 600Mbit/s 的呢？

1）采用更多的子载波。相对 802.11g 协议，802.11n 在一个 20MHz 的信道下，子载波由 52 个（其中 48 个可用）扩展到 56 个（其中 52 个可用），速率可从 54Mbit/s 提升至 58.5Mbit/s。

2）采用更高的编码率。由于实际传递数据在传递过程中会因为衰减、干扰等因素导致数据错误，通过无线收发数据即前向纠错码（Forward Error Correction，FEC）可以纠正数据进而还原出原始、正确的数据，数据流中实际资料的比率称为编码比率（Code Rate）。与 802.11g 协议的编码比率 3/4（实际数据占 3/4，更错码占 1/4）相比，802.11n 的编码比率提升至 5/6（实际数据占 5/6，更错码占 1/6），即维持相同的错误更正能力 FEC 占用的频宽降低，使得速率由 58.5Mbit/s 提升至 65Mbit/s。

3）采用更短的保护间隔短 GI（Guard Interval，GI）。在无线收发过程中，收发间或多次转发过程中需要若干个间隔时间，而这个间隔时间就称为 GI。802.11a/b/g 标准要求 GI

为800ns，而802.11n在多径效应不是很严重、射频环境较好的应用环境下，可以将GI配置成400ns，可以使传输速率从65Mbit/s提升至72.2Mbit/s，这种技术称为短GI（Short GI），但在多径效应影响较大的时候，应该关闭Short GI功能。

4）采用更宽的带宽。每个通道的带宽从20MHz提升到40MHz，即采用信道绑定技术，那么子载波就从52个提升到108个，使得传输速率从72.2Mbit/s提升至150Mbit/s。

5）采用更多的空间流。802.11a/b/g协议的无线接入点（Access Point，AP）和客户端通过单输入单输出（Single Input Single Output，SISO）技术来传输数据，而802.11n协议的AP和客户端之间通过多输入多输出（Multiple Input and Multiple Output，MIMO）技术传输数据，如果终端也支持MIMO技术的话，就能够采用多个接收天线来同时接收多个发送过来的数据，这样就可以支持2个、3个或者4个空间流，使得802.11n传输速率从150Mbit/s提升至300 Mbit/s 、450 Mbit/s或者600Mbit/s。SISO和MIMO技术如图2-16所示。

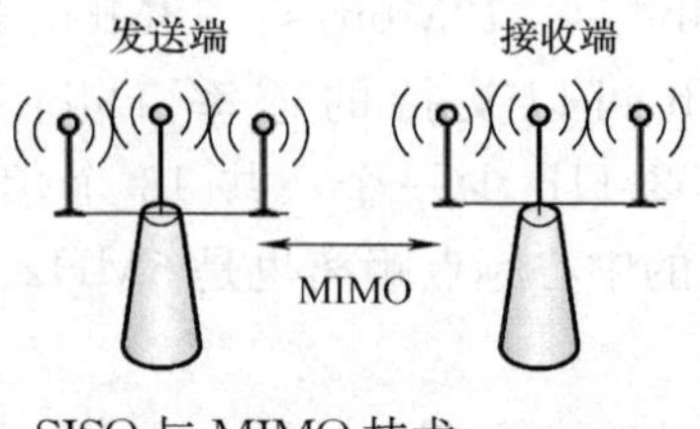

图2-16　SISO与MIMO技术

MIMO技术采用波束成形技术，即当发射端有多个发射天线时，调整从各个天线发出的信号使得接收端信号强度有显著改善的技术。当从不同的天线发送两个信号时，这些信号在接收端天线进行叠加，由于传播的不同，两个信号在到达接收端的时候存在相位差，这种情况会直接影响接收端的信号强度，通过调整发射端无线信号的相位，可以最大化地增加接收信号强度，即增加信噪比，采用了波束成形技术后，可以使得接收端能收到正相相位的信号，使信号最大。

我们知道了MIMO技术，那么MIMO技术是如何命名的呢？MIMO的天线配置通常表示成“M×N”，其中M和N均为整数，M表示传输天线的数量而N表示接收天线的数量，例如MIMO4×4，即4组传输链路、4组接收链路以及4条经过多任务处理的以无线链路传送的空间信息流，AP可以通过不同的空间信息流来承载不同的信息，从而提高了数据传输速度。

（5）802.11ac协议

802.11ac是一个正在发展中的802.11无线计算机网络通信标准，它通过5GHz频带进行WLAN通信，理论上，能够提供最少1 Gbit/s带宽进行多站式WLAN通信，或是最少500Mbit/s的单一连线传输带宽。

802.11ac向下兼容802.11全系列现有和即将发布的所有标准和规范，包括即将发布的802.11s无线网状架构等。802.11ac协议标准在安全性能方面，能完全遵循802.11i安全标准的所有内容，使得WiFi能够在安全性方面达到企业级用户的需求，根据802.11ac的实现目标，未来802.11ac将可以帮助企业或家庭实现无缝漫游，并且在漫游过程中能支持WiFi产品相应的安全、管理以及诊断等应用。

802.11ac协议标准部署无线局域网网络，可以满足企业、用户上网业务的无中断、可扩展、双千兆以太网端口、密集部署、强化的管理功能等特点，这就意味着WLAN即将迎来巨大变革，不单单是其超高的传输速度（最大可至1Gbit/s），同时也直接影响了WLAN在企业中所扮演的角色。

2.5.2 物理层技术

随着越来越多的信息通过无线电信号传播，带宽的需求也越来越多，那么为了增加带宽，就得增加相应的频宽，频宽是指能够有效通过信道的信号的最大频带宽度，以Hz为单位。

WLAN的传输技术主要有红外线（Infra Red，IR）技术与无线电射频技术，无线电射频技术传输距离远，传输速度高，并且通过特定的安全协议也可以保证通信的安全性，此外，无线电射频技术主要采用的是扩频技术（最早应用在军事上防止窃听或者信息干扰），可以很好地防止外界信息的干扰。

802.11所采用的无线电物理层使用了三种不同的技术，分别是跳频扩频（Frequency Hopping Spread Spectrum，FHSS）技术、直接序列扩频（Direct Sequence Spread Spectrum，DSSS）技术和正交频分复用（Orthogonal Frequency Division Multiplexing，OFDM）技术。

（1）跳频扩频技术

FHSS技术是以一种预定的伪随机模式快速变换传输频率，只在802.11中做了规定，在实际的应用中很少见，采用FHSS技术的无线局域网支持1Mbit/s和2Mbit/s两种速率。跳频扩频技术可以避免设备干扰某个频带的主要用户，跳频用户对主要用户只会造成瞬间干扰，如图2-17所示。

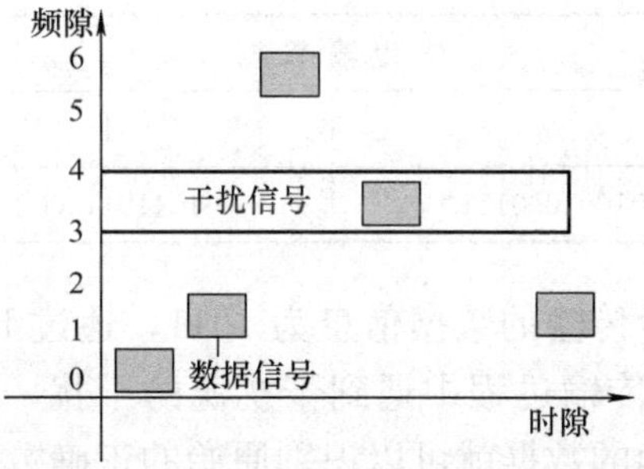

图2-17 FHSS技术

图2-17所示的是FHSS技术原理，某个主要的用户数据信号在使用第4个频隙时，受到了某个来自外部的干扰信号，数据传输中受到了干扰，但是还是有1、2、6这三个时隙可以将数据信号正常地传输发送，这样也就说明了，FSS技术可以有效减少数据传输中受到的干扰。

（2）直接序列扩频技术

DSSS技术是一种不同的扩频技术，其刻意通过较宽的频带传送数据信号，通过采用精确的控制可以将射频能量分散至某个较宽的频带，当无线电载波的变动被分散至较宽的频带时，接收器可以通过相关处理找出变动所在。DSSS 技术如图 2-18 所示。

图 2-18　DSSS 技术

如图 2-18 所示，采用 DSSS 技术，可以将有效的数据信号扩展至整个带宽来传输数据。

DSSS 最初定义在 802.11 原始标准中，工作频段为 2.4GHz，传输速率为 1Mbit/s 和 2Mbit/s，802.11b 修正案也定义了 DSSS 技术，工作频段同样是 2.4GHz，传输速率为 5.5Mbit/s 和 11Mbit/s，这两个数据扩频技术称为高速直接序列扩频技术 HR - DSSS（High - Rate DSSS，HR - DSSS）。

由于生活中很多外在或内在因素，都会破坏或改变射频信号的传输，特别是 802.11 信号依靠空气进行数据传输，极易受到射频的干扰。为了防止数据在传输中受到损坏或降低损坏，研究者们将为每一个数据比特在传输前先编码成多个码片，其中主要采用 Barker 码。Barker 码是一个 11bit 序列的编码，可以有效地降低干扰，但也降低了传输的效率。其中数据的每一个比特都被编码为一个 11 位 Barker 码，因此而产生的一个数据对象称为码片（chip）。码片是扩频过程中所使用的二进制数字，而比特属于比较高级的数据。通过这样的编码，造成实际传输的信息量是有效传输的 11 倍，Barker 编码如表 2-4 所示。

表 2-4　Barker 编码

传输数据			
1	0	1	1
10110111000	01001000111	10110111000	01001000111

从表 2-4 中可以看出实际传输的数据信息为 1011，通过 Barker 编码，为每一个数据进行编码至 11 码片，当数据在传输过程中遇到干扰源的干扰，可能会丢失或损坏一些码片，但是只要接收端收到 2 位正确的数据就可以识别原始的正确数据，这样就可以大大增加数据传输的可靠性，防止干扰。

除了 Barker 编码可以防止干扰外，DSSS 技术还可以采用补码键控（Complementary Code Keying，CCK）技术来防止数据传输中的干扰。CCK 技术采用了复杂的数学转换函数，可以使用若干个 8bit 序列，在每个码字中编码 4bit 或 8bit，因此数据总吞吐量为 5.5Mbit/s 或 11Mbit/s，但是补码键控这一编码方式如果想对抗多路径干扰，需要的技术复杂，实现起来非常困难，在这里我们不详细介绍。

（3）正交频分复用技术

OFDM 技术是一种多载波调制技术，它是通过将信道分成若干正交子信道，将高速数据信号转换成并行的低速子数据流，使得数据在每个子信道上进行传输。OFDM 技术的每个信号的带宽均小于信道的相关带宽，其将信道划分为 52 个子信道，其中 4 个用于相位参考，所以真正能使用的是 48 个子信道，如图 2-19 所示。

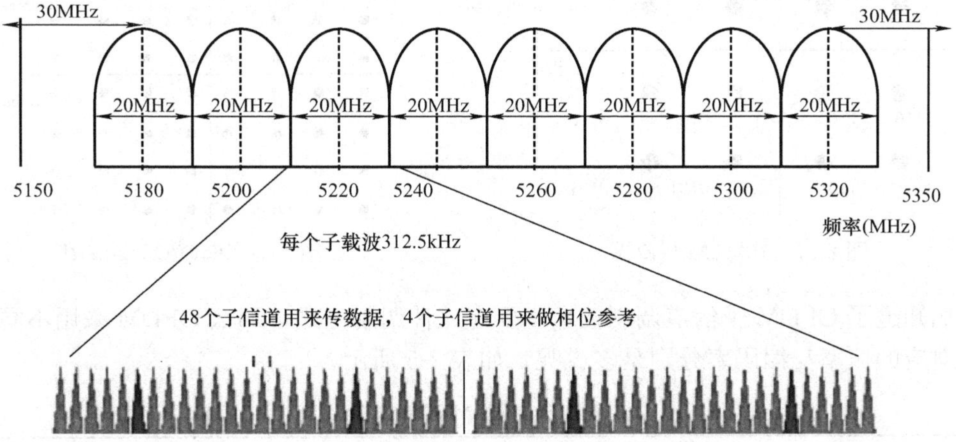

图 2-19 OFDM 信道划分

OFDM 子信道调制技术主要有三种，分别是二进制相移键控（Binary Phase Shift Keying，BPSK）、正交相移键控（Quadrature Phase Shift Keying，QPSK）、正交幅度调制（Quadrature Amplitude Modulation，QAM）。

1）BPSK：在相位变化为 0°时，表示数字“0”；在相位变化为 180°时，表示数字“1”。

2）QPSK：QPSK 分别使用相位变化为 0°、90°、180°和 270°来表示数字“00”“01”、“10”和“11”。与 BPSK 相比，QPSK 所具备的明显优势为四级编码机制，可以提供较高的吞吐量，而采用 QPSK 的劣势是在多径干扰十分严重的环境下，QPSK 会比 BPSK 更早崩溃。

802.11b 协议标准采用的是 DSSS 技术，可以实现四种不同的数据速率，分别是 1Mbit/s、2Mbit/s、5.5Mbit/s 和 11Mbit/s，如果使用 Barker 编码方式与 BPSK 调制方式速率为 1Mbit/s，如果使用 Barker 编码方式与 QPSK 调制方式速率为 2Mbit/s，如果使用 4 比特 CCK 编码方式与 QPSK 调制方式速率为 5.5Mbit/s，如果使用 8 比特 CCK 编码方式与 QPSK 调制方式速率为 11Mbit/s。

3）QAM：OFDM 技术与 QAM 调制方式的结合，使得无线网络的传输速率可以达到 54Mbit/s。星座图是表示 QAM 调制技术的一种比较直观的表现形式，要提高传输速率，只需要使用点数更多的星座图即可，但是不可以无止境地提高星座图的点数，因为星座图点数越多，每个点之间的距离就越近，那么每个点可接受的误差范围就越小，这样就对信号传输的可靠性带来极大的挑战。

图 2-20 所示为 16QAM 星座图，该星座图中使用 4 种相位的变化和 4 种振幅的变化相结合，一共可以表示 4×4 共 16 种信号，因而一个信号周期可以表示一个 4bit 的数字信号。

图 2-21 所示为 64QAM 星座图，此星座图使用 8 种相位的变化与 8 种振幅的变化相结合，一共可以表示 8×8 共 64 种信号，那么一个信号周期可以表示一个 16bit 的数字信号。

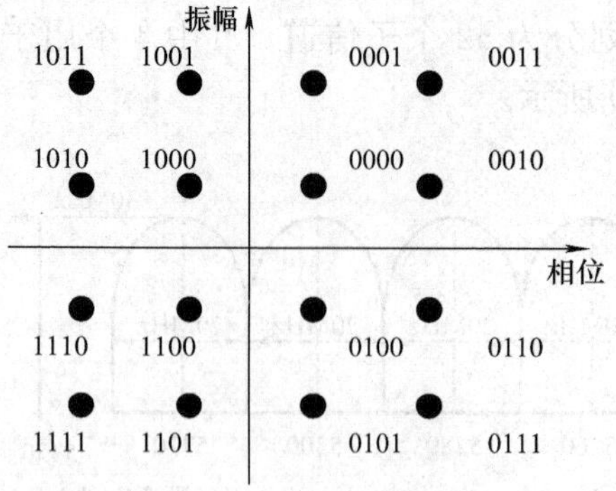

图 2-20　16QAM 星座图

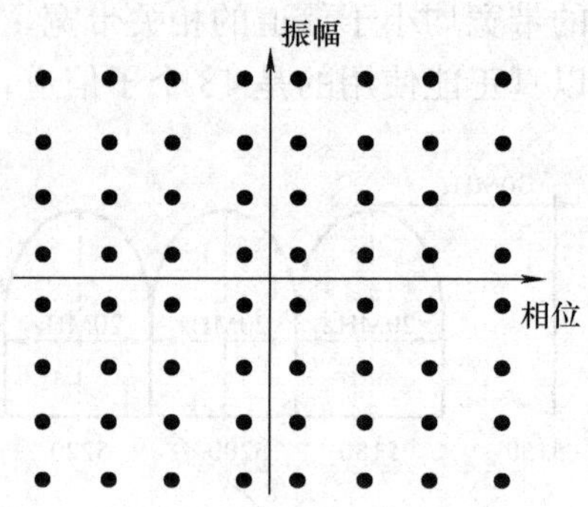

图 2-21　64QAM 星座图

我们知道了 OFDM 子信道调制技术主要有三种调制方式，那么 OFDM 采用不同的调制方式所对应的速率与编码率分别是多少呢？如表 2-5 所示。

表 2-5　OFDM 调制方式

调 制 方 式	编码率（*R*）	速率/(Mbit/s)
BPSK	1/2	6
BPSK	3/4	9
QPSK	1/2	12
QPSK	3/4	18
16QAM	1/2	24
16QAM	3/4	36
64QAM	2/3	48
64QAM	3/4	54

本 章 小 结

本章主要介绍了无线网络的概念、发展历程、优越性，WLAN 常见的标准与组织，无线电波基础知识、射频传播特性及 WLAN 工作频段、信道划分等；从协议规范、数据传输速率等方面比较了 WLAN 发展过程中实用的一些协议，如 802.11a/b/g/n 等，此外还介绍了 802.11 协议物理层的相关技术，比如 FHSS、DSSS、OFDM 技术以及相应的编码方式、调制技术等。

习题与思考

1. 什么是无线网络？
2. 简单概述无线网络的优势。
3. WLAN 等于 WiFi 吗？
4. 简述无线网络的分类。

5. 频段是什么？
6. 在 2.4GHz 频段内，中国可以使用的信道有哪些？
7. 在 5GHz 频段内，中国可以使用的信道有哪些？
8. 信道绑定是什么含义？在 5GHz 频段内，可以实现几种不同的信道绑定？
9. 简要概述下 802.11a/b/g/n 这四种标准协议的区别与特点。
10. 扩频技术主要分哪几种？
11. 简要概述 FHSS 技术原理。
12. 简要概述 DSSS 技术原理。
13. 简要概述 QAM 技术原理。
14. 简要概述 OFDM 技术原理。
15. 什么是 BPSK？什么是 QPSK？二者的区别是什么？
16. Barker 编码是什么？其有什么作用？
17. 根据本章所学知识，使用 Excel 表格画出 802.11a/b/g/n 在物理层技术的比较。

第3章 WLAN产品与关键技术

课程目标：

- 了解华为WLAN产品命名规则、分类及各类产品性能指标
- 掌握室内放装型、室内分布型、室外分布型AP的应用场景
- 了解POE技术优势、标准及相关术语
- 了解AC6005硬件外观与指示灯信息
- 了解AC6005硬件安装与注意事项
- 掌握CAPWAP协议起源、工作原理、工作模式及隧道的建立过程
- 了解华为VRP的基本命令
- 掌握AC基本属性的配置
- 掌握如何升级AC与AP设备系统版本

3.1 华为WLAN产品介绍

在目前的无线网络里，大多数无线网络都是使用瘦AP加无线控制器（Access Controller，AC）的架构来实现这种无线管理的。

当前无线控制器主要分为两种，一种是盒式控制器，目前型号是AC6605，还有另外一种是插卡式的无线控制器ACU，主要是与华为的X7系列或者93系列的交换机进行合作运行，从而进行对无线接入点瘦AP的管理与控制。

华为所有的AR系列路由器内部也集成有无线控制器的功能，但是其管理AP设备数量较少，即没有专门的华为WLAN无线控制器的性能强。

华为的AP按照工作环境划分，主要可以分为三部分，第一部分是室内放装型AP设备，第二部分是室内分布型AP设备，第三部分是室外分布型AP设备，如图3-1所示。

1）室内放装型AP设备：此AP设备自带内置天线或者外置天线，如图3-1所示的AP6010与AP7110，可以将AP设备安装在室内墙上、桌面上或者天花板上，该种AP设备可根据不同环境灵活实施分布，也可同时工作在AP和桥接等混合模式下。

2）室内分布型AP设备：此AP设备的天线需要与运营商的2G/3G合路使用，用运营商的移动手机的天线系统，把AP设备并到此系统内，即利用此种天线将WLAN的无线信号释放出来。

3）室外分布型AP设备：此AP设备主要运行在室外比如恶劣的场合进行室外WLAN业务的数据覆盖，比如说可以将此室外分布型AP设备安装在机场外部、校园内或者工业园区等，此外，该AP设备还具有无线桥接的功能。

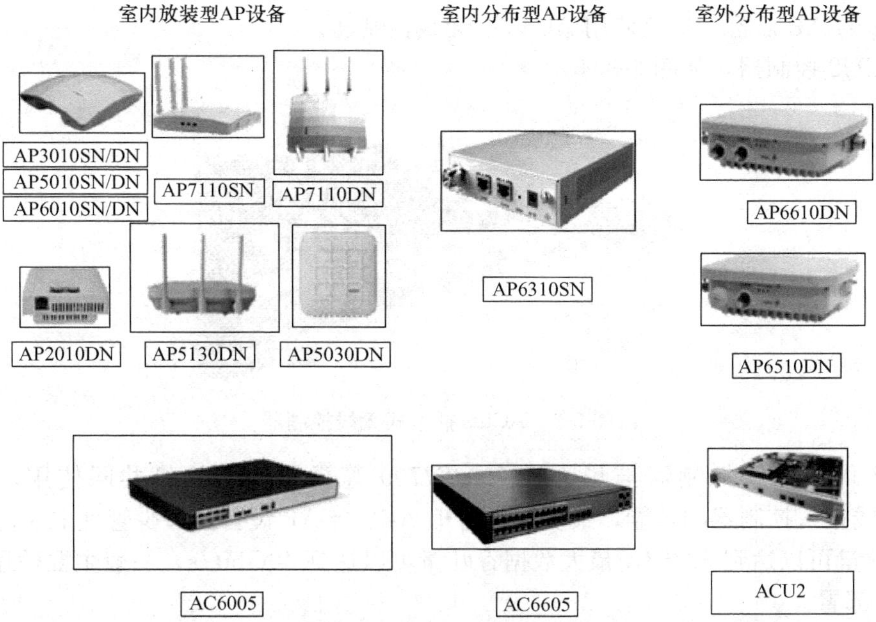

图 3-1　华为 AP 设备

下面我们对华为常见的 WLAN 设备进行介绍：

1）AC6605 控制器，如图 3-2 所示。

图 3-2　AC6605 控制器

AC6605 是华为一款盒式无线控制器，高度为标准的 1U（1U＝4.445cm），一台 AC6605 设备可以管理 4～1024 台瘦 AP 设备，包括室内放装型、室外分布型、室内分布型 AP 设备，但是可管理 AP 设备数量受华为 License 控制，若你购买此设备而没有购买华为的授权（License），则此 AC 设备只支持管理 4 台 AP 设备，若需要管理更多的 AP 设备，则要购买华为相应的授权（License）。

AC6605 支持最大交换容量 128Gbit/s，一个无线控制器可以释放 1 千个扩展服务集标识（Extended Service Set Identifier，ESSID），接入用户数可以达到 10240，最多可以实现 128 个动态主机配置协议（Dynamic Host Configuration Protocol，DHCP）IP 地址池，每个地址池大约可以分 16384 个 IP 地址。

AC6605 一般适合于中小型企业的无线局域网布局，但是对于小型的企业网 WLAN 布局，可以采用AR系列路由器部署，不过此种部署仅仅只可以管理十几个AP设备，如果需要管理较多的AP设备，建议使用AC6605无线控制器。

2）ACU2控制器，如图3-3所示。

图3-3　ACU2插卡式无线控制器

ACU2华为无线控制器与华为S9700/S7700等系列的交换机共同使用，从而实现WLAN无线接入控制器的功能，最多可以管理2048台AP设备，最少管理128台AP设备，接入用户数量可以达到32768，最大数据吞吐量可以达到40Gbit/s，一般主要适用于大型企业WLAN部署。

不难发现华为的WLAN设备种类繁多，特别是AP设备，那么这些AP设备是如何命名的呢？如表3-1所示。

表3-1　华为WLAN AP设备命名规则

第一位	第二位	第三位	第四位	第五位	第六位	第七位
WiFi AP系列	代表设备档次	代表设备形态	代表产品版本演进	代表不同频点模式	代表天线	代表不同的技术
AP	7	1	10	D	N	AGN
WA：运营商	2：SOHO级	0：室内放装型	产品演进换代预留位	S：单频	N：普通天线	A：802.11a
AP：企业网	3：SMB	1：室内工业级		D：双频	E：智能天线	G：802.11b/g
	5：经济型	3：室内分布型				N：802.11n
	6：标准型	5：室外型				AC：802.11ac
	7：增强型	6：网桥				
	8：预留					
	9：特殊场景					

由表3-1可以看出，此华为AP设备第一位“AP”代表企业网型AP设备。在通信网络中，通信设备主要分为两大类，一类是运营商型设备，另外一类是企业型设备，即运营商也有自己的WLAN AP设备，虽然设备功能大同小异，但是他们设备的命名为WA。第二位代表AP设备设置的档次，比如7代表此设备是一台增强型的AP设备，总体来看，第二位数字越大就说明此设备的能力就越强。第三位代表设备的形态，比如1就代表此台设备是一台室内工业级的WLAN AP设备，一共有5种设备形态。第四位代表设备产品版本的演进，数字越大，设备版本越新。第五位代表设备的频点模式，比如D代表双频，既支持2.4GHz

也支持 5GHz 频段。第六位代表设备的天线情况，N 代表普通天线，E 代表智能天线。第七位代表此设备支持哪种 WLAN 协议标准，如 A 代表 802.11a 协议标准，G 代表 802.11b/g 协议标准，N 代表 802.11n 协议标准，AC 代表 802.11ac 协议标准。

图 3-4 所示为华为 WLAN 室内放装型 AP 设备的总体介绍。

图 3-4　室内放装型 AP 设备

需要说明的是，华为的室内型 AP 设备都支持 POE（Power Over Ethernet，POE）与 POE＋的供电方式，其中 POE 供电是传统的以太网供电技术，也就是说 AP 设备可以通过双绞线进行供电运行，可以支持 15W 的供电，而 POE＋供电方式供电最高可达 30W。所有的室内 AP 设备都支持 802.11n 协议标准，也就是这些 AP 设备的传输速率都可以超过 100Mbit/s，我们根据图 3-4 可以看出，华为 AP5010、AP6010 传输速率都可以达到 300Mbit/s，而 AP7110 可以达到 450Mbit/s，因为 AP7110 DN 的天线是 6 根外置天线，可以实现 3×3 的 MIMO 技术，所以最高速率是 3 倍的 150Mbit/s，实理论上 802.11n 可以达到 600Mbit/s 的速率。

图 3-5 所示为华为 WLAN 室内分布型设备 AP6310SN。

华为室内分布型 AP 设备只有一种，型号是 AP6310SN，是一种标准型、单频、普通天线 AP 设备，工作在 2.4GHz 频段，支持 802.11b/g/n 三个协议标准，不支持 802.11a 协议标准，支持 POE 供电，由于此设备只有一根内置天线，所以最大速率可达 150Mbit/s，没有室内放装型 AP 设备速率快。

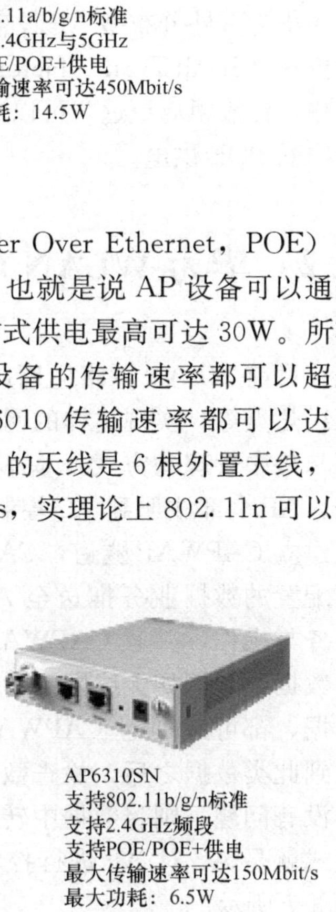

图 3-5　室内分布型 AP 设备

图 3-6 所示为华为 WLAN 室外分布型设备 AP6510DN 和 AP6610DN。

AP6510DN
支持802.11a/b/g/n标准
支持POE+供电
采用2×2MIMO技术
最大传输速率可达300Mbit/s
最大功耗：24W

AP6610DN
支持802.11a/b/g/n标准
不支持POE供电
支持交流本地供电
采用2×2MIMO技术
最大传输速率可达300Mbit/s
具有SFP光纤接口
AC电源
最大功耗：28W

图 3-6　室外分布型 AP 设备

华为室外分布型 AP 设备主要有两款，分别是 AP6510DN 和 AP6610DN，室外分布型 AP 设备都是支持双频（DN），即可以工作在 2.4GHz 频段与 5GHz 频段内。因为室外分布型 AP 设备需要考虑无线信号的回传，可能需要通过无线链路进行传输，所以设置两个频段，一般情况下 5GHz 频段用来进行数据回传，而 2.4GHz 频段用来进行用户数据接入。

华为室外分布型 AP 设备最高速率都可达 300Mbit/s，其中 AP6610DN 具有支持小型可插拔式（Small Form - factor Pluggable，SFP）光纤端口能力，可以直接接入光纤进行数据传输，传输距离更远，可以达到几千米甚至几十千米距离，但需要注意的是，该设备不支持标准的 POE 供电。

3.2　华为 WLAN 产品应用场景介绍

目前 WLAN 网络应用，主要针对各行各业，如企业网应用、移动办公还有运营商的无线热点等，实现这样的网络应用，主要采用的是 AC（无线网络控制器）对 AP 进行控制与集中管理的方式，基本原理是，首先 AP 上电之后，AP 全部注册到 AC 控制器上，然后 AC 与 AP 直接建立 CAPWAP 隧道，CAPWAP 协议可以使 AC 上面配置的数据业务推送至 AP 上，使 AP 执行相应的业务与操作，并且 CAPWAP 隧道可以转发用户业务的数据包，例如无线网络的认证数据或者去往外网的数据，都可以通过 CAPWAP 隧道进行传输，当 AC 收到此类数据之后，检查数据的安全性等事项，如数据没有问题，则将数据中转到有线网络中去，此工作模式就是 AC 对 AP 进行控制与集中管理的过程，如图 3-7 所示。

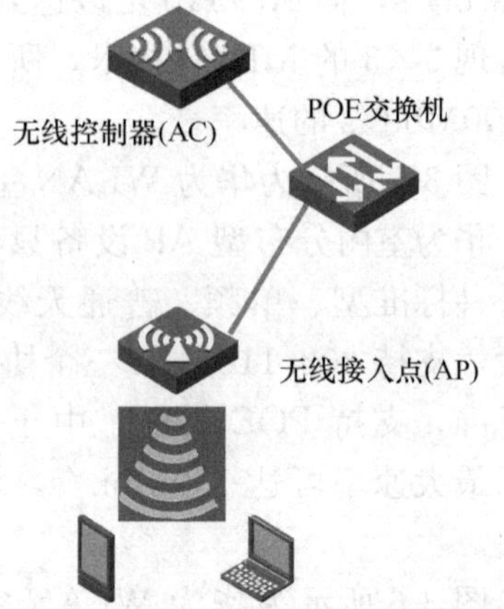

图 3-7　AC 控制 AP WLAN 业务

下面我们对不同环境下 AP 的应用场景进行介绍：

1）室内放装型 AP 设备：主要适用于校园、多媒体教室、开放式园区以及会议室等中小型的覆盖场景。

2）室内分布型 AP 设备：适合的场景是用户密度相对来说比较少，且已经具有运营商的网络，借助传统移动电话的 2G/3G 天线来释放信号，从而实现用户的上网业务，比如说宾馆、酒店、机场、会议中心等地区，但是其不适合用于网络需求比较高的场合。

3）室外分布型 AP 设备：此种设备适用场景较为广泛，比如公共广场、学校、宿舍、机场、园区、居民小区以及室外人口较为聚集的空旷地带和那些对数据业务有较大需求的室外场合。

由于在现实的大型无线局域网中，AC、AP、POE 交换机等网络设备数量庞大，如何有效地去管理这些设备就成了一个亟待解决的问题。我们可以采用华为推出的 eSight 网管系统软件，eSight 是华为面向企业网管理推出的面向企业园区和分支网络的管理系统，能实现对企业资源、业务、用户的统一管理以及智能联动，可以将所有的无线设备及华为的交换机、路由器、防火墙等全部注册到 eSight 网管系统上，从而可以在 eSight 网管系统上面看到这些网络设备的资源、业务、用户以进一步管理。

eSight 网管系统具有较多的特点，具体如下：

1）灵活的第三方设备管理能力，因为它基于 SNMP 网管协议，所以可以管理第三方的网络设备，如 H3C、思科等厂商的设备。

2）支持多种多样的操作系统，如 Windows 7、Windows 2008、Linux 等操作系统。

3）提供各种各样的定制化的系统版本。

4）多业务管理承载平台，即通过模块化将网络设备加载进来，可以管理多种网络平台的设备，如 WLAN 设备、数据中心设备等。

5）支持分级管理，可以为总公司、分公司都装上 eSight 网管软件，但可以设置相应的网管级别，比如可以将总公司的网管级别设置高些，那么总公司权限就高于分公司的网管权限。

3.3　华为 POE 技术介绍

POE 通过以太网方式进行设备供电，是指通过 10BASE - T、100BASE - TX、1000BASE - T 以太网网络供电，即通过双绞线进行设备供电，其可靠供电的距离最长为 100m。

POE 的目的主要有：

1）美观，可以节约少量的电源成本以及一定的施工量，不需要为每一台无线接入点（AP）设备进行供电。

2）结合不间断电源系统（Uninterruptible Power System，UPS）可以大大增加无线设备的可用性，因为 AP 设备可以采用 POE 交换机供电，而交换机一般采用 UPS 供电，当本地断电时，如果机房有相应的 UPS，那么交换机就不会断电而 AP 设备也就不会断电，可以给用户带来持续的无线上网业务。

3）方便统一管理，比如说我们希望将远端的 AP 设备进行关闭重启的操作，可以将交换机给 AP 设备断电再上电，这样就可以完成 AP 设备的管理操作。华为交换机具有智能时间的设置，即可以设置在某个时间点交换机设备才会给 AP 设备进行供电，超过这时间点 AP 设备就不会有需要的电源，这样就可以控制与管理用户通过 AP 进行 WLAN 的上网业务。

POE 的相关标准如下：

802.3af——第一个 POE 供电标准，最大输出功率 15.4W。

802.3at——增加版供电标准，即 POE+，最大输出功率 30W。

POE 的相关术语如下：

PSE(Power Sourcing Equipment)——供电设备，即给 AP 进行供电的设备，如华为自带 24 个 POE 供电端口的 AC6605。

PSU (Power Supply Unit)——电源。

PD(Powered Devices)——受电设备，即需要被 POE 供电的设备，如 AP 设备。

PI(Power Interface)——供电端口，即可以输出供电的端口。

POE 术语如图 3-8 所示。

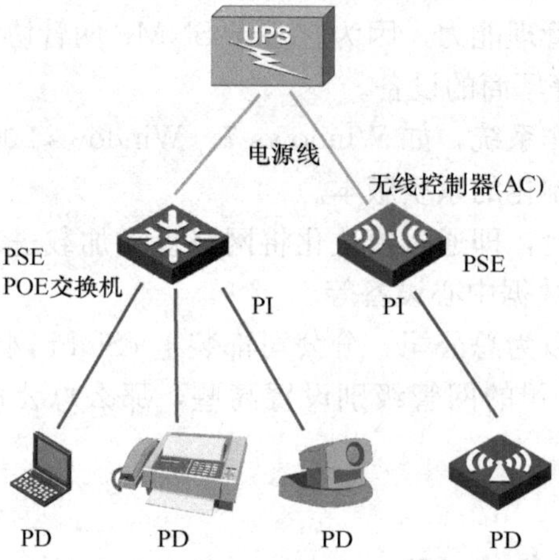

图 3-8　POE 术语

图 3-8 中 UPS 提供电源给交换机和 AC 设备，那么 UPS 就是电源设备 PSU，交换机与 AC 设备是 PSE 供电设备，交换机与 AC 连接的终端设备的端口为 PI，所有的终端设备为 PD 设备。

POE 共有 5 种供电级别，其中 0 级别是默认供电级别，供电功率范围为 0.44～12.94W；1 级别是可选供电级别，供电功率范围为 0.44～3.84W；2 级别是可选供电级别，供电功率范围为 3.84～6.49W；3 级别是可选供电级别，供电功率范围为 6.49～12.95W；4 级别是专门给 802.3at 标准的设备供电，供电功率范围为 12.95～25.50W。其中前 4 个级别是 802.3af 标准的 POE 供电。

现网中 AP 设备的供电方式主要有三种：第一种，802.3af/802.3at 标准的 POE 交换机供电，即如若交换机上带有 PWR 标识，则此交换机支持 POE 供电；第二种，交流电源适配器供电；第三种，POE 电源适配器供电方式。

3.4 AC6005 设备介绍

3.4.1 AC6005 硬件介绍

华为无线控制器主要分为 AC6005 盒式控制器以及 ACU 框式交换机无线控制板块，AC6005 盒式控制器正面外观图如图 3-9 所示。

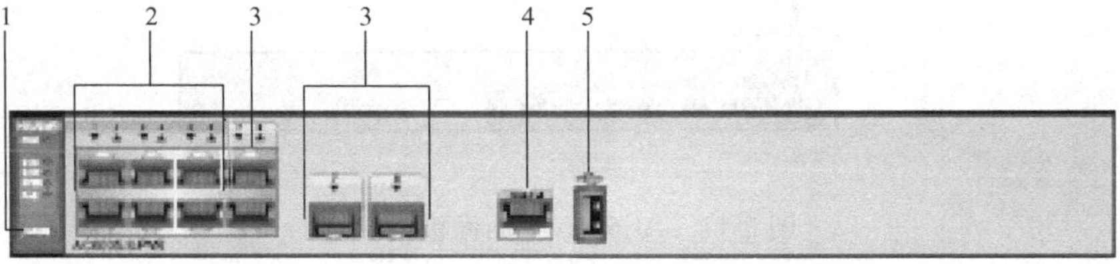

图 3-9 AC6005 正面外观图

在图 3-9 中，“1”表示 MODE 按钮，即模式切换按钮；“2”表示 6 个 10/100/1000BASE－T 以太网电端口，支持 10Mbit/s/100Mbit/s/1000Mbit/s 自适应及支持 6 个端口 POE 供电；“3”表示两对光电复用（Combo）端口，由设备面板上的两个以太网口（一个光端口和一个电端口）组成，而在设备内部只有一个转发端口，Combo 电端口与其对应的光端口在逻辑上是光电复用的，用户可根据实际组网情况选择其中的一个使用，但两者不能同时工作，当激活其中的一个端口时，另一个端口就自动处于禁用状态。内部的转发端口作为电端口使用时，支持 10Mbit/s/100Mbit/s/1000Mbit/s 自适应，支持两个端口 POE 供电；“4”表示调测端口（Console），此端口用于连接控制台，实现现场配置功能，需配套使用串口通信线缆，设备第一次上电使用时需要通过调测端口（Console）端口进行配置；“5”表示 USB 端口，此端口配合 U 盘使用，可用于传输配置文件和升级文件等，AC6005 使用的 U 盘需要支持 USB 2.0 标准且兼容 Linux 操作系统。AC6005 背面外观图如图 3-10 所示。

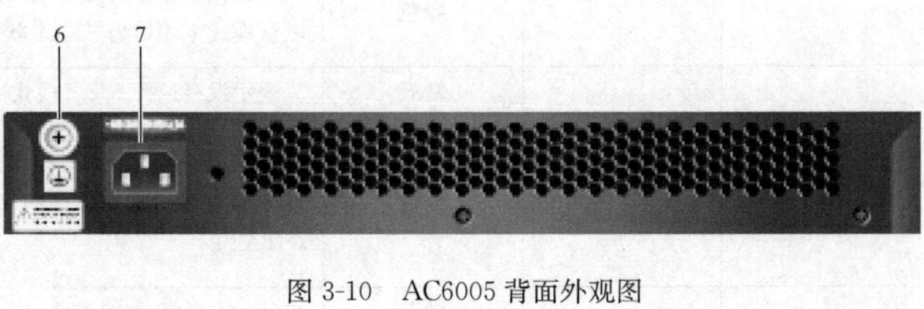

图 3-10 AC6005 背面外观图

图 3-10 中 6 表示接地，7 表示交流电源输入端口。

AC6005 正面面板的指示灯如图 3-11 所示。

图 3-11 中对应的指示灯含义如表 3-2 所示。

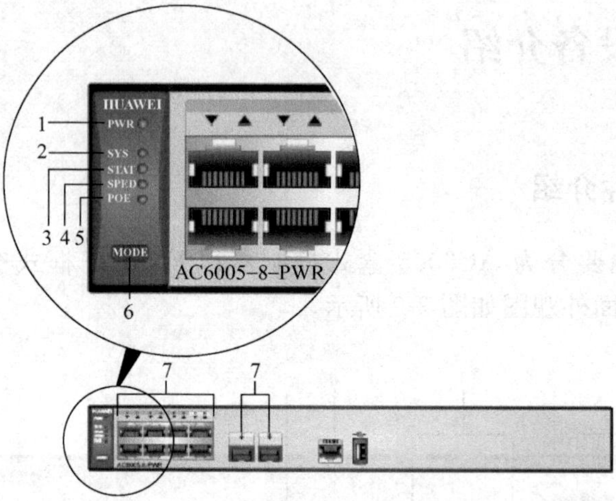

图 3-11　AC6005 正面面板指示灯

表 3-2　AC6005 指示灯含义

数字	指示灯	按钮	颜色	指示灯状态及含义
1	电源指示灯	PWR	常灭	设备未上电
			绿色	常亮：电源供电正常
			黄色	常亮：POE 电源故障
2	系统运行状态灯	SYS	常灭	系统未运行
			绿色	快闪：系统正在启动过程中 慢闪：系统正常运行中
			红色	常亮：设备不能正常启动，或运行中有温度、风扇异常告警
3	STAT 模式状态灯	STAT	常灭	表示没有选择 STAT 模式
			绿色	常亮：表示业务端口指示灯为默认模式，默认模式下端口为 STAT 状态
4	Speed 模式状态灯	SPED	常灭	表示没有选择 Speed 模式
			绿色	常亮：表示业务端口指示灯暂时用来指示端口的速率，45s 后自动恢复到默认模式（STAT）
5	POE 模式状态灯	POE	常灭	表示没有选择 POE 模式
			绿色	常亮：表示业务端口指示灯暂时用来指示各端口的 POE 状态，45s 后自动恢复到默认模式（STAT）

（续）

数字	指示灯	按钮	颜色	指示灯状态及含义
6	模式切换按钮	MODE		按一次则 SPED 灯亮绿色，此时业务端口指示灯暂时用来指示各端口的速率状态
				再按一次则 POE 灯亮绿色，此时业务端口指示灯暂时用来指示各端口的 POE 状态
				再按一次则恢复默认状态，即 STAT 灯亮绿色
7	业务端口指示灯			GE 电端口：端口从 1 开始编号，从下到上，从左到右
				GE 光端口：请参考三角形状的箭头指向

表 3-3 所示为 AC6005 系统配置，表 3-4 所示为 AC6005 管理能力参数。

表 3-3　AC6005 系统配置

项　　目	规　　格
处理器	主频 1GHz
交换容量	20Gbit/s
转发能力	4Gbit/s
DDR 内存	2GB
闪存	2GB（SD 卡）

表 3-4　AC6005 管理能力参数

参　　数	参　数　值
可管理 AP 的数量	中心 AP：32 个；普通 AP 和远端接入单元：运行 V200R006C10 以前版本可管理 128 个；运行 V200R006C10 及以后版本可管理 25 个
用户接入能力	整机接入用户数：2048；单 AP 接入用户数：最多 256 个（取决于具体 AP 型号）
MAC 地址表数量	4096
VLAN 数量	4096
路由表项数量	4096
ARP 表项数量	4096
组播表项数量	4096
DHCP IP 地址池的数量	最大 128 地址池，每个地址池最多可分配地址数 16384
本地用户	1000
访问控制列表数量	4096
ESSID 数量	1024
用户组管理	128 个用户组，每组引用 ACL ID 的最大数目 8，每组关联 ACL rule 的最大数目 128

3.4.2 AC6005 安装介绍

对华为 AC6005 硬件外观以及其指示灯参数、系统性能有了一定的了解与掌握，那么接下来我们来学习无线控制器（AC）设备是如何安装工作的，AC 设备安装流程图如图 3-12 所示。

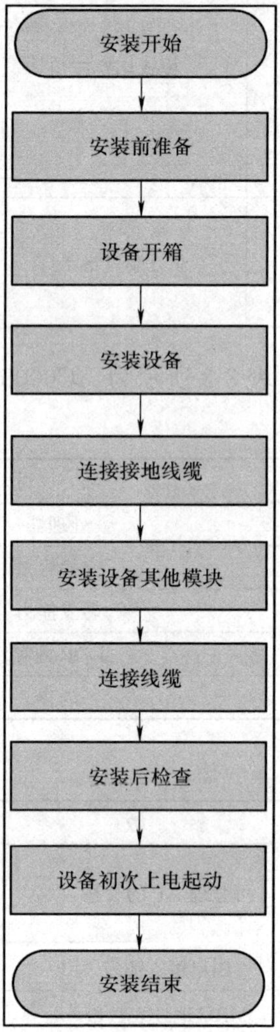

图 3-12　AC 设备安装流程图

（1）安装前准备

1）熟悉安全注意事项。为保障人身和设备安全，在安装、操作和维护设备时，应熟读设备上标识及手册中说明的所有安全注意事项，负责安装维护华为设备的人员，必须先经严格培训，了解各种安全注意事项，掌握正确的操作方法之后，方可安装、操作和维护设备。

2）检查安装场所。AC 设备必须在室内使用，设备需要安装在干净整洁的、干燥的、通风良好的、温度可控的场所内，严禁出现渗水、滴漏、结露现象，做好防尘措施，室内灰尘落在机体上，可造成静电吸附，使金属接插件或金属接点接触不良，不但会影响设备寿命，而且易造成设备故障；室内温度和湿度需保持在设备可正常工作的温度和湿度范围内，如果相对湿度大于 70%，需加装除湿设备（如带除湿功能的空调、专用除湿机）等；室内避免有酸性、碱性或其他腐蚀性气体，建议在设备四周留出空间以供散热，两侧及后侧均留出 50mm 以上的空间。

3）检查机柜/机架。设备整机高度和宽度符合业界标准，可以安装在 19in 标准机框或机架中，机柜上要求有可靠的接地点，从而供设备接地，自行采购的机柜或机架需要有足够的安装空间。

4）检查电源条件。机房的电源在设备安装前应准备到位，提供到设备的工作电压应在设备可正常工作的电压范围内；交流电源插座需要满足 10A 的规格要求，如果是制式插座，请使用当地制式的交流电源线，如果是 C13 直母插座，请使用 C13 直母与 C14 直公电源线。

5）准备安装工具和辅料，如表 3-5 所示。

表 3-5　安装工具和辅料说明

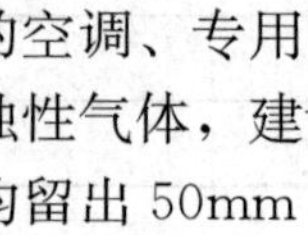	防静电手套，用于防静电	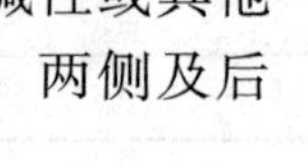	波纹管，用于保护光纤
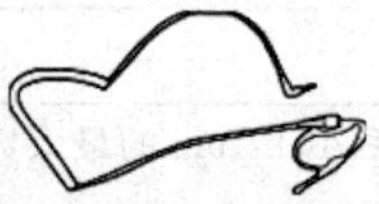	防静电腕带，用于防静电，一端应插在机柜的 ESD 插孔上	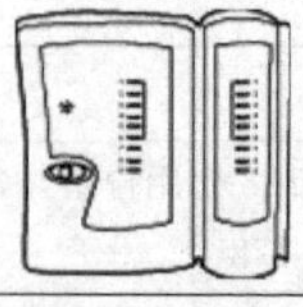	网线测试仪，用于测试网线的通断和接线关系

（续）

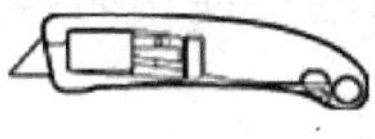	裁纸刀，用于拆封纸箱或裁切纸张等		万用表，可用于机柜的绝缘、电缆的通断及设备的电性能指标的测量，包括电压、电流、电阻等
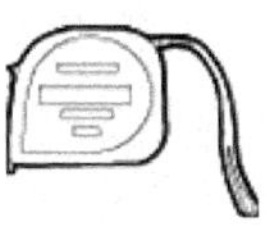	钢卷尺，用于丈量长度	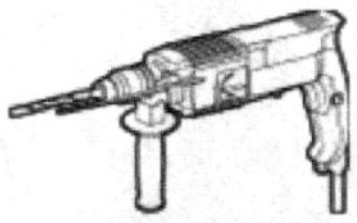	冲击钻，设备安装到墙面时，用于在墙面打孔，安装膨胀螺钉
	记号笔，在划线时，可用于做记号		绝缘胶带，用于隔离电线和其他导体
	一字型螺钉旋具，用于紧固较小的螺钉、螺栓，很少用来紧固螺母，批头为一字		
	十字型螺钉旋具，用于紧固较小的螺钉、螺栓，很少用来紧固螺母，批头为十字		绑扎扣，用于绑扎线缆
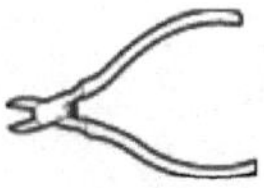	斜口钳，用于剪切绝缘套管、电缆绑孔扣等		光纤绑扎带，用于绑扎光纤

（2）设备开箱

拆封纸箱过程中推荐使用防静电手套与裁纸刀，具体操作步骤如下：

1）查看纸箱上标签，了解箱内设备型号及相关注意事项。

2）用裁纸刀沿箱盖盒的缝隙处划开压敏胶带。

3）打开纸箱，取出箱中的安装附件包。

4）取下设备两端的泡沫板，拿出设备。

5）把设备从塑料包装袋中取出，浏览设备上的铭牌标签，查看是否与纸箱上的标签相符。

（3）安装设备

AC6005 安装设备分三种场景，第一种场景是将 AC 设备安装到桌面上，即工作台；第二种安装场景是将 AC 设备安装到机柜或机架内；第三种场景是将 AC 设备安装到墙面。具体操作步骤如下：

1）将 AC 安装到工作台，具体操作如下所示：

① 佩戴防静电手腕或防静电手套，需确保防静电手腕已经接地并与佩戴者的皮肤良好接触。

② 安装胶垫贴到设备，小心地将设备倒置，在设备底部圆形压印区域安装 4 个胶垫贴，如图 3-13 的 1 所示。

③ 放置设备到工作台，将设备摆放正确，并且平稳地放置到工作台上，如图 3-13 的 2 所示。

④ 安装防盗锁，设备左侧提供防盗锁孔，设备安装到工作台后用户可选择使用防盗锁将设备固定在工作台上，如图 3-13 的 3 所示。

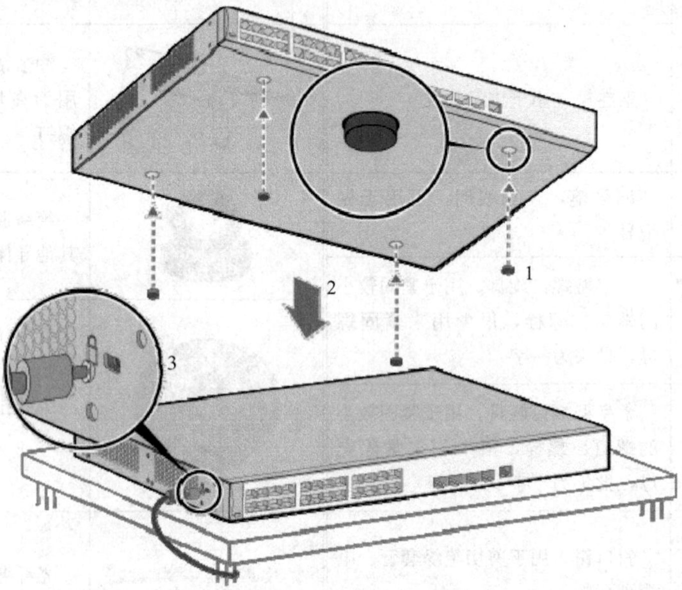

图 3-13　AC 安装至工作台上

2）将 AC 设备安装到机柜或机架内，具体操作如下：

① 安装前挂耳，将前挂耳安装在设备出端口那一面的两侧，如图 3-14 所示。

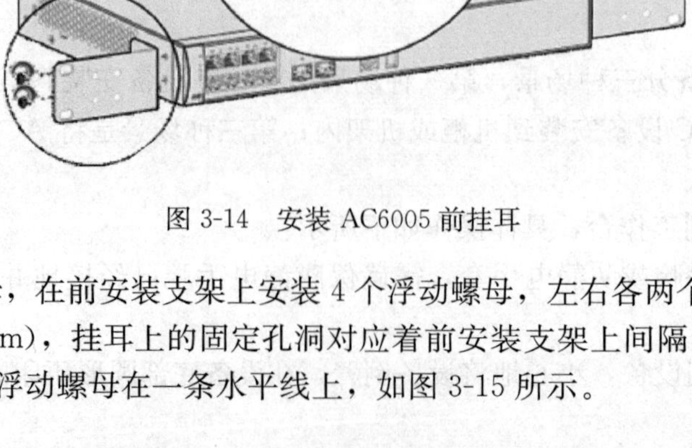

图 3-14　安装 AC6005 前挂耳

② 安装浮动螺母，在前安装支架上安装 4 个浮动螺母，左右各两个，AC6005 系列产品高 1U（1U＝44. 45mm），挂耳上的固定孔洞对应着前安装支架上间隔 1 个孔位的两个安装孔，保证左右对应的浮动螺母在一条水平线上，如图 3-15 所示。

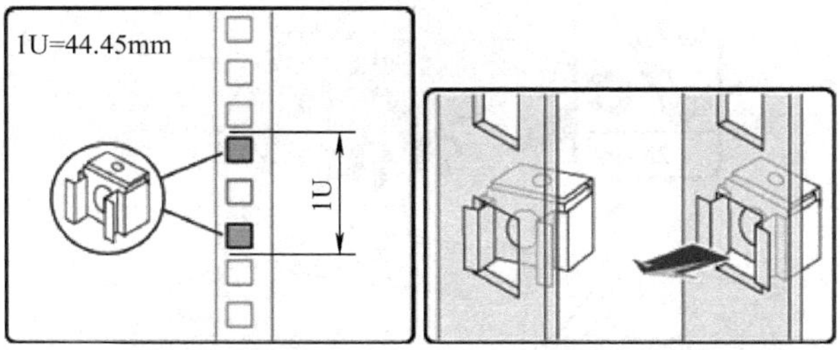

图 3-15 安装浮动螺母

③ 安装设备到机柜，如图 3-16 所示。

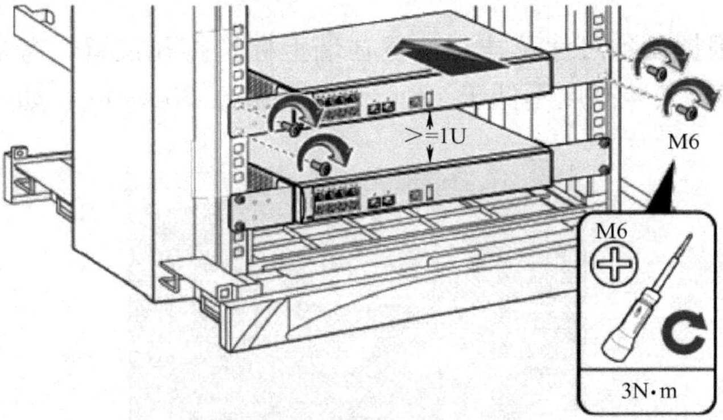

图 3-16 AC6005 安装至机柜内

④ 连接保护地线，M4 端连接到设备，M6 端连接到保护地，对应的线缆是黄绿双色的接地线，如图 3-17 所示。

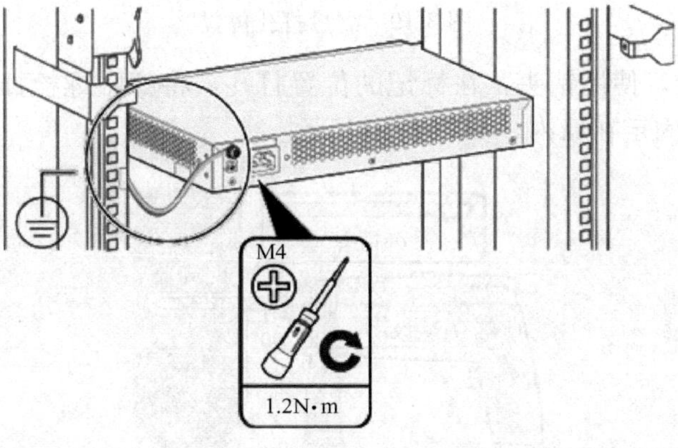

图 3-17 连接保护地线

3）将 AC 设备安装到墙面上，具体操作步骤如下：

① 使用 M4 螺钉在设备出端口面的两侧安装挂耳，如图 3-18 所示。

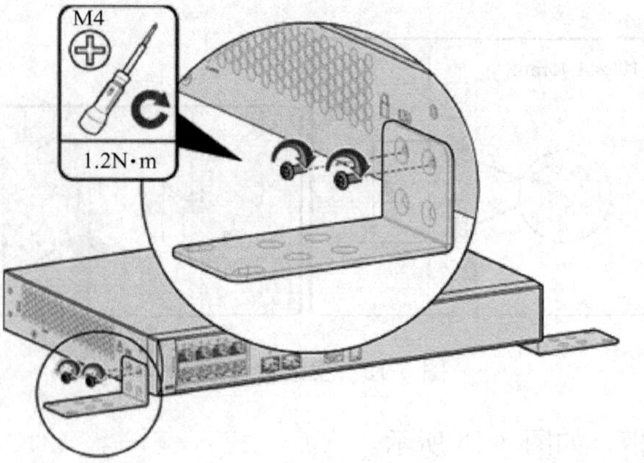

图 3-18　安装挂耳

② 用记号笔，根据设备尺寸及挂耳位置在墙上标记打孔位置，考虑维护以及方便观察指示灯运行状态，建议安装高度不低于 1700mm，不高于 2500mm，如图 3-19 所示。

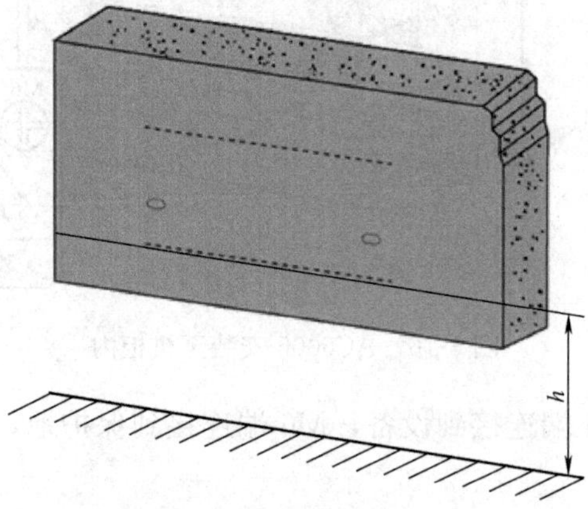

图 3-19　测量打孔位置

③ 安装膨胀螺栓，使用钻头，在标记的位置打孔，将膨胀螺栓插入打好的孔内，通过旋转螺母将膨胀螺栓固定在墙内，如图 3-20 所示。

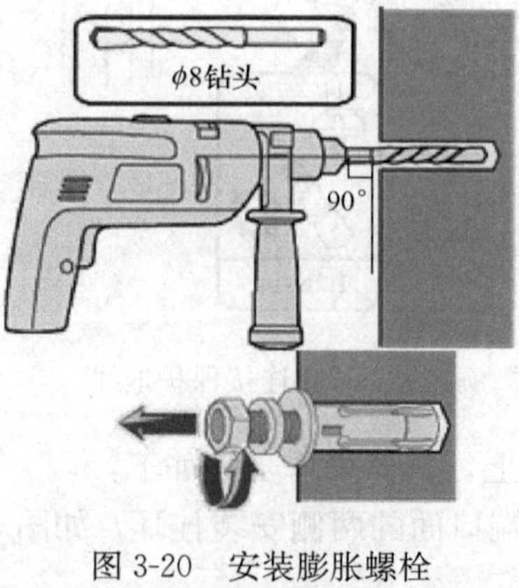

图 3-20　安装膨胀螺栓

④ 安装设备到墙面，如图 3-21 所示。

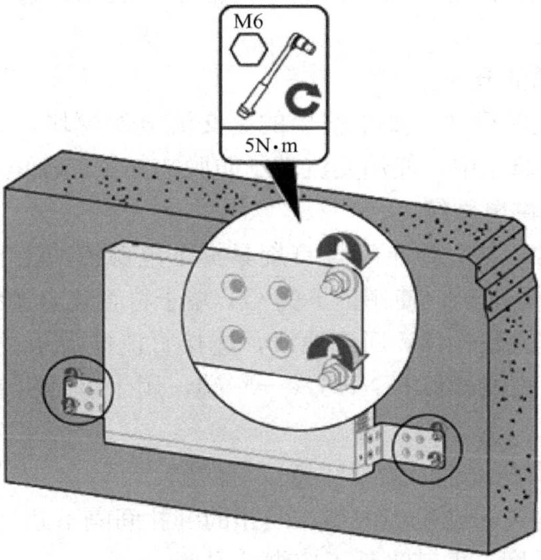

图 3-21 安装设备到墙面

（4）连接接地线缆

连接接地线缆，具体操作步骤如下：

1）佩戴防静电手腕或防静电手套，需确保防静电手腕已经接地并与佩戴者的皮肤良好接触。

2）拆下设备接地点上的 M4 螺钉，用十字螺钉旋具逆时针拆下螺钉，拆下的 M4 螺钉妥善放置。

3）安装接地线到设备接地点，使用拆下的 M4 螺钉将接地线的 M4 端（接头孔径较小的一端）连接到设备后面的接地点上，用十字螺钉旋具顺时针拧紧。

4）安装接地线到机柜接地点，使用 M6 螺钉将接地线的 M6 端（接头孔径较大的一端）连接到机柜上的接地点上。

（5）安装设备其他模块

安装设备其他模块，具体操作步骤如下所示：

1）佩戴防静电手腕或防静电手套，需确保防静电手腕已经接地并与佩戴者的皮肤良好接触。

2）从电源模块包装盒中取出电源模块，确认电源模块的型号与所需一致。

3）拆下设备后面电池槽位处的假面板，用十字螺钉旋具逆时针拧松假面板上的松不脱螺钉，拉住假面板上的拉手，拔出假面板，拆下的假面板，请妥善保存以备后续使用。

4）安装电源模块，一只手握住电源模块上的拉手，另一只手托住电源模块的底部，将电源模块水平插入到槽位中，直到电源模块完全进入插槽。

5）使用十字螺钉旋具顺时针拧紧电源模块上的松不脱螺钉。

（6）连接线缆

连接线缆分电源线缆连接与信号线缆连接。

1）电源线缆连接，具体操作步骤如下：

① 佩戴防静电手腕或防静电手套，需确保防静电手腕已经接地并与佩戴者的皮肤良好接触。

② 关闭外部供电电源的开关。

③ 连接电源线缆到电源模块，如果使用的是交流电源模块，则将交流电源线缆插头插入到交流电源模块的电源插座中，使用交流端子防脱扣扣紧交流电源线缆，将交流电源线缆的另一端连接到外部交流供电系统。

④ 如果使用直流电源模块，用十字螺钉旋具拆下电源模块上直流接线端子的保护盖和直流接线端子处的两个 OT 端子，使用拆下的 OT 端子将直流电源线缆与电源模块固定，防止电源线松脱，其中黑色的是－48V 回流地线，连接直流电源板的 RTN（＋）端，蓝色的是－48V 电源线，连接直流电源板的 NEG（－）端，用十字螺钉旋具安装直流接线端子上的保护盖。

2）信号线缆连接，绑扎线缆时需要注意以下问题：

① 线扣间距应保持均匀，在机柜内部，线扣的绑扎间隔不超过 250mm。

② 线扣绑扎应松紧适度，尤其光纤不应绑扎过紧。

③ 暂时不用的光纤连接器要安装防尘帽，设备上暂时不用的光口，要安装防尘塞。

④ 多余的光纤、电缆、网线要整齐盘绕，便于查找。

⑤ 现场做的线缆接头必须规范、牢固、可靠、美观。

⑥ 布线时，如果线缆数目比较多，为了布线更方便，可以先不做线缆接头，先将线缆在机柜中布置好，再做与设备连接的线缆接头。

（7）安装后检查

安装后检查具体操作步骤如表 3-6 所示。

表 3-6 安装后检查

编　号	检 查 项	检 查 方 法
1	设备的安装位置与工程设计文件中的要求相符	查看安装位置
2	设备表面无手印、污迹及划痕等	查看
3	机柜结构是否正确安装，无脱落或碰坏现象	查看
4	螺钉全部正确固定	查看
5	不要在设备上放置其他物品	查看
6	设备左右两侧应保留至少 50mm 的通风空间	测量
7	信号电缆不应有破损、断裂、中间接头	查看
8	信号电缆插头干净无损坏，插接正确可靠，芯线卡接牢固	查看
9	各信号线两端标志清晰（贴标签），标签朝向一致	查看
10	所有电源线、地线采用整段铜芯线缆，中间不能有接头并按规范要求进行可靠连接	查看安装位置
11	电源线、地线线径符合工程设计文件，满足设备配电要求	查看
12	设备的电源线、地线连接可靠，接地端子的弹垫在平垫上面	查看

（续）

编　号	检　查　项	检查方法
13	电源线、地线与信号线分开布放	查看
14	电源线、地线走线应平直，绑扎整齐，转弯处留合适余量，不得拉紧	查看
15	光纤在柜外布放时，必须采取保护措施，如加波纹管或槽道等	查看
16	光纤曲率半径应大于光纤直径的20倍，一般情况下曲率半径大于40mm	测量
17	成对光纤理顺后用光纤绑扎带绑扎，且绑扎力度适宜，不能有扎痕	查看
18	信号电缆不能布放于机柜的散热网孔上	查看安装位置
19	走线平直、顺滑，机柜内电缆无交叉，机柜外电缆绑扎成束	查看

（8）设备初次上电起动

设备初次上电起动时，需要进行如下操作：

1）上电前检查，确认与设备相连的外部电源开关、设备电源模块开关置于OFF状态，检查电源线的连接是否正确。

2）佩戴防静电手腕或防静电手套，需确保防静电手腕已经接地并与佩戴者的皮肤良好接触。

3）连接调测线缆，将电缆的DB-9（孔）插头一端插入维护终端的9芯（针）串口插座，再将RJ-45插头一端插入设备的调测端口中。

4）打开外部电源的开关。

5）打开电源模块上的开关。

6）上电后检查，设备上电后，可以听到风扇旋转的声音，通风孔处有空气排出，检查设备和电源模块的指示灯是否正常显示，正常情况下，设备上PWR灯和电源模块上的STATUS灯绿色常亮。

3.5　CAPWAP协议介绍与AP管理

3.5.1　CAPWAP协议介绍

目前WLAN技术主要分为两种，一种是基于AC的AP架构，是指无线网络由AC加瘦AP两部分组成，因而也称为瘦AP（Fit AP）技术，另外一种是基于传统的独立AP架构，是指仅仅使用独立的AP就可以组建无线网络，因而也称为胖AP（Fat AP）技术。

在家用无线网络中，胖AP是主流的应用，但是在企业级无线网络里或运营商无线网络里，由于瘦AP架构有着更多的优势，所以随着近几年WLAN技术以及市场的发展，瘦AP正在迅速替代胖AP模式。

1. 胖AP与瘦AP介绍

胖AP，除无线接入功能外，一般具备WAN、LAN两个端口，多支持DHCP服务器、DNS和MAC地址克隆以及VPN接入、防火墙等安全功能，如图3-22所示。

从图 3-22 功能特性中可以看出，胖 AP 不仅有天线的相关功能，支持 802.11a/b/g/n 协议标准、数据的加密安全、802.1X 认证，还支持 QoS 功能、网管、二层漫游等功能。胖 AP 架构就像无线路由器一样，但其功能特性要比无线路由器强大得多。与之对应的瘦 AP 具有胖 AP 的一部分功能特性，如图 3-23 所示。

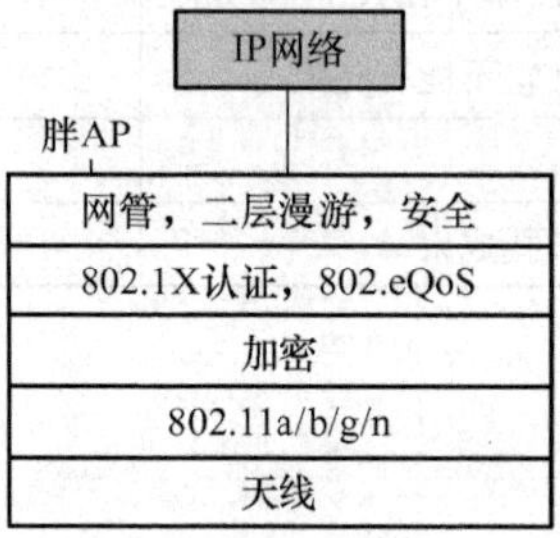

图 3-22　胖 AP 特性

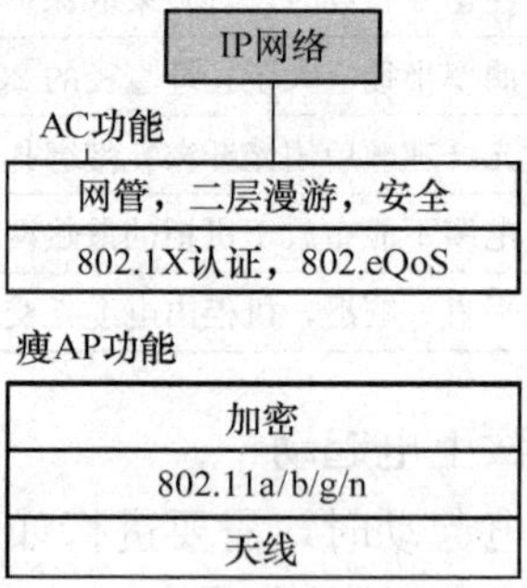

图 3-23　瘦 AP 特性

瘦 AP 是指本身不可以单独进行配置使用的无线接入产品，这种产品仅仅是 WLAN 系统组成的一部分，主要负责管理、安装与操作。对于可运营的 WLAN，从组网的角度来看，是为了实现 WLAN 网络的快速部署、网络设备的集中管理以及精细化的用户管理。相比胖 AP 方式，企业用户或运营商更倾向于采用集中控制性 WLAN 组网，即瘦 AP 与 AC 架构组网，从而实现 WLAN 系统设备的可运维、可管理。由图 3-23 可以看出，无线网络的功能被划分为两部分内容，其中 AC 具有网管、二层漫游、安全、802.1X 认证以及 QoS 等功能，而瘦 AP 具有加密、支持 802.11a/b/g/n 协议标准以及天线等功能。

在 WLAN 组网中，如果采用瘦 AP 进行组网，那么必须需要相应的 AC，而胖 AP 组网不需要控制器但是不宜管理与维护，所以在小型的网络中，由于需要 AP 的数量较少，我们可以采用胖 AP 组网，可以节约大量的经济成本，而在中大型网络，需要 AP 的数量较多，我们最好使用瘦 AP+AC 的网络架构，从而便于管理与维护。

2. CAPWAP 协议

随着运营商或大中型企业对无线网络的规模需求越来越大，传统的 WLAN 体系架构，即胖 AP 架构，已无法满足这种组网需求，瘦 AP 加 AC 的组网在中大型网络中具有一定的优势，但是由于瘦 AP 与 AC 属于不同的实体，因此 IETF 成立了 CAPWAP 工作组，研究大规模 WLAN 的解决方案，从而实现各个厂家 AC 与 AP 间的互通。

IETF 在制定 CAPWAP 协议前参考了四个厂商的无线隧道协议，分别是轻量级无线接入点协议（Light Weight Access Point Protocol，LWAPP）、安全的轻量级无线接入协议（Secure Light Access Protocol，SLAPP）、CAPWAP 隧道协议（CAPWAP Tunneling Protocol，CTP）、无线局域网控制协议（Wireless LAN Control Protocol，WICOP），其中 LWAPP 协议由思科公司提出，全面地描述了 AC 发现、安全和系统管理方法，支持本地媒体接入控制 MAC 和分离媒体接入控制 MAC 机制，两者采用以太网帧传输进行二层连接，或者采用 UDP 传输进行三层连接，其控制信令采用 AES - CCM 加密方式进行加密，用户数据并没有加密功能；SLAPP 协议由 Aruba 公司提出，此协议在安全性能方面有重要体现，首先协议支持桥接和隧道两种本地 MAC 机制，支持直连、二层和三层三种连接方式，使用成熟的技术标准来建立通信隧道，其次数据信道使用通用路由封装（Generic Routing Encapsulation，GRE）技术，在安全性能方面，控制信令与用户数据都采用数据包传输层安全性（Datagram Transport Layer Security，DTLS）协议加密措施；CTP 由西门子公司提出，利用扩展的 SNMP 对无线处理协议（Wireless Transport Protocol，WTP）进行配置和管理，CTP 的控制消息着重于终端连接状态、WTP 配置和状态这几个方面，在安全性能方面，CTP 协议建立了 AP 与无线终端互相认证及一套基于 AES - CCM 的加密规则，但是并不完善；WICOP 协议是由日本松下公司提出，定义了包括无线终端与 AC 性能协商功能在内的 AC 发现机制，定义了服务质量（Quality of Service，QoS）参数，在安全性能方面，WICOP 协议建议使用因特网协议安全性（Internet Protocol Security，IPsec）协议和可扩展身份验证协议（Extension Authentication Protocol，EAP）安全标准。

CAPWAP 协议吸取了上述四种协议的优缺点，比如 LWAPP 完整的协议框架和详细的报文结构及多方面的控制信息，但是其协议的安全机制有待验证，而 SLAPP 协议安全性能较高，得到业界的认可，CTP 与 WICOP 协议在体系架构方面采用集中式控制与管理，满足未来 WLAN 技术的发展需求。

CAPWAP 协议主要用于无线接入点（AP）与无线网络控制器（AC）之间通信的交互，从而实现 AC 对其所关联的 AP 进行集群管理、控制和数据配置，此协议主要内容有：

① AP 对 AC 的自动发现及 AP 和 AC 的状态机运行与维护。

② AC 对 AP 进行集中数据管理和业务配置下发。

③ 无线终端数据封装在 CAPWAP 隧道进行转发。

CAPWAP 协议支持两种操作模式，一种是 Split MAC 模式，在此模式下，所有的二层无线数据和管理帧，都被 CAPWAP 协议封装，在 AC 和 AP 之间进行交互，从无线终端收到的无线数据帧将进行直接封装，然后转发给 AC 设备进行后续的相关操作；另外一种是 Local MAC 模式，在此模式下允许数据帧使用 802.3 的帧形式进行隧道转发，而二层无线管理帧需要在 AP 本地进行处理，然后再转发给相应的 AC 设备。

CAPWAP 控制报文格式和 CAPWAP 数据报文格式如图 3-24 与图 3-25 所示。

IP header	UDP header	CAPWAP header	Control header	Message element	未加密的CAPWAP控制报文格式			
IP header	UDP header	CAPWAP DTLS header	DTLS header	CAPWAP header	Control header	Message element	DTLS tail	加密的CAPWAP控制报文格式

图 3-24　CAPWAP 控制报文格式

IP header	UDP header	CAPWAP header	Ethernet packet	未加密的CAPWAP数据报文格式			
IP header	UDP header	CAPWAP DTLS header	DTLS header	CAPWAP header	Ethernet packet	DTLS tail	加密的CAPWAP数据报文格式

图 3-25　CAPWAP 数据报文格式

从图 3-24 与图 3-25 中可以看出，CAPWAP 协议报文类型主要有两种，一种是控制报文，用于 AP 的管理，采用 UDP 端口号 5246，并且大部分数据采用 DTLS 技术进行加密；另外一种是用户数据报文，主要用于转发终端用户数据报文，采用 UDP 端口号 5247，现网网络环境中，用户数据报文大部分采用的是明文方式传输。

瘦 AP 需要采用 CAPWAP 隧道与 AC 控制器建立连接，从而进行集中管理与转发，那么首先瘦 AP 需要找到控制器 AC，这个过程就是瘦 AP 发现 AC 的过程。瘦 AP 发现 AC 主要有两种方式，一种是静态发现，当 AP 上电后，当发现有预配置的 AC IP 列表时，则 AP 直接启动预配置静态发现流程并与指定的 AC 连接；另外一种是动态发现，当 AP 设备上电后，发现没有预配置的 AC IP 列表时，则 AP 启动动态发现 AC 机制，执行 DHCP、DNS、广播，发现流程后与 AC 连接。

瘦 AP 动态发现 AC 的过程主要包括五步，第一，AP 启动后，会通过 DHCP 获取 IP 地址、DNS 服务器、域名；第二，AP 发出二层广播数据的发现请求报文与 AC 建立连接；第三，AP 发出的请求报文建立连接，如若在 30s 内没有得到 AC 的相应，则 AP 会发出三层发现机制，AP 会从 DHCP 服务器通过 option 43 来获取 AC 的 IP 地址，或者通过 option 15 来获取 AC 的域名，AP 向该域名发送发现请求报文；第四，AC 收到 AP 的发现请求报文会检查该 AP 是否有权限接入本机，如果有则发出响应报文；第五，AC 与 AP 建立 CAPWAP 隧道。

如果现网网络受到一些因素的限制，比如现网 DHCP 服务器不支持 option 43，也不支持 option 15，则可以采取以下几种措施：

① AC 与 AP 采用二层组网，启用 CAPWAP 广播发现机制。

② AC 与 AP 采用三层组网，推荐使用 AC 自带的 DHCP 服务器给 AP 分配 IP 地址。

③ AC 与 AP 采用三层组网，可以增加部署一台支持 option 43 的 DHCP 服务器。

图 3-26 所示为 CAPWAP 隧道建立的详细过程。

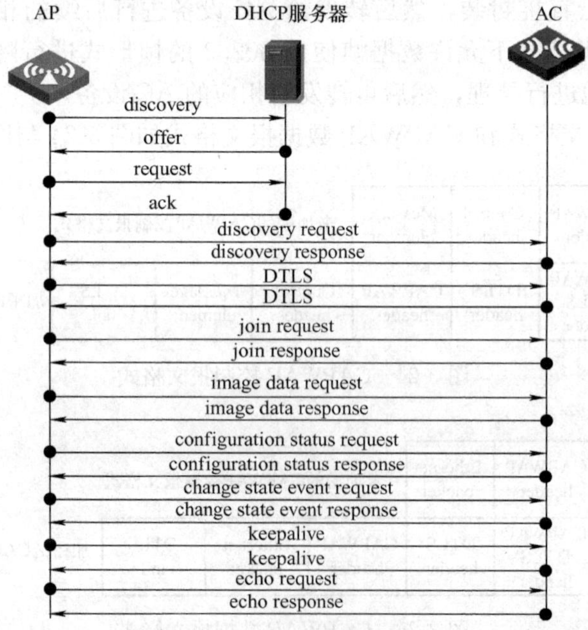

图 3-26　建立 CAPWAP 隧道

从图 3-26 中可以看出 CAPWAP 隧道的建立过程相对比较复杂，首先在没有预先配置 AC IP 地址列表时，起动 AP 设备，AP 会选择动态 AC 发现机制，会通过 DHCP 服务器获取 IP 地址，并通过 DHCP 协议中的 option 返回 AC 地址列表，那么第一步 AP 发起 discovery 广播报文，来请求 DHCP 服务器响应；第二步，当 DHCP 服务器收到 discovery 报文后，会从没有租约的地址范围中，选择最前面的空置 IP 地址，连同其他 TCP/IP 设定，响应 AP 一个 offer 报文，该报文中会包含一个租约期限的信息；第三步，当 AP 收到 DHCP 服务器发来的 offer 报文，则会回应一个 request 报文；第四步，当 DHCP 服务器接收到 AP 发来的 request 报文时，会向 AP 发送一个 ack 响应报文，此报文中包含了 AP 需要的 IP 地址、租约期限、网关信息和 DNS 服务器 IP 等信息；第五步 AP 使用 AC 发现机制来获取可用的 AC，从而决定与哪台 AC 建立 CAPWAP 连接，即发送 discovery request 报文给 AC；第六步，AC 收到 AP 的 discovery request 报文之后，会发送一个单播的 discovery response 报文给 AP，AP 可以通过 discovery response 中所带的 AC 优先级或者 AC 上当前 AP 的个数等，确定与哪个 AC 建立会话；第七步与第八步，AP 与 AC 会选择 CAPWAP 隧道是否采用 DTLS 加密传输 UDP 报文（此过程是可选的）；第九步，AP 与 AC 完成 DTLS 交互之后，AC 与 AP 开始建立控制通道，在建立控制通道的交互过程中，AP 开始发送 Join request 报文；第十步，AC 回应 Join response 报文，报文中会携带用户配置的升级版本号、握手报文间隔、超时时间、控制报文优先级等信息，AC 会检查 AP 的当前版本，如果 AP 的版本无法与 AC 要求的相匹配时，AP 和 AC 会进入镜像数据（image data）状态做固件升级，以此来更新 AP 的版本，如果 AP 的版本符合要求，则进入配置（configuration）状态；第十一步与第十二步，如果 AP 发现自己不是最新版本，则会通过此 CAPWAP 隧道更新软件版本，即发送 image data request 报文和接收 image data response 报文，更新完成后，AP 设备会进行重启，然后重复上述过程；第十三步与第十四步，AP 发送 configuration request 报文到 AC，该信息中包含现有 AP 的配置，当 AP 的当前配置与 AC 要求不符合时，AC 会通过 configuration response 通知 AP；第十五与第十六步，AP 与 AC 完成 configuration 状态后，AP 会发送 change state event request 报文，其报文包含了无线（radio）、结果（result）、编码（code）等信息，当 AC 接收到 change state event request 报文后，开始回应 change state event response 报文，之后 AP 与 AC 完成管理隧道的建立过程，设备开始进入运行状态；第十七步与第十八步，AP 首先发送 keepalive 报文到 AC，AC 收到 keepalive 报文后表示数据隧道建立，AC 会回应 keepalive 报文，之后 AP 会进入正常（normal）状态，开始正常工作（此过程是对于数据阶段的运行）；第十九步与第二十步是 CAPWAP 隧道的管理与维护过程，当 AP 进入运行状态后，会发起 echo request 报文给 AC，宣布建立好 CAPWAP 管理隧道，并启动 echo 发送定时器和隧道检测超时定时器，以检测管理隧道可能发生的异常问题，此时 AC 收到 echo request 报文之后，同样进入运行（run）状态，并回应 echo response 报文给 AP，启动隧道超时定时器，当 AP 收到 AC 发来的 echo response 报文之后，会重新设置自己的隧道检测超时定时器。

3.5.2 AP 管理方法介绍

AP 管理是指在瘦 AP 的架构下，由无线控制器 AC 集中管理的方式，主要包括版本管理、配置管理、AP 接入控制和域管理。

1）版本管理，主要是对AP的版本维护，比如说当前的AC升级至V2R2版本，那么此AC管理的AP也必须升级至相应的版本，才可以使用新的功能与应用。华为AP支持两种版本升级模式，第一种是AC-Mode，即从AC上下载升级版本从而使AP升级，第二种是FTP-Mode，即AP升级所需的版本信息从FTP服务器上下载。

2）配置管理，指AP注册至AC上之后，可以在AC上进行一些数据配置，下发至AP，分为AP静态发现配置和AP动态配置DHCP模式两种。

① AP静态发现配置，如图3-27所示。

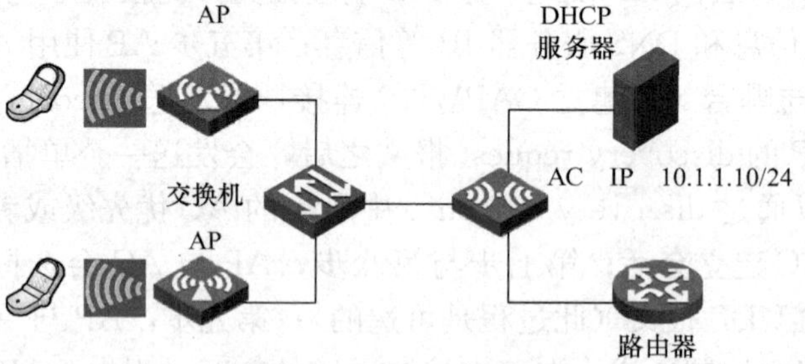

图3-27 AP静态发现配置

从图3-27所示中可以看出，此网络有两台华为AP设备、一台接入层交换机、一台无线控制器AC、一台路由器以及一台DHCP服务器，网络管理员采用AP静态发现AC控制器，其中AC的IP地址为10.1.1.10/24，AP采用静态配置，首先登录AP设备，AP设备第一次登录，需要使用自己PC的串口线，连接AP的调测口（console），此时AP启动完成，会提示输入默认的用户名、密码，两者都为admin，登录进入AP设备后，输入cli命令，进入AP模式，输入configure interface ethernet，配置AP的端口信息，输入IP mode static，因为华为AP设备默认是DHCP模式，所以需要修改为静态发现AC配置，接着需要配置AP的IP地址、子网掩码以及网关，然后需要配置AC的列表，即输入AC iplist 10.1.1.10，最后重启AP设备生效。数据配置如下：

```
Login：admin
Password：admin
Enterprise AP＃configure interface Ethernet
Enterprise AP(if-ethernet)＃ip mode static
Enterprise AP(if-ethernet)＃ip address 10.1.11.2  255.255.255.0  10.1.11.1
Enterprise AP(if-ethernet)＃ac iplist 10.1.1.10
Enterprise AP(if-ethernet)＃return
Enterprise AP＃reboot
```

此时配置完成后，AP设备10.1.11.2发起CAPWAP隧道建立请求给AC设备10.1.1.10，AC收到请求后会检查AP是否允许注册。此AP静态发现配置AC模式优点在于AP的IP地址都是固定配置的，如果后期AP设备出现故障，就很容易定位到故障设备，易于监控与维护，但是如果大批量部署AP设备，每台AP设备都需要进行近端配置，工程量很大，所以说AP静态发现配置只适合于小型的WLAN网络。

② AP动态配置DHCP模式，如图3-28所示。

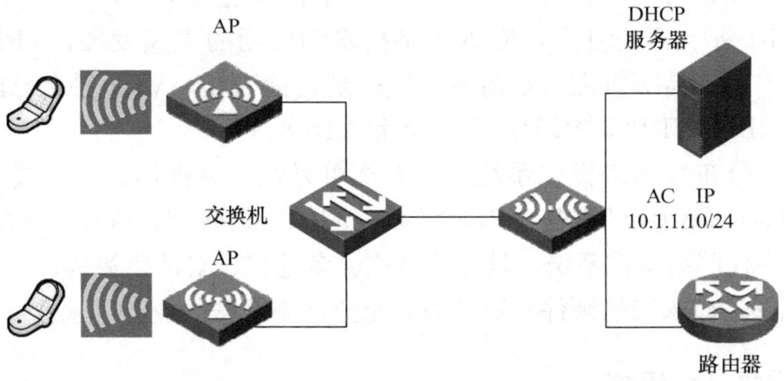

图 3-28 AP 动态配置 DHCP 模式

在中大型 WLAN 网络中，AP 的数量具有几百台，甚至几千台，这时，如果继续采用静态模式配置 AP 设备，那么工程量非常大，所以一般采用 DHCP 模式进行 AP 的数据配置与发现。首先分析这个 WLAN 网络，如果 AP 数量较多，一般进行 AP 设备分组，将同一组内的 AP 设备分在同一 VLAN 中，此时不同区域的 AP 设备会得到不同网段的 IP 地址，但是这些 AP 设备都会注册至同一个 AC 设备上，DHCP 服务器上需要配置 option 43 字段，AP 设备是通过 option 43 来获取 AC 信息，具体数据配置参见本书实践部分内容。

3）AP 接入控制，指 AP 注册至 AC 上之后，需要 AC 使用一种认证方式来识别认证 AP，从而增加网络的安全性，不是所有的 AP 都可以正常地注册至 AC 上，也就说，AP 接入控制是控制 AP 如何合法地接入到网络中运行工作的。AP 支持三种认证模式，分别是 MAC - auth、SN - auth、NO - auth。AC 支持的 AP 接入控制方式主要有：

① 通过配置黑名单的 MAC 或序列号（Serial Number，SN）而直接拒绝 AP 上线，即将不需要、不被允许的 AP 的 MAC 或者 SN 号加入至 AC 的黑名单内，使得这些黑名单内的 AP 不允许注册至 AC 上。

② 通过在离线状态下配置 AP 不需要认证而自动接入。

③ 通过配置白名单并基于 MAC 地址认证，即将允许的、安全的 AP 的 MAC 地址加入至 AC 的白名单内，后期 AP 启动，AC 直接允许 AP 注册。

④ 通过配置白名单并基于 SN 地址认证，即将允许的、安全的 AP 的 SN 号加入至 AC 的白名单内，后期 AP 启动，AC 直接允许 AP 注册。

⑤ 手工确认后接入。

4）域管理，是指把 AP 划分到不同的域内，从而实现射频调优、负载分担等功能应用。

3.6 VRP 介绍以及 AC 基本数据配置

3.6.1 华为 VRP 介绍

VRP 即多功能路由平台，相当于网络操作系统，可支持多种设备的软件平台，如华为路由器、交换机、防火墙等网络设备，并且提供 TCP/IP 路由服务，以前在 WLAN 中的控制器如WS6603设备运行的系统就不是基于VRP平台，之后WLAN进入企业网后，AC设备就开始基于VRP平台运行业务，随着网络技术和应用的飞速发展，VRP平台在处理机制、业务能力、产品支持等方面也在持续演进，到目前为止，VRP平台已经开发出了5个版本，分别是VRP1、VRP2、VRP3、VRP5和VRP8。

VRP5是一款分布式网络操作系统，具有高可靠性、高性能、可扩展的架构设计，目前，绝大多数华为设备使用的都是VRP5版本，WLAN设备就运行在此VRP版本下。

VRP8是新一代网络操作系统，具有分布式、多进程、组件化架构，支持分布式应用和虚拟化技术，能够适应未来的硬件发展趋势和企业急剧膨胀的业务需求。

3.6.2 近端登录AC设备

如果我们第一次配置无线控制器（AC），就需要PC使用串口线，设置超级终端，连接至AC的调测口（console），然后就可以进行相应的配置，现如今，计算机操作系统日新月异，计算机XP系统带有超级终端程序，而Windows 7、Windows 8等Windows系统不支持超级终端程序，这两大类计算机使用串口线方式登录AC操作有所区别，具体操作配置如下：

1. XP系统串口线登录AC

① 启动超级终端。选择“开始>程序>附件>通信>超级终端”菜单项，Windows XP系统启动超级终端。

② 新建连接。如图3-29所示，在“名称”文本框中输入新建连接的名称，选择图标，然后单击“确定”按钮。

③ 设置连接端口。进入如图3-30所示的“连接到”窗口后，根据自己PC（或配置终端）实际使用的端口在“连接时使用”下拉列表框中进行选择，然后单击“确定”按钮。

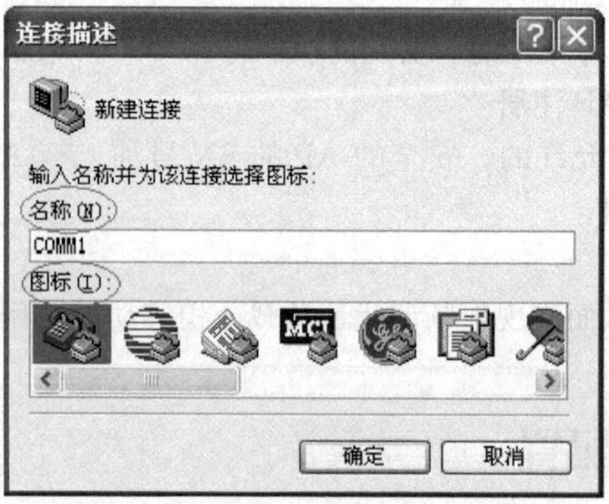

图3-29 新建连接

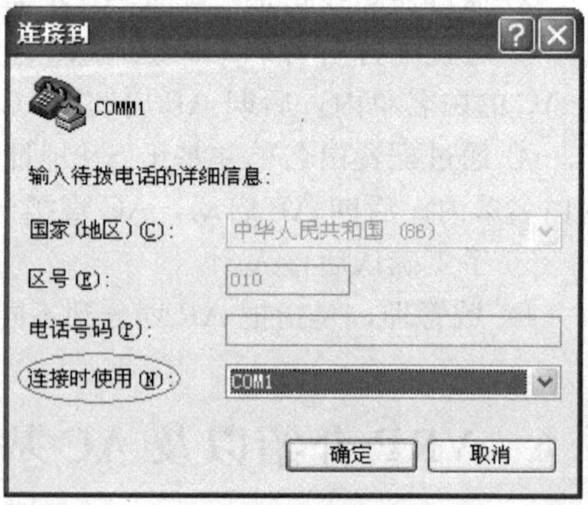

图3-30 连接端口设置

④ 设置通信参数。进入如图3-31所示的“COM 1属性”窗口后，请按图3-31中的描述信息进行通信参数的设置。

⑤ 启动超级终端后，选择“文件>属性”菜单项，进入如图3-32所示的“COMM 1属

性”窗口，选择“设置”选项卡，在“终端仿真”下拉列表框中选择“VT100”，单击“确定”按钮结束设置。

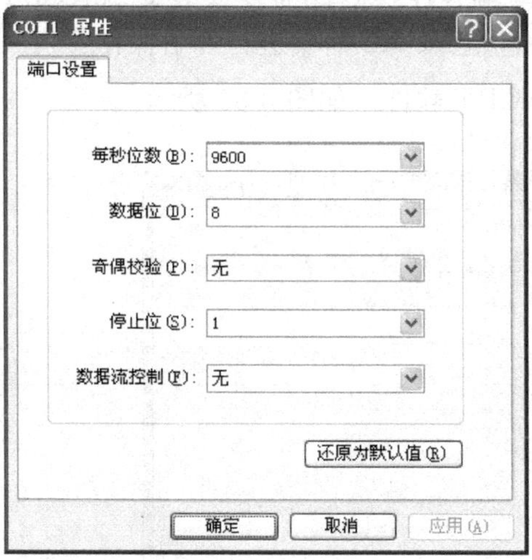

图 3-31 通信参数配置

图 3-32 终端类型选择

⑥ 登录至 AC 设备之后，可以进行相应的数据配置，以及执行查询命令，如下：

<AC6005>system-view //进入设备系统模式

Enter system view, return user view with Ctrl+Z.

[AC6005]display version // 查询设备的版本信息

```
HuaweiVersatile Routing Platform Software
VRP (R) software, Version 5. 130 (AC6005-8-PWR V200R003C00)
Copyright (C) 2011-2014 HUAWEI TECH CO. , LTD
Huawei AC6005-8-PWR Router uptime is 0 week, 0 day, 1 hour, 48 minutes
MPU 0(Master): uptime is 0 week, 0 day, 1 hour, 48 minutes
MPU version information:
1. PCB       Version: H85D2H08M100 VER. A
2. MAB       Version: 0
3. Board     Type        : AC6005-8-PWR
4. BootROM Version       : 0
```

[AC6005]display device //查询设备登录在有线侧还是无线侧

```
AC6005-8-PWR's Device status:
Slot Sub Type        Online    Power     Register     Alarm     Primary
-------------------------------------------------------------
0    -   AC6005-8-PWR Present  PowerOn   Registered   Normal    Master
```

2. Windows 7 系统串口线登录 AC

由于 Windows 7 或 Windows 8 系统没有超级终端程序，因此需要安装 SecureCRT 软件，当然 XP 系统上也可以安装此软件，安装完成后，登录 AC 需要进行如下操作：

① 启动软件，双击程序图标 ，启动 SecureCRT 软件，如图 3-33 所示。

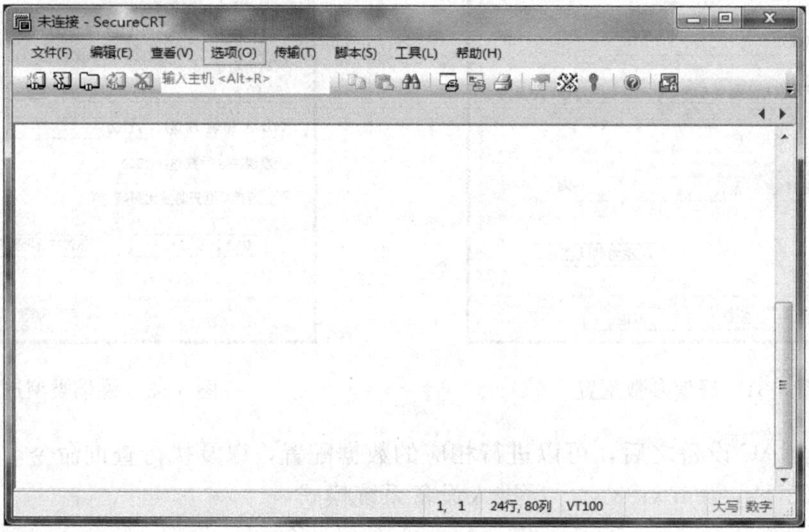

图 3-33 启动 SecureCRT 软件

② 单击快速连接图标 ，弹出快速连接界面，如图 3-34 所示。

③ 单击“协议”下拉列表，选择 Serial 协议，并进行如图 3-35 所示的数据配置。

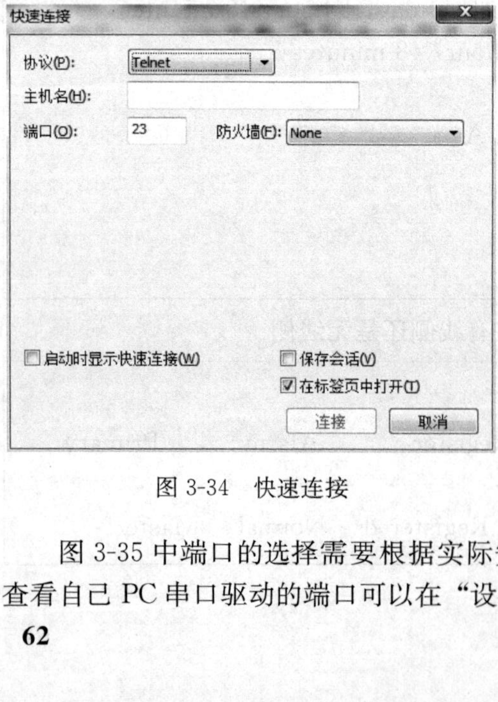

图 3-34 快速连接

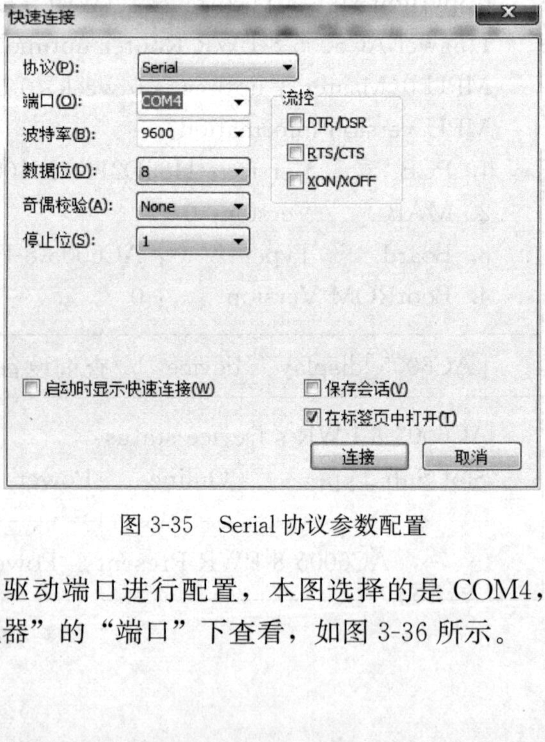

图 3-35 Serial 协议参数配置

图 3-35 中端口的选择需要根据实际安装的驱动端口进行配置，本图选择的是 COM4，查看自己 PC 串口驱动的端口可以在“设备管理器”的“端口”下查看，如图 3-36 所示。

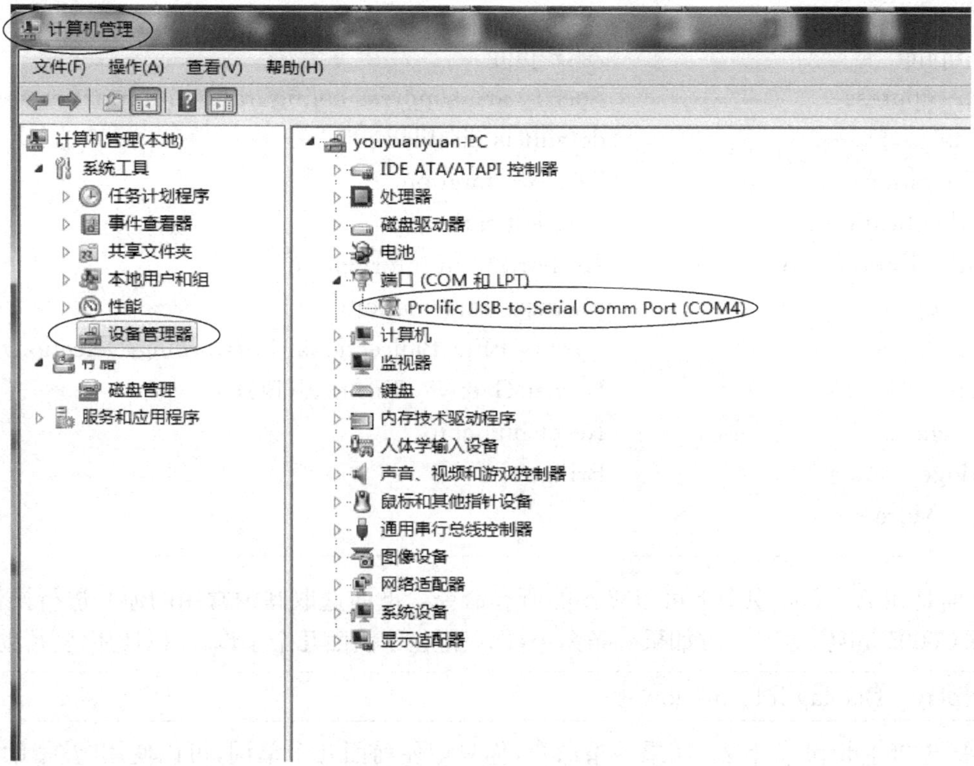

图 3-36　COM 端口查询

进入设备后，可进行如下的基本操作：

```
<AC6005>system-view        //进入设备系统模式
Enter system view, return user view with Ctrl+Z.
[AC6005]interface  GigabitEthernet  0/0/1     //进入设备端口模式
[AC6005-GigabitEthernet0/0/1]
[AC6005-GigabitEthernet0/0/1]quit      //退回至上一个模式视图下
[AC6005]?                         //如果命令忘记,可以使用帮助命令"?"号
------------------------------------------------
System view commands:
aaa                          <Group> aaa command group
aaa-authen-bypass               Setremote authentication bypass
aaa-author-bypass               Set remote authorization bypass
aaa-author-cmd-bypass           Set remote command authorization bypass
access-user                     User access
acl                             Specify an UCL
alarm                           Alarm
anti-attack                     Specify anti-attack configurations
application-apperceive          Set application-apperceive information
arp                             <Group> arp command group
```

arp-miss	<Group> arp-miss command group
arp-ping	ARP-ping
arp-suppress	Specify arp suppress configuration information, default is disabled
as-notation	The AS notation
authentication	Authentication
authorization-info	Authorization information
backup	Backup information
bfd	Specify BFD(Bidirectional Forwarding Detection)
bgp	Border Gateway Protocol(BGP)
bitschip	Reset bits chip
bridge	Bridge

\- - - More - - -

上面是在 AC6005 视图下可以操作的所有命令，下面选取其中常用的命令进行操作。

[AC6005]dis?　　　//如果一条命令,你只记住了前面几个字母,可以使用"?"帮助命令

```
display   Display information
```

[AC6005] display ip ?//如果一条命令,你只记住前面几个单词,可以使用"?"帮助命令

```
as-path-filter         Specify regular expression access list number
community-filter       Add a community-filter entry
extcommunity-filter    Match BGP/VPN extended community filter
host                   Host table(s)
interface              Show information of interfaces
ip-prefix              Specify an address prefix-list
pool                   Show IP local pool information
prefix-limit           Prefix limit
rd-filter              Route-distinguisher filter
routing-table          Routing table
socket                 <Group> socket command group
source                 Source
statistics             Display statistics information of datagram
vpn-instance           <Group> vpn-instance command group
```

命令补全键：<TAB>键，在实际数据配置的时候，很多命令较长，可以使用<TAB>键进行补全操作，如下所示：

<AC6005>display cur　　　//敲击键盘<TAB>键，current-configuration 会自动补全

<AC6005>display current-configuration

3.6.3　远程登录 AC 设备

在实际通信网络中，管理员需要经常登录 AC 设备进行相应的数据配置操作，为了方便管理员进行数据配置，首次通过串口方式登录 AC 时，需要配置远程登录服务，使得管理员可以远程登录控制 AC 设备，如图 3-37 所示。

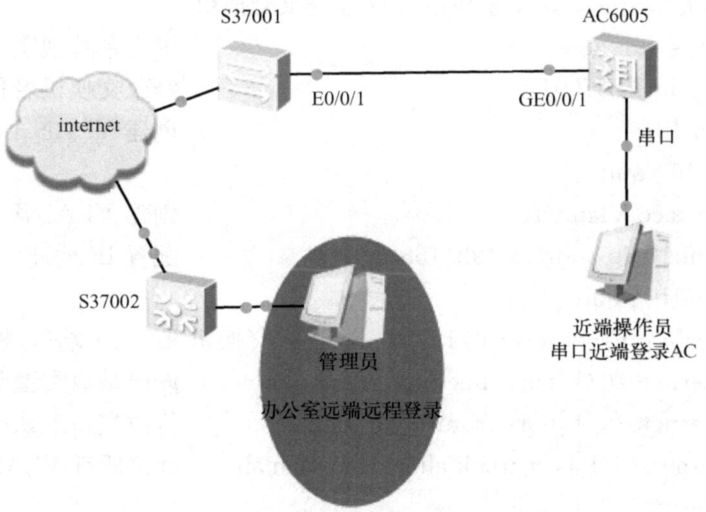

图 3-37　远程登录 AC

数据配置过程如下：

1）近端操作员通过串口线登录 AC6005。

```
<AC6005>system-view                    //进入系统模式
[AC6005]vlan 10                        //创建 VLAN 10(VLAN ID 可选)
[AC6005-vlan10]quit
[AC6005]interface Vlanif 10            //创建三层端口 VLANIF 10
[AC6005-Vlanif10]ip address 192.168.1.2 24   //配置 IP 地址
[AC6005-Vlanif10] quit
[AC6005]interface GigabitEthernet   0/0/1     //进入 GE0/0/1 端口(根据实际组网图)
[AC6005-GigabitEthernet0/0/1]port link-type trunk          //修改端口类型为 Trunk
[AC6005-GigabitEthernet0/0/1]port trunk pvid vlan   10       //修改默认 VLAN 10
[AC6005-GigabitEthernet0/0/1]port trunk allow-pass vlan all   //允许所有 VLAN 通过
[AC6005-GigabitEthernet0/0/1]quit
[AC6005]
[AC6005]user-interface vty 0 4                       //创建虚拟 VTY 端口
[AC6005-ui-vty0-4]user privilege level 15            //用户级别修改为 15
[AC6005-ui-vty0-4]authentication-mode aaa            //认证模式为 AAA 认证
[AC6005-ui-vty0-4] quit
[AC6005]aaa                                          //进入 AAA 视图
[AC6005-aaa]local-user huawei password cipher huawei123       //本地用户名、密码创建
```

```
Info: Add a new user.
[AC6005-aaa]local-user huawei privilege level 15   //本地用户级别
[AC6005-aaa]local-user huawei service-type telnet   //本地用户服务类型设置为远程服务
[AC6005-aaa] quit
[AC6005]
```

2）近端操作员串口线登录交换机或者远程登录交换机。

```
<Huawei>system-view                                  //进入系统视图
[Huawei]sysname S37001                               //修改交换机名称
[S37001]vlan 10                                      //创建 VLAN 10
[S37001-vlan10] quit
[S37001]interface Vlanif 10                          //创建 VLANIF 10
[S37001-Vlanif10]ip address 192.168.1.1 24           //配置 IP 地址
[S37001-Vlanif10] quit
[S37001]interface Ethernet 0/0/1          //进入交换机 E0/0/1 端口,根据实际现网组网
[S37001-Ethernet0/0/1]port link-type trunk           //修改端口类型为 Trunk
[S37001-Ethernet0/0/1]port trunk pvid vlan 10        //修改端口默认 VLAN 10
[S37001-Ethernet0/0/1]port trunk allow-pass vlan all //允许所有 VLAN 通过
[S37001-Ethernet0/0/1] quit
[S37001]
```

3）远端管理员可以远程登录至 AC6005，本实验仅仅模拟近端 S37001 远程登录至 AC6005 设备，配置流程与方法大同小异。

```
[S37001] quit
<S37001>telnet 192.168.1.2                           //远程登录 AC 设备 IP 地址
<AC6005>                                             //成功登录至 AC6005 设备
```

本章小结

本章 3.1 节对华为产品进行了概述，讲解了无线控制器（AC），无线控制器分为盒式控制器（AC6605 等）和插卡式控制器（ACU2），其中 AC6605 一般部署在中小型的企业网络中，而 ACU2 控制器可以部署在中大型的企业网络中，接着介绍了华为各种各样的 AP 设备，主要分为室内放装型 AP、室内分布型 AP、室外分布型 AP。

本章 3.2 节介绍了华为 WLAN 产品的应用场景，根据不同类型的 AP，其使用的场景也是不尽相同的，需要说明的是室内分布型 AP 需要部署在运营商 2G/3G 网络的环境下，且用户密度较低。

本章 3.3 节介绍了华为 WLAN 供电采用 POE 技术的供电方式，其中分为两种标准，一种是 802.3af 标准，此供电模式是标准的 POE 供电，还有一种是 802.3at 标准，其是一种加强型的 POE+供电模式，另外还介绍了哪些场合使用何种供电模式，并且建议最好采用带有 POE 供电的交换机进行 AP 的供电。

本章 3.4 节介绍了华为无线控制器（AC）的一些硬件特性，主要是 AC6005 的端口和

指示灯状态含义，以及设备的系统性能，同时还介绍了华为 AC6005 的安装方法与步骤，以及相应的注意事项。

本章 3.5 节介绍了胖 AP 技术和瘦 AP 技术，其中瘦 AP 技术因为引入了无线控制器来做集中管理，在中大型 WLAN 网络场景下，具备低成本、高效率等优点，因此渐渐成为运营商和企业网部署 WLAN 的发展方向，之后学习了非常重要的 CAPWAP 协议，介绍了 CAPWAP 的起源，以及其协议的报文结构，并且重点介绍了瘦 AP 与 AC 之间建立 CAPWAP 协议的详细过程。

最后本章 3.6 节介绍了华为 VRP 平台，根据计算机操作系统的不同和实际的网络情况，模拟使用串口线近端登录 AC 设备和远程登录 AC 设备，并进行简单的基本操作。

习题与思考

1. 无线控制器分哪几类？介绍其中一种，并且简单介绍其使用环境。
2. 无线接入点（AP）分哪几类？分别介绍对应华为 AP 产品的型号与特点。
3. POE 全称是什么？为什么需要 POE 技术？
4. 哪些设备支持 POE 供电？如何查看？
5. POE 技术术语中，PSE、PD、PI 分别是什么含义？请画图介绍。
6. 现网中符合 AP 设备的配电方式主要有哪几种？
7. 根据实际机房 AC6005 硬件设备，画出设备面板图，并标注其端口和指示灯的含义与作用。
8. 1U 等于多少？
9. 胖 AP 的特性有哪些？
10. 什么是 CAPWAP 协议？简要概述 CAPWAP 协议技术原理。
11. CAPWAP 协议支持几种操作模式？分别是什么。
12. 画出 CAPWAP 协议加密的控制报文帧格式。
13. 简要概述 CAPWAP 协议隧道建立的过程。
14. 华为 AP 支持几种版本升级模式？分别是什么？
15. 简要概述 AP 静态发现配置流程。
16. 华为 AP 支持哪几种认证模式？
17. 目前 WLAN 设备运行在哪个 VRP 版本下？
18. 简要概述华为 VRP 平台“？”号键的使用和作用。
19. 使用华为 ENSP 软件，根据图 3-38 的网络拓扑图进行数据配置，使得可以通过交换机远程登录至 AC6005 设备上。

图 3-38 远程登录数据配置组网拓扑图

第 4 章　WLAN 组网与业务开通

课程目标:

- 掌握 WLAN 的基本元素，如 BSS、BSA、ESS、SSID、BSSID
- 掌握不同的组网拓扑，如 AD-HOC 组网拓扑、基础架构组网拓扑、WDS 组网拓扑
- 掌握 WLAN 组网模式分类
- 掌握旁挂式组网与直接式组网概念以及其区别
- 掌握隧道转发数据与直接转发数据的概念以及其优缺点
- 掌握 WLAN 基本业务开通配置流程
- 了解 WLAN 模板配置以及其相应的绑定关系

4.1　WLAN 基本元素介绍

802.11 工作组是 IEEE 下的一个专门制定无线局域网标准的工作组，现如今使用的无线局域网都是 802.11 网络。802.11 的基本元素主要有工作站（Work Station，STA）、基本服务集（Basic Service Set，BSS）、基本服务区域（Basic Service Area，BSA）、扩展服务集（Extended Service Set，ESS）、服务集标识（Service Set Identifier，SSID）与基本服务集标识符（Basic Service Set Identifier，BSSID）。

1. 基本服务集（BSS）与基本服务区域（BSA）

BSS 是 802.11 网络的基本组件，由一组相互通信的工作站（STA）所构成，工作站之间的通信在某个范围内进行着，此范围称为基本服务区域，此区域受限于所使用的无线媒介的传播特性，只要位于基本服务区域，工作站就可以跟同一个 BSS 的其他成员进行通信，一个 BSS 可以包含 AP（无线接入点），也可以不包含 AP，在基本服务集中，所有无线设备关联到一个访问点上，该访问点连接其他有线设备（也可能不连接），并且控制和主导整个 BSS 中的全部数据的传输过程。

BSS 可以分为：独立基本服务集（Independent BSS，IBSS）和基础结构模式基本服务集（Infrastructure BSS）两种，如图 4-1 与图 4-2 所示。

在图 4-1 所示的独立基本服务集中，工作站相互之间可以直接通信，但两者间的距离必须在可以通信的范围内，最小的 802.11 网络是由两个工作站所组成的 IBSS。通常，IBSS 是由少数几个工作站为了特定目的而组成的暂时性网络，比如：在使用会议室时，会议开始，与会人直接相互形成一个 IBSS 以便传输数据，当会议结束，IBSS 随即瓦解，IBSS 网络有时也被称为特设 BSS（AD-HOC BSS）或特设网络（AD-HOC network）。

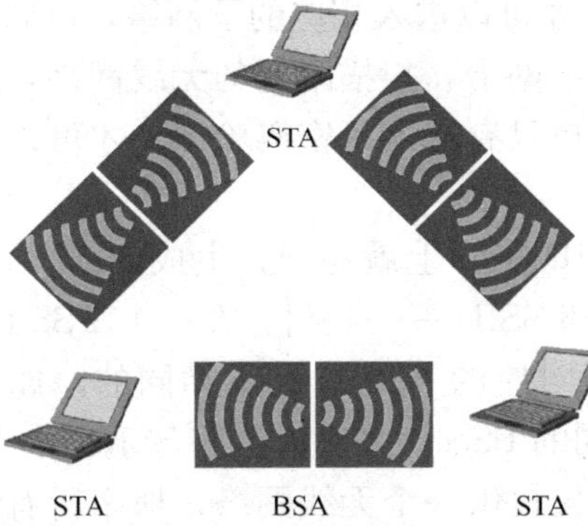

图 4-1 独立基本服务集

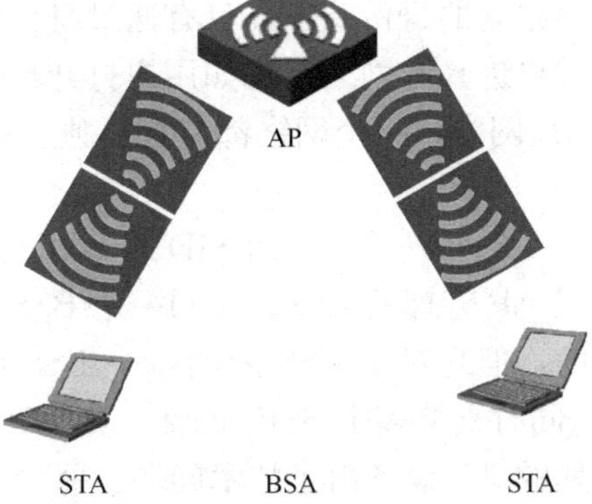

图 4-2 基础结构模式基本服务集

图 4-2 所示为基础结构模式基本服务集，此网络只要有无线接入点参与即可，无线接入点（AP）负责基础结构性网络所有的通信，包括统一服务区域中所有移动节点之间的通信。

2. 扩展服务集（ESS）与服务集标识（SSID）

BSS 的服务范围可以覆盖整个小型办公室或家庭，但是却无法服务较广的区域，那么如何覆盖较广的区域呢？802.11 协议标准允许将几个 BSS 串联为扩展服务集（ESS），借此扩展无线网络的覆盖区域，可以说 ESS 其实就是利用骨干网络将几个 BSS 串联在一起，所有位于同一个 ESS 的接入点将会使用相同的服务集标识（SSID），即用户所谓的网络“名称”，如图 4-3 所示。

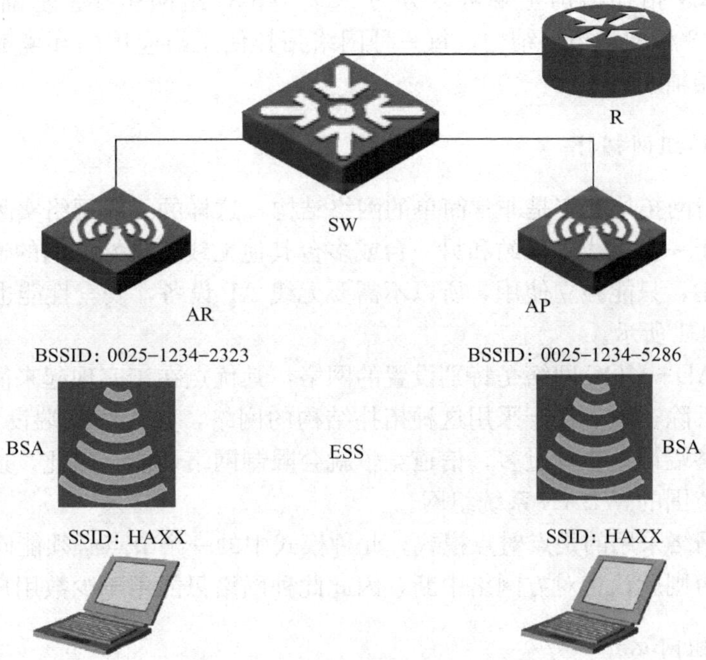

图 4-3 扩展服务集

SSID技术可以将一个WLAN网络分为几个需要不同身份验证的子网络，每一个子网络都需要独立的身份验证，只有通过身份验证的用户才可以进入相应的子网络，可防止未被授权的用户进入本网络。比如用户打开自己PC的无线网卡，扫描附近的无线网络，会发现多个SSID网络，每个网络都有自己独立的密码，用户只有输入了密码验证，才可以连上此网络。

从图4-3可以看出，BSSID与SSID不同，BSSID实际上就是AP生成的MAC地址，用来标识AP管理的BSS。在同一个BSS内BSSID和SSID一一映射，在一个ESS内SSID是相同的，但是对于ESS内的每个BSS而言，与之对应的BSSID是不相同的，如果一个AP可以同时支持多个SSID的话，则AP会分配不同的BSSID来对应这些SSID。

早期的AP设备由于技术问题，每台AP设备仅仅提供一个无线网络，那么所有连接此网络的用户功能基本上相同，这样的网络已经远远无法满足现网的需求，特别是企业网络，比如说某个公司有自己固定的员工，也有一些流动性的访客，这些用户全部连接上单一的网络，对于企业来说是不安全的，也是不易采用的。为了处理这样的问题，目前华为某些AP设备，每个射频可以支持16个虚拟AP，也就是说可以同时支持16个扩展服务集，那么一台AP设备就可以设置多个SSID，每个SSID可以分别关联不同的VLAN，不同的VLAN可以设置不同的权限，这样就可以将企业内部员工与流动性的访客接入至AP的能力区分开来，有助于企业网络的安全和规划。

4.2 WLAN拓扑结构介绍

现网中WLAN拓扑结构主要可以分为AD-HOC组网拓扑、基础架构组网拓扑和WDS组网拓扑这3种网络拓扑结构，每一种网络拓扑使用与应用的环境都是不一样的，它们之间可以说是相辅相成的。

1. AD-HOC组网拓扑

AD-HOC组网拓扑其实是非常简单的网络结构，这样的无线网络实际上是由无线工作站组成，仅仅用于一台无线工作站和另一台或多台其他无线工作站之间的通信，该网络无法接入到有线网络中，只能独立使用，所以不需要无线AP设备，安全性能也是由各个客户端自行维护，如图4-1所示。

图4-1所示AD-HOC网络是特别设置的网络，其优点在于实现起来简单快捷、经济成本低廉、随时可拆除；缺点在于采用这种拓扑结构的网络，各无线终端设备竞争公用信道，如果网络中无线终端设备数量过多，信道竞争就会限制网络性能，因此，这种拓扑结构只能适合小规模、小范围的WLAN系统组网。

AD-HOC网络采用的是点对点模式，此种模式中的一个节点必须能同时“看”到网络中的其他节点，否则就认为对方网络中断，因此此种网络只能用于少数用户的组网环境。

2. 基础架构组网拓扑

在学习基础架构组网拓扑之前，先来学习DS的基本概念。当几个无线接入点采用串联的方式，从而覆盖较大区域时，它们彼此之间必须相互通信，以掌握移动式工作站的行踪。DS 即分布式系统（Distribution System，DS），是无线接入点之间转发数据帧的骨干网络（Backbone Network），在现在的网络中，通常骨干网络都是采用以太网结构，如图 4-4 所示。

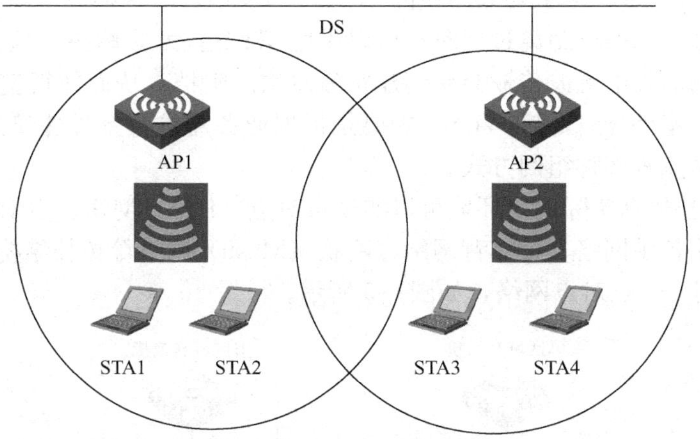

图 4-4　骨干网络

在图 4-4 所示的网络中，如果无线终端 STA1 想通过 WLAN 网络访问无线终端 STA4，那么无线终端 STA1 需要先将数据业务帧传送给 AP1，AP1 将数据帧传送给 DS 网络，通过 DS 网络将数据帧转发至 AP2，AP2 最后将数据帧转发给无线终端 STA4，这样就实现了无线终端 STA1 与无线终端 STA4 的数据连通性。

基础架构网络就是这样的一个逻辑原理，首先网络中引入多个 AP 设备，无线网络中所有的无线终端都可以通过这些 AP 来进行通信，这些 AP 设备通过与它们连接的 DS 网络组成基础架构网络，这样的网络区域称为扩展服务集（ESS），扩展服务集内每个 AP 都是独立的无线网络基本服务集（BSS），那么所有的 AP 设备共享一个扩展服务集标识符（ESSID），使用相同 ESSID 的无线终端可以实现漫游技术。

3. WDS 组网拓扑

在没有无线分布式系统（Wireless Distribution System，WDS）网络时，无线局域网中 AP 设备通常可以覆盖几十个用户，覆盖半径可以达到百米左右，但是如果采用 WDS 技术，就可以让无线网络延伸到更远的地方。WDS 可以将无线网络的数据信息，通过有线网络，即将有线网络当作中继设备来传送远距离数据，进而将网络资源从一个站点输送至另外一个无线网络环境内，或者是另外一个有线网络内。通过无线网络形成虚拟的网络线称为无线网络桥接功能。无线网络桥接功能通常指的是一对一的架构，但是架构可以实现一对多，并且桥接的对象可以是无线网络卡或者是有线系统，所以 WDS 网络最少要有两台同功能的 AP，最多数量则要由厂商设计的架构来决定。

WDS 网络相比传统有线网络，具有以下优势：

① WDS 无需架线挖槽，可以实现快速部署和扩容。

② 有线网络连接除电信部门外，其他单位的通信系统在公共场所没有敷设电缆的权力，

而无线桥接方式则可根据客户需求使用 2.4GHz 频段或 5.8GHz 频段免许可的 ISM 频段灵活定制专网。

③ 有线网络运行维护故障排查难度大，而 WDS 只需维护桥接设备，故障定位和修复快捷。

④ WDS 组网快，支持临时、应急、抗灾通信保障。

WDS 应用场景很多，但主要分为室内 WDS 和室外 WDS 两种应用场景，在室内网线敷设困难或覆盖区域与交换机距离过远时，可以采用 WDS 技术来解决，但由于无线数据是通过电磁波进行传输的，电磁波传输会受到建筑障碍物的阻挡，从而使得室内 WDS 的应用受到较大约束；而在室外场景部署 WDS，主要是根据业务需求及室外建筑的布局，来灵活选择点对点、点对多点等多种组网方式。

WDS 组网拓扑根据实际网络环境可以实现点对点（P2P）网络、点对多点（P2MP）网络、中继网络、手拉手网络、背靠背网络、网状（Mesh）网络等拓扑结构。

① WDS 组网——点对点网络，如图 4-5 所示。

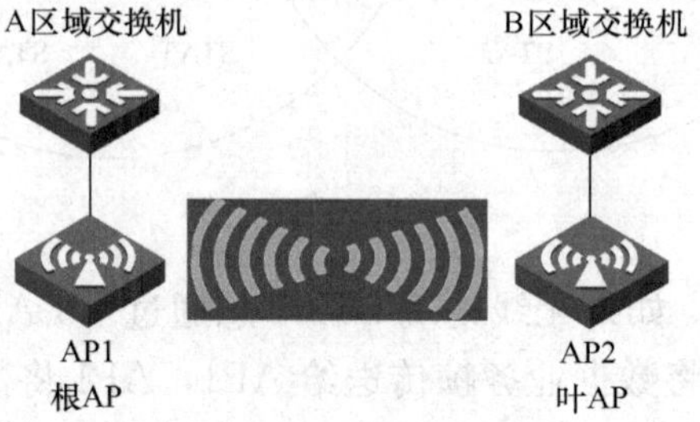

图 4-5　点对点网络

在图 4-5 中 AP1 位于 A 区域交换机网络下，为根 AP（Root AP），而 AP2 位于另外一个网络下，即图中的 B 区域交换机网络下，AP2 为叶 AP（Leaf AP），这种组网方式一般应用在两栋大楼间的网络互通，可以在大楼楼顶建立 P2P 的无线网络互通，数据配置时，注意根 AP 与叶 AP 设置在同一个信道下。

② WDS 组网——点对多点网络，如图 4-6 所示。

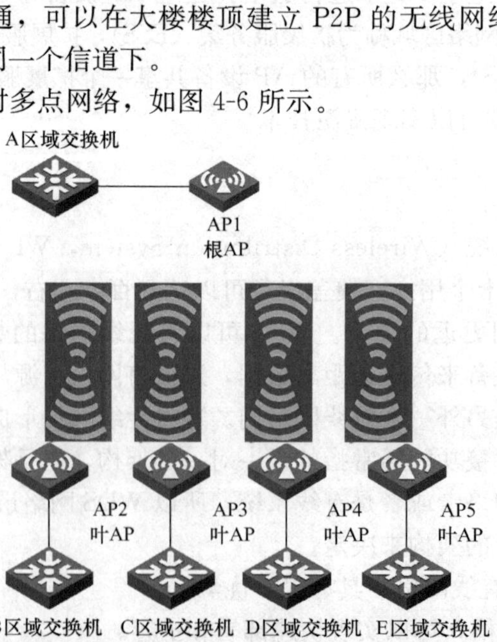

图 4-6　点对多点网络

从图 4-6 中可以看出 AP1 属于 A 区域交换机网络内，是根 AP（Root AP），而 AP2、AP3、AP4、AP5 分别属于 B、C、D、E 区域交换机网络内，全都是叶 AP（Leaf AP），此种组网架构主要是将多个离散的远程网络连成一体，通过 AP1 设备将 AP2、AP3、AP4、AP5 的数据进行转发。

③ WDS 组网——中继网络，如图 4-7 所示。

图 4-7　中继网络

从图 4-7 中可以看出 AP1 属于 A 区域交换机网络内，AP2 是属于 B 区域交换机网络内，AP1 与 AP2 距离较远或者中间有障碍物，采用 WLAN 直接网络互连，很难实施，所以采用中继网络架构，即在 AP1 与 AP2 之间敷设一台中继设备 AP3，使得 AP1 发来的数据给予 AP3，AP3 接收到数据转发给 AP2，同样 AP2 发来的数据也进行转发。中继组网架构可以使得无线传输距离延伸到数十千米以上，但是注意中继设备仅仅起转发数据的作用，并没有增加链路带宽。

④ WDS 组网——手拉手网络，如图 4-8 所示。

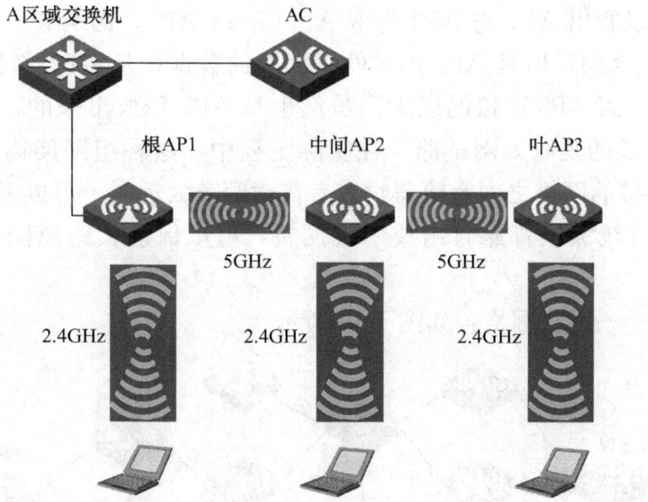

图 4-8　手拉手网络

从图 4-8 中可以看出 AP1、AP2、AP3 采用手拉手的方式进行网络互连，其中 AP1 为根 AP，因为 AP1 直接与 A 区域交换机互连，而 AC 与 A 区域交换机互连；AP2 为 AP1 与 AP3 的中间 AP（Middle AP），如果 AP1 与 AP3 之间还有 AP4 设备，那么 AP4 也为中间

AP，即可以有多个中间 AP；AP3 为最后一台 AP 设备，即末端 AP，故为叶 AP。

此 WDS 架构中的手拉手组网方式是工程中典型的组网架构，主要应用在由于墙体或者某些物体对 WLAN 信号产生阻碍作用的家庭、仓库、地铁、企业内部等环境中，这些场景由于很多因素导致许多地方 WLAN 的信号存在盲区，故可以采用此场景，同时还可以降低经济成本，一般情况下采用 5GHz 频段进行 AP 之间的网络互连，而每个 AP 敷设信号采用的是 2.4GHz 频段。

⑤ WDS 组网——背靠背网络，如图 4-9 所示。

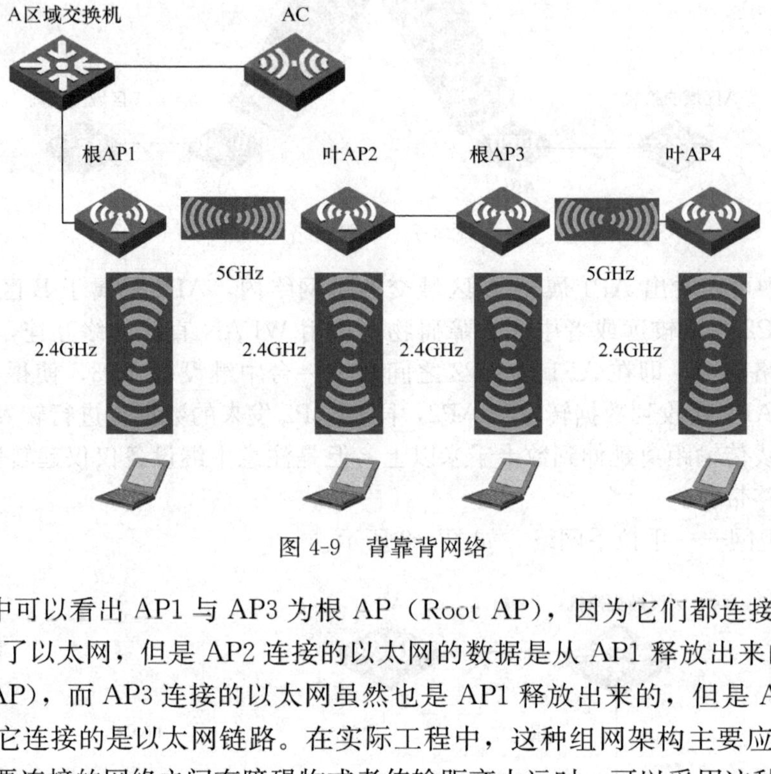

图 4-9　背靠背网络

从图 4-9 中可以看出 AP1 与 AP3 为根 AP（Root AP），因为它们都连接了以太网，虽然 AP2 也连接了以太网，但是 AP2 连接的以太网的数据是从 AP1 释放出来的，则 AP2 为叶 AP（Leaf AP），而 AP3 连接的以太网虽然也是 AP1 释放出来的，但是 AP3 并不知晓，AP3 仅仅认为它连接的是以太网链路。在实际工程中，这种组网架构主要应用在室外的组网场景，当需要连接的网络之间有障碍物或者传输距离太远时，可以采用这种组网方式，通过两个 WDS AP 有线级联背靠背组成中继网桥，可以保证长距离网络传输中无线链路的带宽。

⑥ WDS 组网——网状网络，如图 4-10 所示。

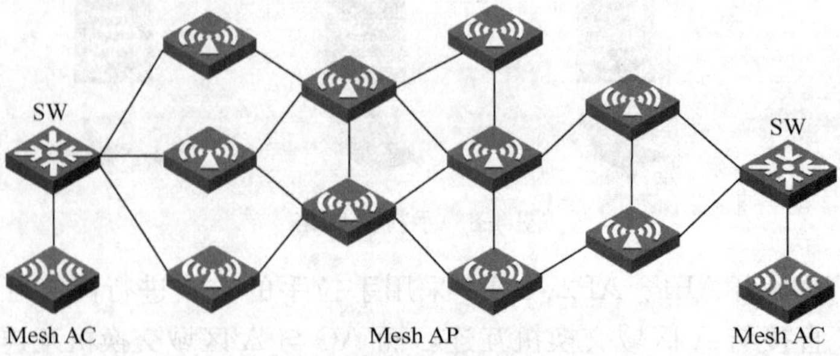

图 4-10　网状网络

此种组网架构在覆盖区域没有相应的有线网络，是一种纯无线覆盖的网络。由于有线覆盖建设周期长，成本高，且不灵活，在一些特殊场合还无法进行覆盖，那么可以采用这种WDS网状组网架构进行覆盖。网状网络只需要安装AP，建设成本低，速度快，且非常灵活，综合来说网状组网性价比非常高。在实际工程中除可以应用于企业网、办公网、校园网等传统WLAN网络常用场景外，还可以广泛应用于大型仓库、港口码头、城域网、轨道交通、应急通信等场景。

4.3 WLAN组网模式介绍

WLAN技术是21世纪通信技术快速崛起与发展的代表技术之一，其覆盖成本低廉而且组网方案种类多样，组网模式可以根据运营商网络、设备类型、用户需求、室内室外环境等种种因素进行选择，即灵活性非常高。

WLAN组网模式多种多样，按照瘦AP组网方案划分，有6种模式，分别为：

1）AC位于城域网宽带远程接入服务器（Brcadband Remote Access Server，BRAS）之上。

2）AC旁挂于BRAS。

3）AC集成于BRAS。

4）AC旁挂于汇聚交换机。

5）AC替代汇聚交换机。

6）AC位于汇聚交换机下。

按照AC组网模式进行划分，主要可以分为4种模式，分别是：

1）直连模式直接转发。

2）直连模式隧道转发。

3）旁挂模式直接转发。

4）旁挂模式隧道转发。

按照二层、三层网络组网模式划分，现网中典型的组网模式有4种，分别是：

1）旁挂式二层组网隧道转发。

2）直连式三层组网直接转发。

3）旁挂式三层组网直接转发。

4）旁挂式三层组网隧道转发。

下面详细介绍这4种典型的组网模式。

1）旁挂式二层组网隧道转发：有线网络覆盖需要敷设大量的网线、光纤、管道，耗费大量资源和高昂的人力成本，并且用户使用网络不够灵活，采用AC+瘦AP的组网模式来部署WLAN网络，不但可以减少相应的经济成本，还可以提高用户使用网络的灵活性以及管理员管理网络的可维护性，如图4-11所示。

从图4-11中可以看出，AC采用旁挂式通过汇聚层交换机和接入层交换机连接管理AP设备，并且这里AP与AC设备之间的网络是属于二层组网，采用隧道模式来转发数据，不仅可以有效地管理数据报文，还可以提高数据报文传输的安全性，因为数据报文经过DTLS

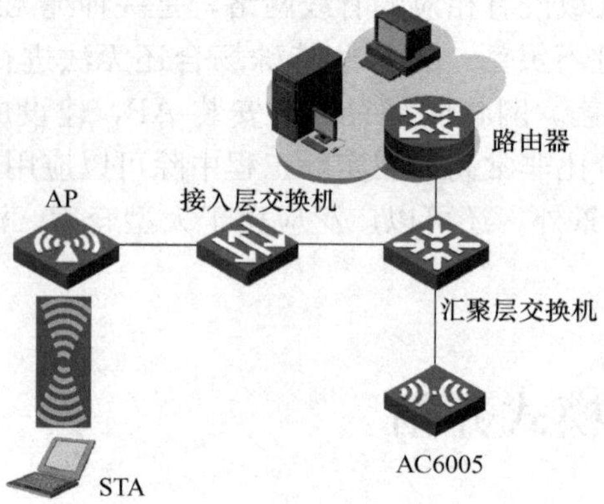

图 4-11　旁挂式二层组网隧道转发

加密，中间网络不易解析出用户数据报文的内容，AC 和 AP 之间只需透传管理 VLAN 来进行控制报文的管理，配置简单，但是不利于故障定位，且数据报文需要封装 CAPWAP 隧道报文头，开销较多，故转发效率较直接转发低。

终端用户 STA 发送数据至 AP，AP 转发至接入层交换机，再由接入层交换机转发至汇聚层交换机，由 AC6005 控制器进行数据报文管理，数据再通过汇聚层交换机转发上传至路由器，然后经过路由器，路由选址到达上层 IP 网络中，实现网络通信。

2）直连式三层组网直接转发：直连式三层组网直接转发如图 4-12 所示。

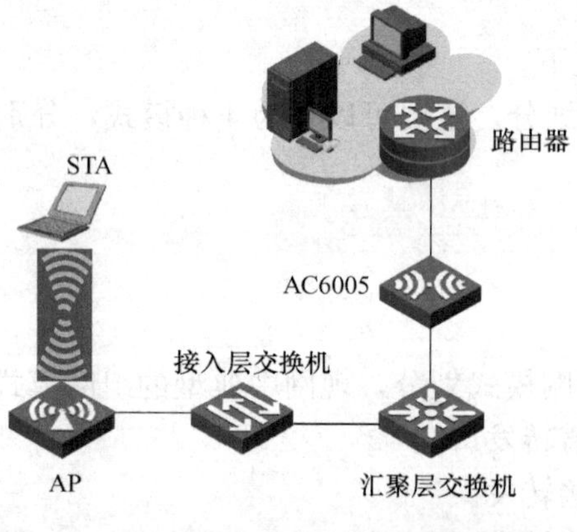

图 4-12　直连式三层组网直接转发

图 4-12 中 AC6005 控制器向上连接路由器至 IP 网络，向下连接汇聚层交换机与接入层交换机至 AP 设备，实现对 AP 的管理业务，其中 AP 和 AC 之间网络属于三层网络，可在大范围内进行组网并且可以简化网络结构，主要应用于企业用户，可以对用户的数据报文进行有效的集中管理。

从图中可以看出，STA 用户终端不论是数据业务的数据报文，还是 AC 对 AP 的管理控制报文，都必须经过接入层交换机转发至汇聚层交换机最终转发至 AC6005 控制器，因此控制器可以对终端数据业务的数据报文和控制报文进行有效管理。

3）旁挂式三层组网直接转发：旁挂式三层组网直接转发如图 4-13 所示。

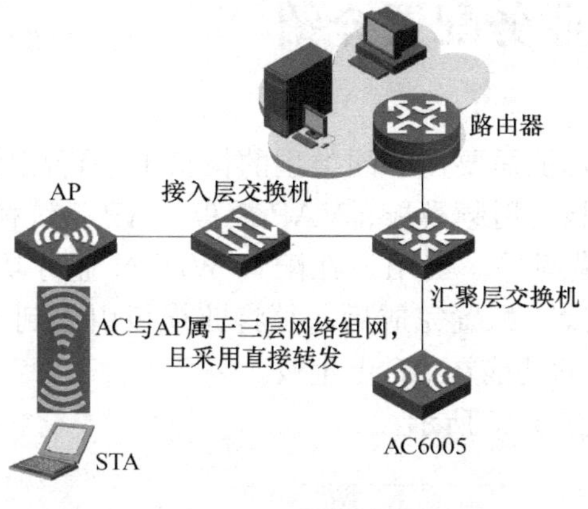

图 4-13　旁挂式三层组网直接转发

从图 4-13 中可以看出，AC6005 旁挂在汇聚层交换机下，连接接入层交换机管理 AP 设备，并且这里 AP 与 AC 设备之间的网络属于三层网络，同时采用直接转发数据模式，这种模式不仅可以使得 AC 设备对 AP 设备进行管理，同时相对于隧道转发模式，提高了转发效率，报文不需要经过多次封装与解封装的过程，方便了故障定位，但是安全性下降，因为中间的网络设备，如接入层交换机、汇聚层交换机可以解析出用户数据报文，且中间网络需要全部透传业务 VLAN 的数据，如果采用二层组网，还增加了 AC 与 AP 之间二层网络的维护工作量。

4）旁挂式三层组网隧道转发：旁挂式三层组网隧道转发如图 4-14 所示。

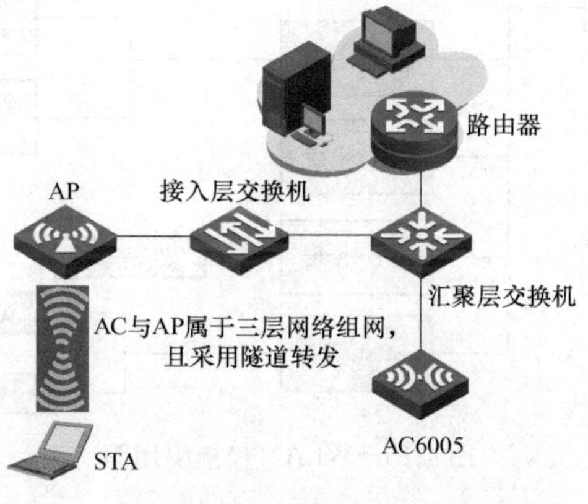

图 4-14　旁挂式三层组网隧道转发

从图 4-14 中可以看出 AC6005 控制器旁挂在汇聚层交换机下，经过与接入层交换机连接，从而管理 AP 设备。图中 AP 与 AC 设备之间的网络属于三层网络组网，且采用隧道模式转发数据，此种组网模式不仅可以对 AP 进行管理，还可以在大范围内进行组网并且可以简化网络结构，同时还对用户数据报文采用 DTLS 加密措施，保证网络数据的安全性，但此种模式对于 AC 的开销较多，耗费 AC 的 CPU 资源，且数据转发效率相对直接转发数据模式有所下降。

4.4 WLAN 基本业务配置介绍

WLAN 不同的特性和功能需要在不同类型的模板下进行配置和维护，这些模板统称为 WLAN 模板，如域管理模板、射频模板、VAP 模板、AP 系统模板、AP 有线模板、WIDS 模板、WDS 模板、Mesh 模板等。当用户在配置 WLAN 业务功能时，需要在对应功能的 WLAN 模板中进行参数配置，配置完成后，须将此模板引用到 AP 组或 AP 中，然后配置下发到 AP，从而使得配置的功能在 AP 上生效。

WLAN 模板引用图如图 4-15 所示。

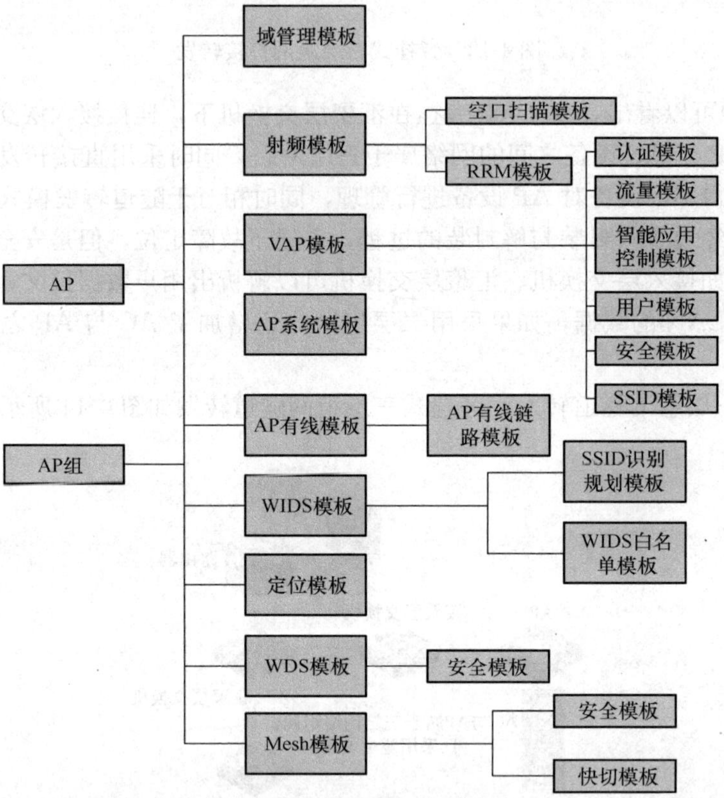

图 4-15　WLAN 模板引用图

WLAN 模板的产生是为了方便 WLAN 功能的配置和维护，当用户在配置 WLAN 业务功能时，只需要在对应功能的 WLAN 模板中进行参数配置，配置完成后，将此模板引用到上一层模板或者引用到 AP 组或 AP 中，配置就会自动下发到 AP，配置下发完成后，配置的功能就会直接在 AP 上生效。

WLAN 业务配置流程图如图 4-16 所示。

从图 4-16 可以看出 WLAN 业务的基本配置流程可以分为 5 步：

① 配置 AC 系统参数。

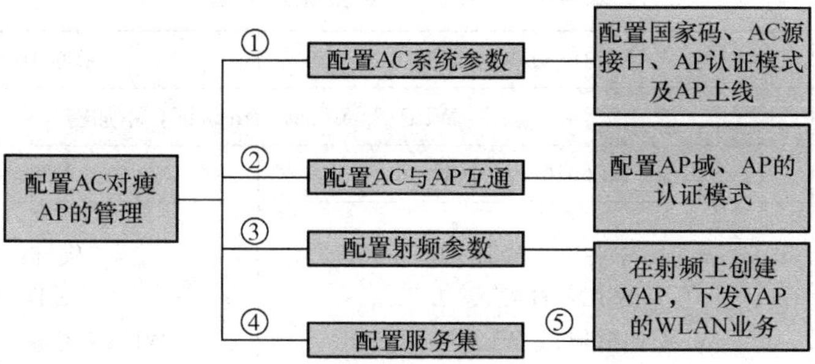

图 4-16　WLAN 业务配置流程图

② 配置 AC 与 AP 互通。

③ 配置射频参数。

④ 配置服务集。

⑤ 射频上创建 VAP，并下发 VAP 至 AP 上完成 WLAN 业务下发。

图 4-17 所示为 WLAN 基本业务配置的网络拓扑图。

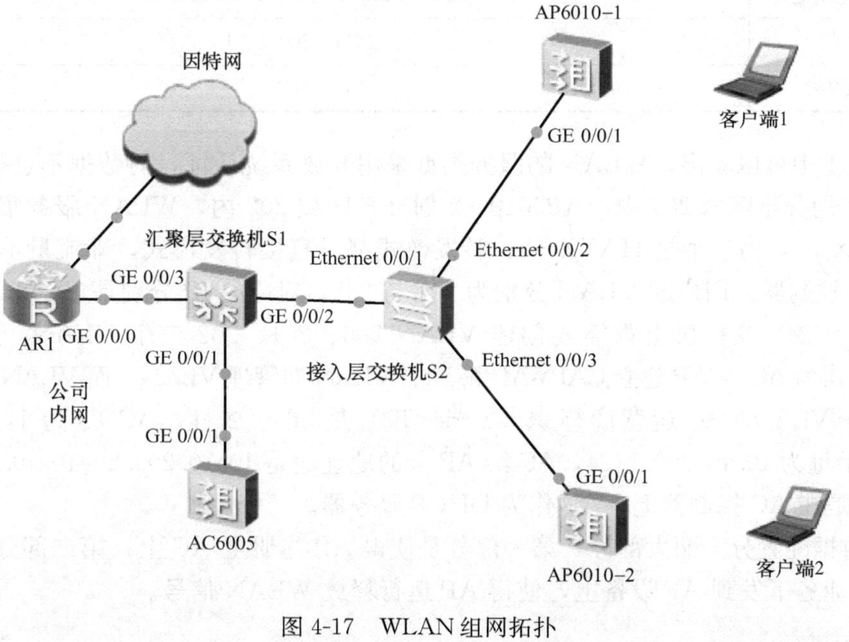

图 4-17　WLAN 组网拓扑

从图 4-17 中可以看出，左侧有一台路由器，主要接因特网以及连接公司的内网，这里的路由器在实际工程中一般做网络地址转换（NAT）和默认路由的功能；公司拥有一台汇聚层交换机和一台接入层交换机、两台无线接入点（AP）、一台 AC6005 无线控制器，这些设备可使公司员工用笔记本等无线设备连入因特网，以及访问公司的资源。这里 AC6005 为旁挂模式组网，并且数据转发模式为直接转发模式，AC6005 作为控制器的同时，还作为 DHCP 服务器来给 AP 分配 IP 地址。

规划数据如表 4-1 所示。

表 4-1 WLAN 业务数据规划表

配 置 项	AP6010－1 规划数据	AP6010－2 规划数据
WLAN 服务	WEP Open－System 认证，不加密	
AP 域	AP6010－1：201	AP6010－2：202
服务集	名称：HAXX－1 SSID：HAXX－1 WLAN 虚端口：WLAN－ESS 0 数据转发模式：直接转发	名称：HAXX－2 SSID：HAXX－2 WLAN 虚端口：WLAN－ESS 1 数据转发模式：直接转发
WLAN 用户 VLAN	AP6010－1：VLAN201，10.10.201.0/24	AP6010－2：VLAN202，10.10.202.0/24
管理 VLAN	VLAN 200	
AC 运营商标识/AC 标识（ID）	other/1	
AC 管理 IP 地址	VLANIF 端口地址：10.10.200.1/24	
AP 的 IP 地址池	10.10.200.2～10.10.200.254/24	
AP 网关	10.10.200.1/24	
DHCP 服务器	AC	

从表 4-1 中可以看出，WLAN 的服务类型采用开放系统认证，对数据不进行加密处理，AP6010－1 划分至区域 201 内，AP6010－2 划分至区域 202 内，WLAN 服务集有两个，一个是 HAXX－1，另一个是 HAXX－2，转发模式都是直接转发模式，即流量不会经过旁挂的 AC6005 控制器。用户的 VLAN 分别为 201 与 202，对应的 IP 分别是 10.10.201.0/24 与 10.10.202.0/24。交换机上都需要创建 VLAN 200、201、202 三个 VLAN，这里 VLAN 200 主要是作为 AC 与 AP 建立 CAPWAP 隧道的 VLAN 即管理 VLAN，而 VLAN 201、202 是用户的服务 VLAN，AC 运营商标识（carrier ID）是 other 属性，AC ID 为 1，AC 的管理 VLAN IP 地址为 10.10.200.1/24，AC 给 AP 分的地址池是 10.10.200.2～10.10.200.254/24，AP 的网关是在 AC 控制器上，AC 作为 DHCP 服务器。

整个数据配置分为两大部分，第一部分是使得 AP 注册至 AC 上；第二部分配置 AC 相应 WLAN 业务下发到 AP 设备上，使得 AP 运行释放 WLAN 信号。

1. AP 注册至 AC 上

由于图 4-17 中 AP 与 AC 之间的网络属于二层网络，也就是 AP 与 AC 之间的网络在同一个 VLAN 内，所以只需要将相应的 VLAN 打通，数据配置如下：

① 配置接入层交换机。

```
<Huawei>system-view                    //进入系统视图
[Huawei]sysname S2                     //设备命名
[S2]vlan batch 200 to 202              //创建 VLAN200、201、202
[S2]interface Ethernet 0/0/2           //进入以太网口 0/0/2 口
```

```
[S2-Ethernet0/0/2]port link-type trunk             //端口类型改为 Trunk 模式
[S2-Ethernet0/0/2] port trunk pvid vlan 200
//端口默认 VLAN 改成 200，因为 AP 与 AC 在同一个 VLAN 内，而且规划的数据中管理
  VLAN 为 200，所以这里端口默认 VLAN 改成 200，当 AP 与 AC 建立 CAPWAP 隧道，
  需要获取 IP 地址时，会从这个 VLAN 中获取
[S2-Ethernet0/0/2] port trunk allow-pass vlan 200 201
//允许 VLAN 200、201 通过，200 是管理 VLAN，201 是 AP6010-1 服务 VLAN
[S2-Ethernet0/0/2] quit
[S2] interface Ethernet 0/0/3                      //进入以太网口 0/0/3 口
[S2-Ethernet0/0/3] port link-type trunk            //端口类型改为 Trunk 模式
[S2-Ethernet0/0/3] port trunk pvid vlan 200        //默认 VLAN 改成 200
[S2-Ethernet0/0/3] port trunk allow-pass vlan 200 202
//允许 VLAN 200、202 通过，200 是管理 VLAN，202 是 AP6010-2 服务 VLAN
[S2-Ethernet0/0/3] quit
[S2] interface Ethernet 0/0/1                      //进入以太网 0/0/1 口
[S2-Ethernet0/0/1] port link-type trunk            //端口类型改为 Trunk 模式
[S2-Ethernet0/0/1] port trunk allow-pass vlan 200 201 202
//允许 VLAN 200、201、202 通过，200 是管理 VLAN，201 是 AP6010-1 服务 VLAN，
  202 是 AP6010-2 服务 VLAN
[S2-Ethernet0/0/1] quit
[S2]
```

② 配置汇聚层交换机。

```
<Huawei>system-view                                 //进入系统视图
[Huawei]sysname S1                                  //设备命名
[S1]vlan batch 200 to 202                           //创建 VLAN200、201、202
[S1]interface GigabitEthernet 0/0/2                 //进入 GE0/0/2 口
[S1-GigabitEthernet0/0/2]port link-type trunk      //端口类型改为 Trunk 模式
[S1-GigabitEthernet0/0/2]port trunk allow-pass vlan 200to 202
//允许 VLAN 200、201、202 通过，200 是管理 VLAN，201 是 AP6010-1 服务 VLAN，
  202 是 AP6010-2 服务 VLAN
[S1-GigabitEthernet0/0/2] quit
[S1]interface GigabitEthernet 0/0/1                 //进入 GE0/0/1 口
[S1-GigabitEthernet0/0/1]port link-type trunk      //端口类型改为 Trunk 模式
[S1-GigabitEthernet0/0/1]port trunk allow-pass vlan 200 to 202
//允许 VLAN 200、201、202 通过，200 是管理 VLAN，201 是 AP6010-1 服务 VLAN，
  202 是 AP6010-2 服务 VLAN
[S1-GigabitEthernet0/0/1] quit
[S1]
```

③ 配置 AC6005 设备。

```
<AC6005>system-view
[AC6005]vlan batch 200 to 202 //创建 200、201、202 三个 VLAN
[AC6005]interface GigabitEthernet 0/0/1   //进入 GE0/0/1 端口
[AC6005-GigabitEthernet0/0/1]port link-type trunk  //修改端口类型为 Trunk
[AC6005-GigabitEthernet0/0/1]port trunk allow-pass vlan 200 201 202
        //允许 VLAN200、201、202 通过
[AC6005-GigabitEthernet0/0/1]quit //数据配置到此处，AP 与 AC 二层网络打通
```

2. 配置 AC 的 WLAN 数据业务

配置 AC 的 WLAN 基本数据业务主要分为 5 步，即图 4-16 所示的 WLAN 业务配置流程图。数据配置详细过程如下：

① 配置 AC 系统参数。

```
[AC6005]wlan ac-global ac id 1 carrier id other
//配置运营商标识，中国三大运营商，即中国移动、中国电信、中国联通，默认是 other，企业网一般配置 other
[AC6005] wlan ac-global country-code CN
//配置 WLAN 国家码，由于不同国家使用的 WLAN 频段是不同的，中国在 2.4GHz 频段可以使用 1～13 信道，而美国可以使用 1～11 信道；对于 5GHz 频段，中国可以使用 5.725～5.825GHz，而美国可以使用 5.15～5.825GHz
[AC6005]dhcp enable                              //打开全局 DHCP 功能
[AC6005]interface Vlanif 200                     //创建三层端口 VLAN 200
[AC6005-Vlanif200]ip address 10.10.200.1 24      //配置 IP 地址
[AC6005-Vlanif200]dhcp select interface          //从此端口获取 DHCP 地址，给 AP 分配 IP 地址
[AC6005-Vlanif200] quit
[AC6005]interface Vlanif 201                     //创建三层端口 VLAN 201
[AC6005-Vlanif201]ip address 10.10.201.1 24      //配置 IP 地址
[AC6005-Vlanif201] dhcp select interface         //从此端口获取 DHCP 地址，给 AP6010-1 分配 IP 地址
[AC6005-Vlanif201] quit
[AC6005]interface Vlanif 202                     //创建三层端口 VLAN 202
[AC6005-Vlanif202]ip address 10.10.202.1 24 //配置 IP 地址
[AC6005-Vlanif202]dhcp select interface //从此端口获取 DHCP 地址，给 AP6010-2 分配 IP 地址
[AC6005-Vlanif202] quit
[AC6005]
[AC6005]wlan                                     //进入 WLAN 视图
[AC6005-wlan-view]wlan ac source interface Vlanif 200
```

//指明哪一个端口用来做

WLAN的源端口，使用这个源端口与AP建立CAPWAP隧道，这里使用的是VLANIF 200作为与AP建立CAPWAP隧道的端口

② 配置AC与AP互通。

```
[AC6005-wlan-view] ap-region id 201              //配置AP域201
[AC6005-wlan-ap-region-201] quit
[AC6005-wlan-view] ap-region id 202              //配置AP域202
[AC6005-wlan-ap-region-202] quit
[AC6005-wlan-view]
[AC6005-wlan-view] ap-auth-mode no-auth          //配置AP认证模式为不认证
[AC6005-wlan-view] quit
[AC6005]
[AC6005]display ap all                           //查询AP注册至AC的AP ID号
```

```
All AP information (Normal-2, UnNormal-0):
--------------------------------------------------------------------
AP ID   AP Type        AP MAC Profile/Region ID   AP State   AP Sysname
--------------------------------------------------------------------
0     AP6010DN-AGN    00e0-fcd8-78a0    0/0      normal     ap-0
1     AP6010DN-AGN    00e0-fcc3-1320    0/0      normal     ap-1
--------------------------------------------------------------------
Total number: 2
```

```
[AC6005]
[AC6005] wlan
[AC6005-wlan-view] ap id 0                       //进入AP ID为0的设备
[AC6005-wlan-ap-0] region-id 202                 //将此设备加入域ID 202内
[AC6005-wlan-ap-0] quit
[AC6005-wlan-view] ap id  1                      //进入AP ID为1的设备
[AC6005-wlan-ap-1] region-id 201                 //将此设备加入域ID 201内
[AC6005-wlan-ap-1] quit
[AC6005-wlan-view]
```

③ 配置射频参数。

目前华为的AP大多数是双频AP，即DN编号，如果是SN编号则是单频AP设备。单频AP设备只有一根天线，就是radio 0，而双频AP有两根天线，一根是radio 0，另一根是radio 1，所有的radio 0天线都是工作在2.4GHz频段内，所有的radio 1天线都是工作在5GHz频段内。

```
[AC6005-wlan-view]wmm-profile name wmm id 1
//创建WMM模板名称是WMM，模板内信息采用默认数据
[AC6005-wlan-wmm-prof-wmm] quit
```

[AC6005-wlan-view]

[AC6005-wlan-view]radio-profile name radio

//创建射频模板名称为 radio，采用默认数据配置

[AC6005-wlan-radio-prof-radio]wmm-profile name wmm

//将 radio 模板与 WMM 模板绑定起来

[AC6005-wlan-radio-prof-radio] quit

[AC6005-wlan-view]

[AC6005-wlan-view] ap 0 radio 0 //进入 AP ID 号为 0 设备的 2.4GHz 天线

[AC6005-wlan-radio-0/0] radio-profile name radio//将此天线与射频模板 radio 绑定

Warning：Modify the Radio type may cause some parameters of Radio resume default value，are you sure to continue? [Y/N]：y

[AC6005-wlan-radio-0/0] quit

[AC6005-wlan-view] ap 1 radio 0 //进入 AP ID 号为 1 设备的 2.4GHz 天线

[AC6005-wlan-radio-1/0] radio-profile name radio//将此天线与射频模板 radio 绑定

Warning：Modify the Radio type may cause some parameters of Radio resume default value，are you sure to continue? [Y/N]：y

[AC6005-wlan-radio-1/0] quit

[AC6005-wlan-view]

④ 配置服务集。

服务集配置最重要的有配置安全模板、流量模板、服务集 VLAN、服务集标识、WLAN-ESS 端口、用户隔离、数据转发模式等。

[AC6005-wlan-view]security-profile name anquan //创建安全模板名称为 anquan

[AC6005-wlan-sec-prof-anquan]wep authentication-method open-system

//设置安全模板为开放系统认证，数据不加密，此为设备默认配置

[AC6005-wlan-sec-prof-anquan] security-policy wep

[AC6005-wlan-sec-prof-anquan] quit

[AC6005-wlan-view]

[AC6005-wlan-view]traffic-profile name liulian id 1

//创建流量模板名称为 liulian，ID 为 1，此模板采用系统默认配置

[AC6005-wlan-traffic-prof-liulian] quit

[AC6005-wlan-view] quit

[AC6005]interface Wlan-Ess 0

//进入 WLAN-ESS 0 端口。无线终端连接 AP 上网是通过无线电波进行数据传输的，AP 设备上可能会有多个 WLAN-ESS 端口，为了找到无线终端到底是连接哪个 WLAN-ESS 端口的，就需要配置相应的服务 VLAN 与 WLAN-ESS 端口绑定

[AC6005-Wlan-Ess0]port hybrid pvid vlan 201

//将 WLAN-ESS 0 端口默认 VLAN 改成 VLAN 201

[AC6005-Wlan-Ess0]port hybrid untagged vlan 201

//配置此端口不带标签 VLAN 201 通过

```
[AC6005-Wlan-Ess0] quit
[AC6005]interface Wlan-Ess 1 //进入 WLAN-ESS 1 端口
[AC6005-Wlan-Ess1]port hybrid pvid vlan 202
        //将 WLAN-ESS 1 端口默认 VLAN 改成 VLAN 202
[AC6005-Wlan-Ess1]port hybrid untagged vlan 202
        //配置此端口不带标签 VLAN 202 通过
[AC6005-Wlan-Ess1] quit
[AC6005] wlan
[AC6005-wlan-view]service-set name HAXX-1 //创建服务集名称为 HAXX-1
[AC6005-wlan-service-set-HAXX-1]ssid HAXX-1 //创建 SSID 为 HAXX-1
[AC6005-wlan-service-set-HAXX-1]traffic-profile name liulian  //引用流量模板
[AC6005-wlan-service-set-HAXX-1]security-profile name anquan  //引用安全模板
[AC6005-wlan-service-set-HAXX-1]wlan-ess 0
        //引用 WLAN-ESS 端口,注意端口 VLAN 要对应
[AC6005-wlan-service-set-HAXX-1]service-vlan 201
        //服务 VLAN 设置为 VLAN 201
Info: This action may cause service interruption if you don't execute commit command.
[AC6005-wlan-service-set-HAXX-1]forward-mode direct-forward
        //设置传输模式为直接转发模式
[AC6005-wlan-service-set-HAXX-1] quit
[AC6005-wlan-view]
[AC6005-wlan-view]service-set name HAXX-2 //创建服务集名称为 HAXX-2
[AC6005-wlan-service-set-HAXX-2]ssid HAXX-2 //创建 SSID 为 HAXX-2
[AC6005-wlan-service-set-HAXX-2]traffic-profile name liulian  //引用流量模板
[AC6005-wlan-service-set-HAXX-2]security-profile name anquan  //引用安全模板
[AC6005-wlan-service-set-HAXX-2]wlan-ess 1
      //引用 WLAN-ESS 端口，注意端口 VLAN 要对应
[AC6005-wlan-service-set-HAXX-2]service-vlan 202
        //服务 VLAN 设置为 VLAN 202
Info: This action may cause service interruption if you don't execute commit command.
[AC6005-wlan-service-set-HAXX-2]forward-mode direct-forward
      //设置传输模式为直接转发模式
[AC6005-wlan-service-set-HAXX-2] quit
[AC6005-wlan-view]
```

⑤ 射频上创建 VAP，并下发 VAP 至 AP 上完成 WLAN 业务下发。

```
[AC6005-wlan-view]ap 0 radio 0 //进入 AP 0 设备的 2.4GHz 频段天线
[AC6005-wlan-radio-0/0]service-set name HAXX-2 //绑定服务集为 HAXX-2
[AC6005-wlan-radio-0/0]quit
[AC6005-wlan-view]ap 1 radio 0//进入 AP 1 设备的 2.4GHz 频段天线
```

[AC6005-wlan-radio-1/0]service-set name HAXX-1 //绑定服务集为 HAXX-1
[AC6005-wlan-radio-1/0]quit
[AC6005-wlan-view]commit ap 0 //提交 AP 0 设备的数据配置
Warning: Committing configuration may cause service interruption, continue? [Y/N]Y
[AC6005-wlan-view]commit ap 1 //提交 AP 1 设备的数据配置
Warning: Committing configuration may cause service interruption, continue? [Y/N]Y
[AC6005-wlan-view] quit
[AC6005]

至此 WLAN 基本业务数据已经配置完成，此时可以开启 STA 终端设备，可以连接上 AP6010 - 1 与 AP6010 - 2 释放的 WLAN 网络。WLAN 网络连接拓扑图如图 4-18 所示，STA 连接示意图如图 4-19 所示。

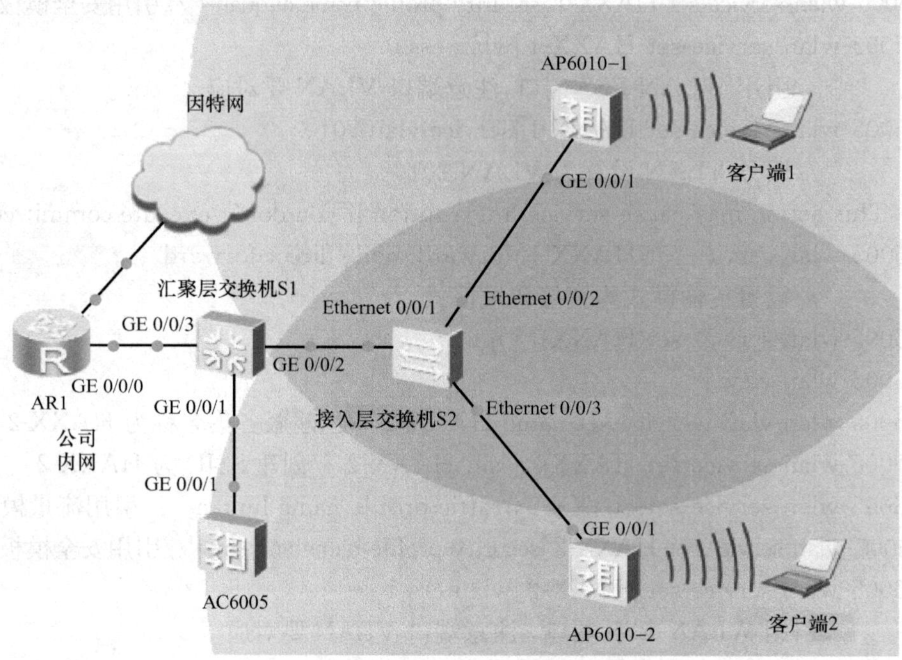

图 4-18　WLAN 网络连接拓扑图

Vap 列表

	SSID	加密方式	状态	VAP MAC	信道	射频类型
	HAXX-1	OPEN SYSTEM	已连接	00-E0-FC-C3-13-20	1	802.11bg

Vap 列表

	SSID	加密方式	状态	VAP MAC	信道	射频类型
	HAXX-2	OPEN SYSTEM	已连接	00-E0-FC-D8-78-A0	1	802.11bg

图 4-19　STA 连接示意图

本章小结

本章首先学习了 WLAN 的基本元素，比如 BSS、BSA、ESS、SSID、BSSID 等，之后学习了一些常见的 WLAN 拓扑结构，比如 AD－HOC 组网拓扑、基础架构组网拓扑、WDS 组网拓扑，WDS 组网拓扑有 P2P 网络、P2MP 网络、中继网络、手拉手网络、背靠背网络、网状网络。

在本章 4.3 节，介绍了 WLAN 多种多样的组网模式，特别着重学习了现网中典型的 4 种组网模式：旁挂式二层组网隧道转发、直连式三层组网直接转发、旁挂式三层组网直接转发、旁挂式三层组网隧道转发，通过这些组网模式的学习，我们知道了 WLAN 直接转发与隧道转发的优缺点，直接转发不仅可以使得 AC 管理 AP，而且相比较隧道转发模式，大大提高了数据转发的转发效率，因为此种转发模式不需要经过多次的封装与解封装，也方便故障的定位；而隧道转发技术最大的特点是可以将用户数据报文进行 DTLS 加密，保证了网络数据的安全性。

最后在本章 4.4 节，介绍了 WLAN 基本业务的数据配置，根据规划的 WLAN 网络组网拓扑图和用户需求，来配置交换机、AC6005 设备，使得 AP 释放 WLAN 信号供无线终端用户连接使用。

习题与思考

1. BSS 和 BSA 的含义是什么？并且画图举例。
2. ESS 的含义是什么？
3. SSID 的含义是什么？华为一台 AP 设备最多可以释放多少个 SSID？
4. BSSID 的含义是什么？与 SSID 有什么不同？
5. WLAN 拓扑结构主要可以分为哪几种？
6. DS 指什么？在实际网络中有什么主要功能？
7. WDS 组网拓扑的中继网络是什么含义？举例说出其应用场景。
8. 什么是手拉手网络？什么是背靠背网络？
9. 根 AP 与叶 AP 是什么意思？如何进行区分？
10. 瘦 AP 组网模式一般可以分为哪几种？
11. 简要概述隧道转发模式与直接转发模式的优缺点。
12. 华为 AP 名称中 DN 是什么含义？其中 radio 0 代表什么？radio 1 代表什么？
13. 简要概述 WLAN 基本业务开通的 5 大步骤。
14. 为什么需要配置 WLAN－ESS 端口？此端口你是怎么理解的？
15. 请根据图 4-20 所示的 WLAN 组网拓扑图，自行规划 WLAN 数据，使得无线终端可以连接上相应的 AP 设备。

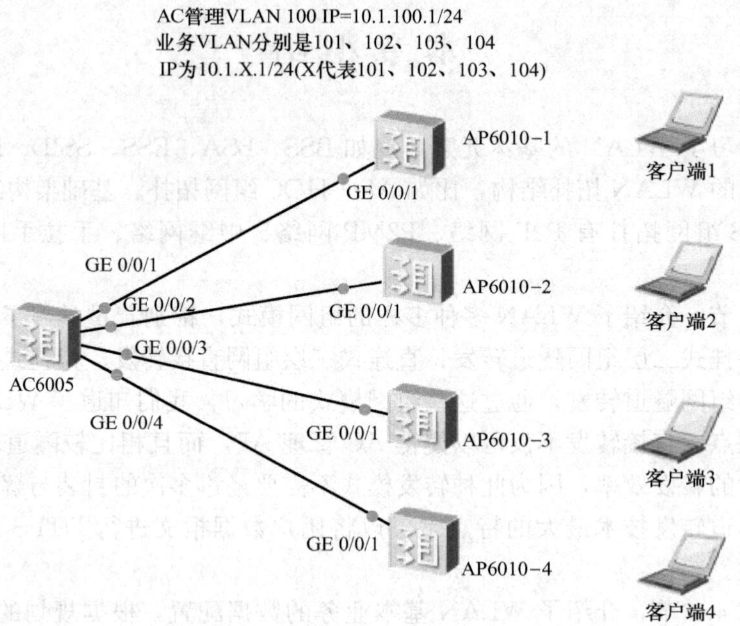

图 4-20　WLAN 组网拓扑图

实 操 部 分

第 5 章　WLAN 基本操作与配置

课程目标：

- 掌握 WLAN 管理报文处理流程
- 掌握 WLAN 业务报文处理流程
- 掌握 WLAN 二层组网 AP 上线数据配置
- 掌握 WLAN 三层组网 AP 上线数据配置
- 掌握简单的 AP 上线故障处理方法
- 掌握动态路由协议 OSPF 简单的数据配置
- 掌握配置 WLAN 源端口的命令
- 掌握配置 DHCP 服务器的命令
- 掌握二层组网手工确认 AP 上线的方法
- 掌握修改 AP 认证方法的命令

无线局域网网络中，报文主要分为两种，一种是管理报文，还有一种是用户业务数据报文，管理报文一般必须采用 CAPWAP 隧道进行数据转发，而用户业务数据报文不仅可以使用 CAPWAP 隧道进行转发，还可以通过交换机或者 AC 等设备进行直接转发，所以在实际工程应用中，针对管理报文与用户业务数据报文一般都是分别配置不同的 VLAN，即一种是管理 VLAN，一种是业务 VLAN。

管理 VLAN 实际上就是负责传输通过 CAPWAP 隧道进行转发的报文，这种报文可以是管理报文，也可以是通过 CAPWAP 隧道转发的用户业务数据报文；而业务 VLAN 仅仅只能是负责传输用户业务数据报文。

5.1　WLAN 管理报文与用户业务数据报文介绍

当网络中无线接入点（AP）与无线控制器（AC）之间为二层组网时，那么 AP 侧的管理 VLAN 与 AC 侧的管理 VLAN 相同，AP 侧的业务 VLAN 与 AC 侧的业务 VLAN 也相同，如图 5-1 所示。

从图 5-1 中可以看出，无线接入点（AP）设备连接交换机，再通过交换机连接无线控制器（AC）设备，在上行方向，即管理报文从 AP 经过交换机至 AC 方向，管理报文首先通过 AP 设备封装至 CAPWAP 报文中，然后 AP 将此报文发送至交换机，交换机收到此报文会标记 CAPWAP 报文中的管理 VLAN，再通过交换机出端口发送至上层 AC 设备，最后 AC 设备收

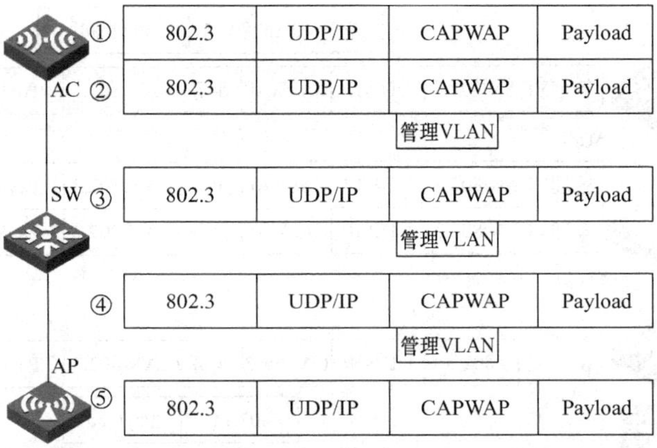

图 5-1　管理报文在 CAPWAP 隧道中的处理流程

到此报文后，将 CAPWAP 报文进行解封装，并且标记终结此管理 VLAN；在下行方向，即管理报文从 AC 经过交换机发送至 AP 方向，管理报文首先由 AC 设备封装至 CAPWAP 报文中，并且标记此管理 VLAN，然后发送给交换机，交换机收到此报文后，终结此管理 VLAN，发送 CAPWAP 报文给 AP 设备，最后 AP 设备收到 CAPWAP 报文进行解封装处理。

业务 VLAN 直接转发如图 5-2 所示。

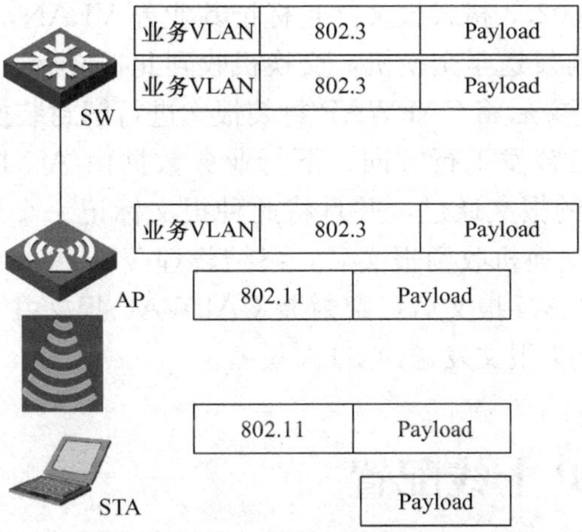

图 5-2　业务 VLAN 直接转发

从图 5-2 中可以看出，交换机下接 AP 设备，AP 设备释放 WLAN 信号，无线终端 STA 通过 WLAN 信号连接至网络中，图中用户业务数据报文，即业务 VLAN 采用的是不经过 CAPWAP 隧道封装的直接转发模式，对于上行方向，STA 设备发送 802.11 格式的 Payload 数据报文至 AP 设备，AP 设备收到此用户业务数据报文会直接转换为 802.3 报文并标记业务 VLAN，然后向目的地发送即通过交换机发送至目的地，完成用户业务数据直接转发模式这一过程；而对于业务 VLAN 下行方向，下行业务数据以 802.3 格式报文发送到 AP 设备，再由 AP 设备转换 802.11 格式的报文发送给 STA 终端。

业务 VLAN 隧道转发如图 5-3 所示。

从图 5-3 中可以看出，AC 下接交换机，通过交换机连接 AP 设备，此拓扑图描述的是

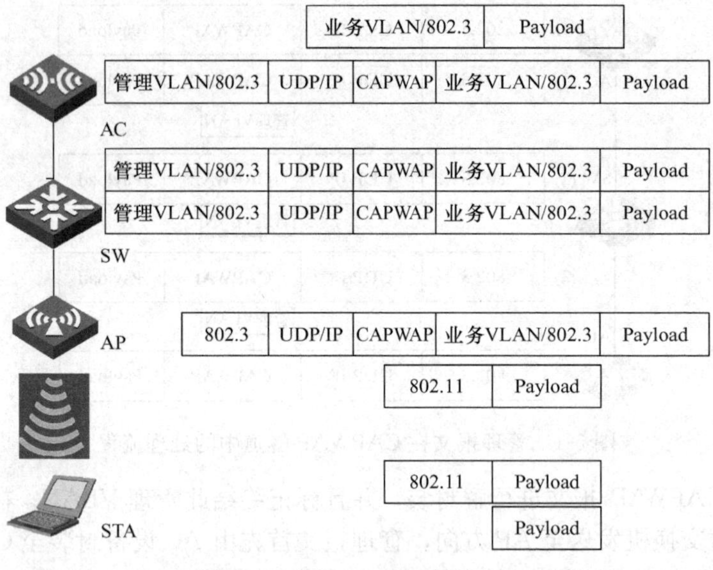

图 5-3　业务 VLAN 隧道转发

业务 VLAN 经过 CAPWAP 封装，在 CAPWAP 数据隧道中进行传输的过程。

对于业务 VLAN 隧道转发上行方向，AP 收到 STA 发来的 802.11 格式的上行业务数据，经由 AP 直接转换为 802.3 格式报文并且标记其业务 VLAN，然后 AP 封装上行业务数据到 CAPWAP 报文中，再发送至交换机，交换机收到此报文后，标记管理 VLAN，最后发送至 AC 设备，AC 收到报文后将 CAPWAP 封装报文进行解封装操作并且终结管理 VLAN。

对于业务 VLAN 隧道转发下行方向，下行业务数据由 AC 封装到 CAPWAP 报文中，AC 允许携带业务 VLAN 的报文通过，并且将此种报文标记一个外层管理 VLAN，然后将此种报文发送至交换机，交换机收到报文后，终结管理 VLAN，发送至 AP 设备，最后 AP 接收到没有外层的管理 VLAN 报文后，解封装 CAPWAP 报文并且终结业务 VLAN，同时将 802.3 报文转换为 802.11 报文发送给 STA 设备。

5.2　二层组网 AP 上线配置

5.2.1　WLAN 二层组网拓扑

WLAN 二层组网拓扑如图 5-4 所示。

数据规划如下：

管理 VLAN 为 VLAN 10，管理 IP 地址为 192.168.10.1/24。

该组网拓扑中 AC 除了有管理 AP 的功能之外，还作为 DHCP 服务器给 AP 分配 IP 地址，由于这里实现二层组网配置，所以不需要配置 option 字段。

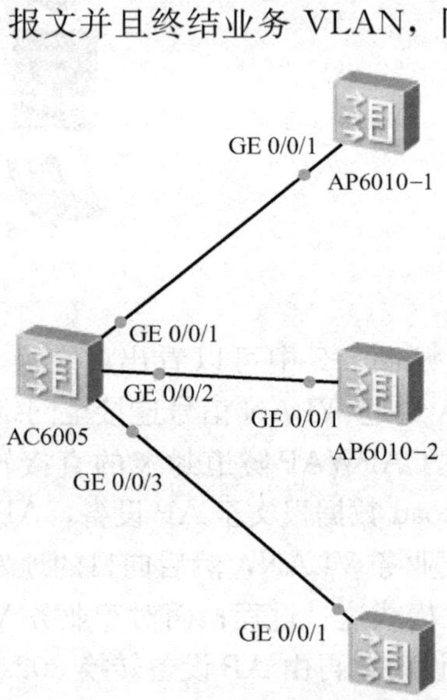

图 5-4　WLAN 二层组网拓扑

5.2.2 实验配置

AC6005 侧数据配置如下：

```
<AC6005>system-view                         //进入系统视图
[AC6005]vlan 10                             //创建 VLAN 10
[AC6005-vlan10] quit
[AC6005]interface Vlanif 10                 //创建三层端口 VLAN 10
[AC6005-Vlanif10]ip address 192.168.10.1 24 //配置三层端口 IP 地址
[AC6005-Vlanif10] quit
[AC6005]dhcp enable                         //打开 DHCP 功能
[AC6005]interface Vlanif 10                 //进入三层端口 VLAN 10
[AC6005-Vlanif10]dhcp select interface      //从此三层端口 VLANIF 10 获取 IP 地址
[AC6005-Vlanif10] quit
[AC6005]interface GigabitEthernet 0/0/1     //进入 GE0/0/1 端口
[AC6005-GigabitEthernet0/0/1]port link-type trunk  //配置端口类型为 Trunk
[AC6005-GigabitEthernet0/0/1]port trunk allow-pass vlan 10  //允许 VLAN 10 通过
[AC6005-GigabitEthernet0/0/1]port trunk pvid vlan 10  //配置端口默认 VLAN 为 10
[AC6005-GigabitEthernet0/0/1] quit
[AC6005] interface GigabitEthernet 0/0/2
[AC6005-GigabitEthernet0/0/2]port link-type trunk  //配置端口类型为 Trunk
[AC6005-GigabitEthernet0/0/2]port trunk allow-pass vlan 10  //允许 VLAN 10 通过
[AC6005-GigabitEthernet0/0/2]port trunk pvid vlan 10  //配置端口默认 VLAN 为 10
[AC6005-GigabitEthernet0/0/2] quit
[AC6005] interface GigabitEthernet 0/0/3
[AC6005-GigabitEthernet0/0/3]port link-type trunk  //配置端口类型为 Trunk
[AC6005-GigabitEthernet0/0/3]port trunk allow-pass vlan 10  //允许 VLAN 10 通过
[AC6005-GigabitEthernet0/0/3]port trunk pvid vlan 10 //配置端口默认 VLAN 为 10
[AC6005-GigabitEthernet0/0/3]quit
[AC6005]
[AC6005] wlan
[AC6005-wlan-view]wlan ac source interface Vlanif 10  //指定 WLAN 源 IP 地址
[AC6005-wlan-view]
```

配置完成 DHCP 功能之后，可以采用“display ip pool interface Vlanif 10”来查询 AC 作为 DHCP 服务器，是否给 AP 设备分配了 IP 地址，如下所示：

```
[AC6005-wlan-view] display ip pool interface Vlanif10
Pool-name      : Vlanif10
Pool-No        : 0
Lease          : 1 Days 0 Hours 0 Minutes
```

```
Domain-name         :
DNS-server0         :
NBNS-server0        :
Netbios-type        :
Position            : Interface    Status              : Unlocked
Gateway-0           : 192.168.10.1
Mask                : 255.255.255.0
VPN instance        :
-------------------------------------------------------
Start         End            Total  Used    Idle(Expired)  Conflict  Disable
-------------------------------------------------------
192.168.10.1 192.168.10.254  253    3       250(0)          0         0
-------------------------------------------------------
[AC6005-wlan-view]
```

从上面斜体字可以看出AC已经为3个AP分配了IP地址，但是如果使用“display ap all”查询命令，会看不到上线的AP设备，这是因为默认情况下，华为的AC使用了MAC地址来对AP进行上线认证，所以现在还看不到AP，但是可以通过“display arp”看到AP的MAC地址信息。“display ap all”命令如下所示：

[AC6005-wlan-view] display ap all

```
All AP information (Normal-0, UnNormal-0):
-------------------------------------------------------
AP ID   AP Type   AP MAC    Profile ID/Region    AP State      AP Sysname
-------------------------------------------------------
Total number: 0
[AC6005-wlan-view] display arp
IP ADDRESS    MAC ADDRESS    EXPIRE (M) TYPE    INTERFACE VPN-IN-
STANCE        VLAN/CEVLAN PVC
-------------------------------------------------------
192.168.10.1      00e0-fce8-465f          I-              Vlanif10
192.168.10.252    00e0-fc12-5120 20  D-0      GE0/0/3      10/-
192.168.10.253    00e0-fc8c-3880 20  D-0      GE0/0/1      10/-
192.168.10.254    00e0-fcec-0470 20  D-0      GE0/0/2      10/-
-------------------------------------------------------
Total: 4      Dynamic: 3       Static: 0      Interface: 1
[AC6005-wlan-view]
```

通过“display unauthorized-ap record”命令来查看没有通过认证的AP列表，如下所示：

```
[AC6005-wlan-view] display unauthorized-ap record
Unauthorized AP record:
Total number: 3
----------------------------------------
AP type: AP6010DN-AGN
AP Sn: 210235448310B3027949
AP mac address: 00e0-fc8c-3880
AP ip address: 192.168.10.253
Record time:2016-07-30 10:01:39
----------------------------------------
AP type: AP6010DN-AGN
AP Sn: 210235448310263DD941
AP mac address: 00e0-fcec-0470
AP ip address: 192.168.10.254
Record time: 2016-07-30 10:01:20
----------------------------------------
AP type: AP6010DN-AGN
AP Sn: 210235448310705DFE53
AP mac address: 00e0-fc12-5120
AP ip address: 192.168.10.252
Record time: 2016-07-30 10:01:17
----------------------------------------
[AC6005-wlan-view]
```

通过上面斜体字，我们可以看出 AP 设备的类型（AP6010DN-AGN）、AP 的 MAC 信息以及 AC 给予每台 AP 设备分配的 IP 地址信息。接着我们可以通过 AP 确认命令来确认 AP 上线，如下所示：

```
[AC6005-wlan-view]ap-confirm all                //确认所有 AP 上线
Info: Confirm AP completely. Success count: 3. Failure count: 0.
[AC6005-wlan-view] display AP all
All AP information (Normal-2, UnNormal-1):
----------------------------------------
AP ID   AP Type   AP MAC   Profile ID/Region   AP State   AP Sysname
----------------------------------------
0   AP6010DN-AGN   00e0-fcec-0470   0/0   normal   ap-0
1   AP6010DN-AGN   00e0-fc8c-3880   0/0   normal   ap-1
2   AP6010DN-AGN   00e0-fc12-5120   0/0   normal   ap-2
----------------------------------------
Total number: 3
[AC6005-wlan-view]
```

5.2.3 实验结果与补充

通过上面的实验操作，我们知道了如何在 WLAN 二层组网环境下，配置相应的命令使得 AP 上线，那么如果在某些情况下，我们已经知道了无线控制器 AP 的 MAC 地址或者 SN 号，也可以通过如下命令，使得 AP 上线。

```
[AC6005]wlan
[AC6005-wlan-view]wlan ac source interface vlanif10
[AC6005-wlan-view]ap id 0 type-id 19 mac 00e0-fc8c-3880 sn 210235448310B3027949
[AC6005-wlan-view]ap id 1 type-id 19 mac 00e0-fcec-0470 sn 210235448310263DD941
[AC6005-wlan-view]ap id 2 type-id 19 mac 00e0-fc12-5120 sn 210235448310705DFE53
```

在一些故障处理等特殊情况下，需要分析数据报文，比如 CAPWAP 隧道建立时交互的报文，可以使用“AP reset id X”（X 代表 AP ID 号）来重启 AP 设备，然后进行抓包分析数据，如图 5-5 所示。

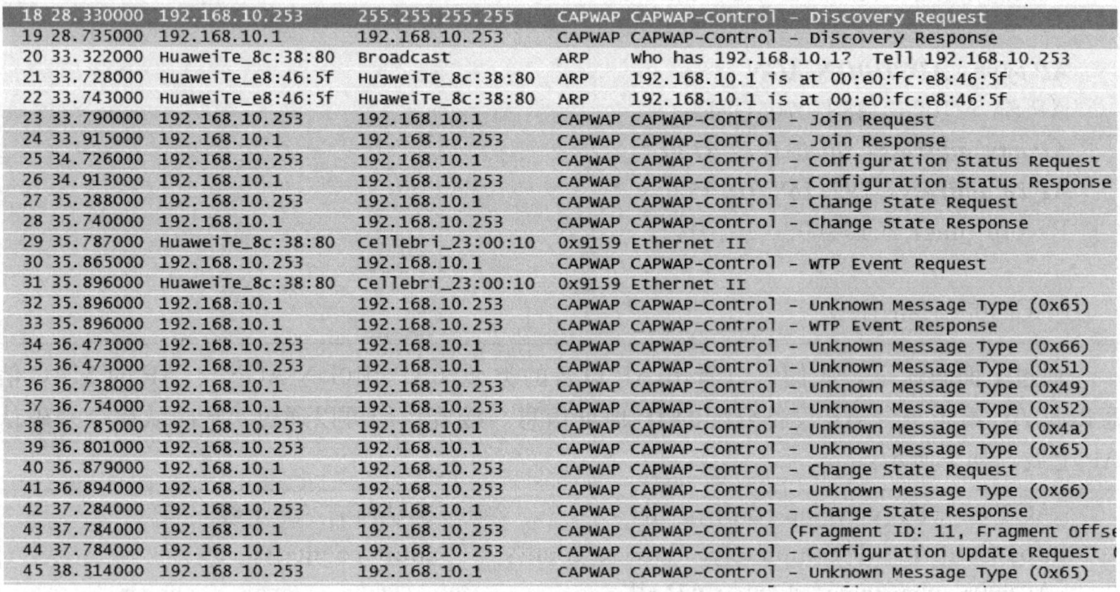

18	28.330000	192.168.10.253	255.255.255.255	CAPWAP	CAPWAP-Control - Discovery Request
19	28.735000	192.168.10.1	192.168.10.253	CAPWAP	CAPWAP-Control - Discovery Response
20	33.322000	HuaweiTe_8c:38:80	Broadcast	ARP	Who has 192.168.10.1? Tell 192.168.10.253
21	33.728000	HuaweiTe_e8:46:5f	HuaweiTe_8c:38:80	ARP	192.168.10.1 is at 00:e0:fc:e8:46:5f
22	33.743000	HuaweiTe_e8:46:5f	HuaweiTe_8c:38:80	ARP	192.168.10.1 is at 00:e0:fc:e8:46:5f
23	33.790000	192.168.10.253	192.168.10.1	CAPWAP	CAPWAP-Control - Join Request
24	33.915000	192.168.10.1	192.168.10.253	CAPWAP	CAPWAP-Control - Join Response
25	34.726000	192.168.10.253	192.168.10.1	CAPWAP	CAPWAP-Control - Configuration Status Request
26	34.913000	192.168.10.1	192.168.10.253	CAPWAP	CAPWAP-Control - Configuration Status Response
27	35.288000	192.168.10.253	192.168.10.1	CAPWAP	CAPWAP-Control - Change State Request
28	35.740000	192.168.10.1	192.168.10.253	CAPWAP	CAPWAP-Control - Change State Response
29	35.787000	HuaweiTe_8c:38:80	Cellebri_23:00:10	0x9159	Ethernet II
30	35.865000	192.168.10.253	192.168.10.1	CAPWAP	CAPWAP-Control - WTP Event Request
31	35.896000	HuaweiTe_8c:38:80	Cellebri_23:00:10	0x9159	Ethernet II
32	35.896000	192.168.10.1	192.168.10.253	CAPWAP	CAPWAP-Control - Unknown Message Type (0x65)
33	35.896000	192.168.10.1	192.168.10.253	CAPWAP	CAPWAP-Control - WTP Event Response
34	36.473000	192.168.10.253	192.168.10.1	CAPWAP	CAPWAP-Control - Unknown Message Type (0x66)
35	36.473000	192.168.10.253	192.168.10.1	CAPWAP	CAPWAP-Control - Unknown Message Type (0x51)
36	36.738000	192.168.10.1	192.168.10.253	CAPWAP	CAPWAP-Control - Unknown Message Type (0x49)
37	36.754000	192.168.10.1	192.168.10.253	CAPWAP	CAPWAP-Control - Unknown Message Type (0x52)
38	36.785000	192.168.10.253	192.168.10.1	CAPWAP	CAPWAP-Control - Unknown Message Type (0x4a)
39	36.801000	192.168.10.253	192.168.10.1	CAPWAP	CAPWAP-Control - Unknown Message Type (0x65)
40	36.879000	192.168.10.1	192.168.10.253	CAPWAP	CAPWAP-Control - Change State Request
41	36.894000	192.168.10.1	192.168.10.253	CAPWAP	CAPWAP-Control - Unknown Message Type (0x66)
42	37.284000	192.168.10.253	192.168.10.1	CAPWAP	CAPWAP-Control - Change State Response
43	37.784000	192.168.10.1	192.168.10.253	CAPWAP	CAPWAP-Control (Fragment ID: 11, Fragment Offse
44	37.784000	192.168.10.1	192.168.10.253	CAPWAP	CAPWAP-Control - Configuration Update Request (
45	38.314000	192.168.10.253	192.168.10.1	CAPWAP	CAPWAP-Control - Unknown Message Type (0x65)

图 5-5　CAPWAP 隧道交互部分报文

5.3 三层组网 AP 上线配置

5.3.1 WLAN 三层组网拓扑

WLAN 三层组网拓扑如图 5-6 所示。

规划数据如下：

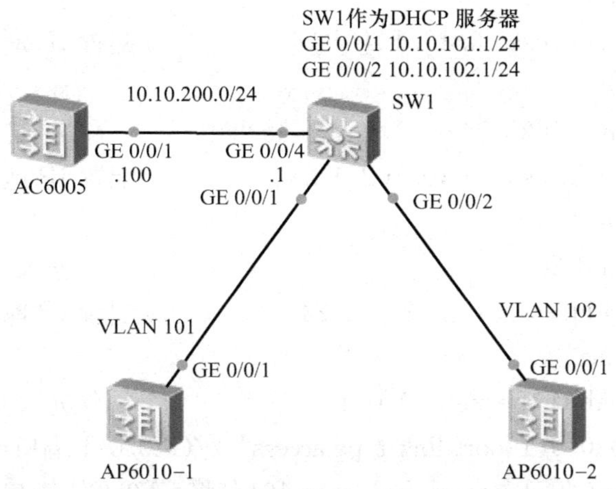

图 5-6　WLAN 三层组网拓扑

WLAN 管理 VLAN 为 VLAN 200，管理 IP 地址为 10. 10. 200. 200/24，AP6010-1 属于 VLAN 101，AP6010-2 属于 VLAN 102，SW1 作为 DHCP 服务器。这里 AC 与 AP 不在同一 VLAN 内，则 AC 与 AP 属于三层组网，那么必须配置 option 43 字段。

5. 3. 2　实验配置

1）AC 基础配置如下：

```
<AC6005>system-view                              //进入系统视图
[AC6005]vlan batch 101 102 200                   //创建 VLAN 101、102、200
Info: This operation may take a few seconds. Please wait for a moment... done.
[AC6005]interface Vlanif 200                     //进入三层端口 VLANIF 200
[AC6005-Vlanif200] ip address 10. 10. 200. 200 24    //配置三层端口 IP 地址
[AC6005-Vlanif200] quit
[AC6005] interface GigabitEthernet 0/0/1
[AC6005-GigabitEthernet0/0/1]port link-type trunk    //修改端口属性为 Trunk
[AC6005-GigabitEthernet0/0/1]port trunk allow-pass vlan 101 102 200
                                                 //允许 VLAN 101、102、200 通过
[AC6005-GigabitEthernet0/0/1] quit
[AC6005]ip route-static 0. 0. 0. 0 0. 0. 0. 0 10. 10. 200. 1
            //配置默认路由，下一跳地址为 10. 10. 200. 1，即 SW4 的 GE0/0/1 端口
[AC6005]
```

2）交换机 SW1 基础配置如下：

```
<Huawei>system-view                              //进入系统视图
Enter system view, return user view with Ctrl+Z.
[Huawei]sysname sw1                              //交换机命名为 SW1
[sw1]vlan batch 101 102 200                      //创建多个 VLAN 101、102、200
Info: This operation may take a few seconds. Please wait for a moment... done.
```

```
[sw1]interface Vlanif 101                              //进入三层端口 VLANIF 101
[sw1-Vlanif101]ip address 10.10.101.1 24          //配置 IP 地址
[sw1-Vlanif101] quit
[sw1]interface Vlanif 102                              //进入三层端口 VLANIF 102
[sw1-Vlanif102]ip address 10.10.102.1 24          //配置 IP 地址
[sw1-Vlanif102] quit
[sw1]interface Vlanif 200                              //进入三层端口 VLANIF 200
[sw1-Vlanif200]ipaddress 10.10.200.1 24           //配置 IP 地址
[sw1-Vlanif200] quit
[sw1]interface GigabitEthernet  0/0/1                  //进入 GE0/0/1 端口
[sw1-GigabitEthernet0/0/1]port link-type access   //GE0/0/1 端口属性改成 access 端口
[sw1-GigabitEthernet0/0/1]port default vlan 101//将 GE0/0/1 端口属性改成 VLAN 101
[sw1-GigabitEthernet0/0/1]stp edged-port enable //将 GE0/0/1 端口开启边缘端口能力
[sw1-GigabitEthernet0/0/1] quit
[sw1]interface GigabitEthernet 0/0/2                   //进入 GE0/0/2 端口
[sw1-GigabitEthernet0/0/2]port link-type access   //修改端口属性为 access 端口
[sw1-GigabitEthernet0/0/2]port default vlan 102   //端口默认 VLAN 修改为 102
[sw1-GigabitEthernet0/0/2]stp edged-port enable //将 GE0/0/2 端口开启边缘端口能力
[sw1-GigabitEthernet0/0/2] quit
[sw1]interface GigabitEthernet 0/0/4                   //进入 GE0/0/4 端口
[sw1-GigabitEthernet0/0/4]port link-type trunk         //修改端口属性为 Trunk 端口
[sw1-GigabitEthernet0/0/4]port trunk allow-pass vlan 101 102 200
                                                    //允许 VLAN 101、102、200 通过
[Sw1-GigabitEthernet0/0/4]
```

3）配置 AP 上线，修改 AP 认证方式如下：

```
<AC6005>system-view                                    //进入系统视图
Enter system view, return user view with Ctrl+Z.
[AC6005]wlan                                                //进入 WLAN 视图
[AC6005-wlan-view]wlan ac source interface Vlanif 200
                                           //配置 AC 指定源 IP 地址为 VLANIF 200
[AC6005-wlan-view]ap-auth-mode no-auth             //配置 AP 认证模式为不认证
[AC6005-wlan-view]
```

4）配置 SW1 交换机为 DHCP 服务器，给 AP 分配 IP 地址信息如下：

```
<sw1>system-view
Enter system view, return user view with Ctrl+Z.
[sw1]dhcp enable                                       //全局 DHCP 使能打开
Info: The operation may take a few seconds. Please wait for a moment. Done.
[sw1]interface Vlanif 101                  //进入三层端口 VLANIF 101
[sw1-Vlanif101]dhcp select interface   //从 VLANIF 101 端口 DHCP 获取 ID 地址
```

[sw1-Vlanif101]dhcp server option 43 sub-option 3 ascii 10. 10. 200. 200
//因为 AC 与 AP 不在同一网段属于三层组网，默认情况下 AP 是无法发现控制器 AC 的，这里在 AP 的网关交换机上做 DHCP 选项的配置，使用 option 43 字段来告诉 VLANIF 101 下的 AP，无线控制器 AC 的 IP 地址为 10. 10. 200. 200
[sw1-Vlanif101] quit
[sw1]interface Vlanif 102 //进入三层端口 VLANIF 102
[sw1-Vlanif102]dhcp select interface //从 VLANIF 102 端口 DHCP 获取 ID 地址
[sw1-Vlanif102]dhcp server option 43 sub-option 3 ascii 10. 10. 200. 200
//因为 AC 与 AP 不在同一网段属于三层组网，默认情况下 AP 是无法发现控制器 AC 的，这里在 AP 的网关交换机上配置 DHCP 选项，使用 option 43 字段来告诉 VLANIF 102 下的 AP，无线控制器 AC 的 IP 地址为 10. 10. 200. 200

5. 3. 3 实验结果与补充

数据配置完成后，登录无线控制器 AC 设备，使用"display ap all"命令来查询检测 AP 是否可以正常上线，如下所示：

```
<AC6005>display ap all
All AP information (Normal-2,UnNormal-0):
------------------------------------------
AP ID   AP Type   AP MAC   Profile ID/Region   AP State      AP Sysname
------------------------------------------
0     AP6010DN-AGN     00e0-fcaf-2530    0/0      normal      ap-0
1     AP6010DN-AGN     00e0-fc1c-7980    0/0      normal      ap-1
------------------------------------------
Total number: 2
<AC6005>
```

可以看到 AC6005 控制器上面正常上线了两台 AP6010DN - AGN 设备。

注意：如果看不到正常的 AP 上线，那么请重启 AP 设备。

拓展 1 如何在 AP 上重启 AP 设备，并且查看 AP 与 AC 建立的 CAPWAP 信息？

重启 AP 设备是可以在 AP 上进行的，命令如下：

<ap-0> reboot
System will reboot! Continue? [Y/n]: y
Info: system is rebooting, please wait...
<ap-0>

等待 AP 重启成功后，可以在 AP 上使用"display capwap link state"命令与"display capwap link-detailed-info linkid 0"命令进行查询，数据查询结果如下：

```
<Huawei> display capwap link state
--------------------------------------------------------------------
LINK ID    AP IPAddr    AP CPort    AP DPort    InIf Index    FSM State
--------------------------------------------------------------------
0          10.10.102.254    49773    49774        0        JOIN
--------------------------------------------------------------------
<ap-0> display capwap link state
--------------------------------------------------------------------
LINK ID    AP IPAddr    AP CPort    AP DPort    InIf Index    FSM State
--------------------------------------------------------------------
0          10.10.102.254     49773       49774    0        RUN
--------------------------------------------------------------------
<ap-0> display capwap link-detailed-info linkid 0
--------------------------------------------------------------------
LinkID          : 0
AP State        : RUN
IP VERSION      : 4
AP IPAddr       : 10.10.102.254
AC IPAddr       : 10.10.200.200
AP ControlPort  : 49773
AP DataPort     : 49774
AP Type         : AP6010DN-AGN
AP Macaddress: 00e0-fcaf-2530
AP Sn           : 2102354483103E42A025
AP DataFwdMode: 0
AP InIfIndex     : 0
AP LastState: DATA_CHECK
AP SessionID: affce000-fd363025-b29c619a-2e71a49a
Sesstion timer: 0
DataCheckTimer timer: 0
EchoIntervalTimer timer: 14
Reset Timer timer: 0
KeepAliveTimer timer: 0
Dtls state: 0
DiscoveryTimer timer: 20
RevertiveTimer timer: 0
Active LinkId: 0
Primary LinkId: 0
```

```
Config Flag: 0
Start ProtectLink: 0
Double Link Switch: 0
Discovery times: 0
TearDown times: 2
AC Num: 1
AC MAC: 00e0-fc47-4093
-----------------------------------------------
<ap-0>
```

拓展2　如何查看AP的基础信息？

可以在AP设备上，使用“display system-information”命令来查询AP的基础信息，如下：

```
<ap-0> display system-information
System Information
==================================================
Serial Number               : 2102354483103E42A025
System Time                 : 2033-03-16 05:11:17
System Up time              : 0:09
System Name                 : ap-0
Country Code                : CN
MAC Address                 : 00:e0: fc: AF: 25:30
Radio 2.4GHz MAC Address: 00:e0: fc: AF: 25:30
Radio 5GHz MAC Address      : 00:e0: fc: AF: 25:40
IP Address                  : 10.10.102.254
Subnet Mask                 : 255.255.255.0
Default Gateway             : 10.10.102.1
Management VLAN ID (AP)     : 1
IP MODE                     : dhcp
Slot Status                 : Dual band (an/bgn)
AP Type                     : AP6010DN-AGN
Board Type                  : AP6010DN
Board Serial Number         :
Board Bom Version           : 0
Boot Rom Version            : -
Software Version            : V200R003C00
Hardware Version            : H86D2TD1D200 VER. A
```

```
Telnet Access          : Enable
User Name              : admin
=======================================================
<ap-0>
```

拓展3　对于二层组网方式与三层组网方式，AP上线有什么区别？

二层组网AP上线是通过广播方式发现AC，而三层组网AP上线主要分为两种方式，一种是option 43方式，AP在获取IP地址的同时获取了AC的IP地址，然后再通过单播的方式来发现AC；第二种方式是DNS方式，AP在获取自身IP的同时也获取DNS服务器的IP地址和AC的域名，然后AP再向DNS服务器请求解析AC域名，从而获得AC的IP地址，通过单播的方式来发现AC。

5.4 WLAN配置示例

5.4.1 直连二层组网直接转发拓扑

WLAN直连二层组网直接转发如图5-7所示。

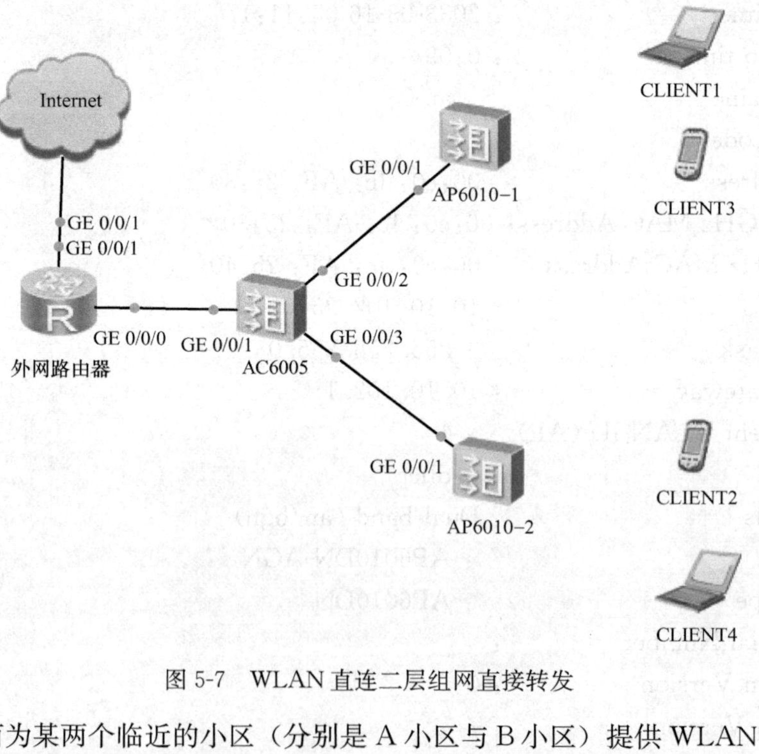

图5-7　WLAN直连二层组网直接转发

网络供应商为某两个临近的小区（分别是A小区与B小区）提供WLAN上网业务，现将AP6010－1设备部署在A小区内，AP6010－2设备部署在B小区内，组网图如图5-7所示，从图中可以看出，这里AC6005无线控制器采用直接组网，连接外网路由器，而路由器连接到因特网（Internet），数据规划如表 5-1 所示。

表 5-1　WLAN 业务数据规划

规　划　项	AP6010－1 数据	AP6010－2 数据
WLAN 服务	WEP Open－System 认证，不加密	
AP 域	101	102
服务集	名称：HAXX－1 SSID：HAXX－1 WLAN 虚端口：WLAN－ESS 1 数据转发模式：直接转发	名称：HAXX－2 SSID：HAXX－2 WLAN 虚端口：WLAN－ESS 2 数据转发模式：直接转发
WLAN 管理 VLAN 与 IP	VLAN：100　IP：192.168.100.1/24	
WLAN 业务 VLAN 与 IP	VLAN：101 IP：192.168.101.1/24	VLAN：102 IP：192.168.102.1/24
AC 运营商标识（Carrier ID）/AC ID	other/1	
DHCP 服务器	AC6005	
AC 与路由器相连端口的 VLAN 与 IP	VLAN：200 IP：200.200.10.1/24	
外网路由器名称与 IP	AR1 IP：200.200.10.2/24	
外网端口 IP 地址	IP：100.100.100.100/24	

5.4.2　实验配置

根据 5.4.1 中的拓扑、任务需求及数据规划，在 AC6005 侧进行如下数据配置：

1. AP 二层上线配置与 DHCP 数据配置

```
<AC6005>system-view                           //进入系统视图
Enter system view, return user view with Ctrl+Z.
[AC6005]vlan batch 100 to 102                //批量创建 VLAN 100 101 102
Info: This operation may take a few seconds. Please wait for a moment... done.
[AC6005]dhcp enable                           //全局打开 DHCP 服务功能
Info: The operation may take a few seconds. Please wait for a moment. Done.
[AC6005]interface Vlanif 100                  //进入三层端口 VLANIF 100
[AC6005-Vlanif100]ip address 192.168.100.1 24  //配置 IP 地址
[AC6005-Vlanif100]dhcp select interface      //配置从端口获取 DHCP IP 地址
[AC6005-Vlanif100] quit
[AC6005]interface Vlanif 101                  //进入三层端口 VLANIF 101
[AC6005-Vlanif101]ip address 192.168.101.1 24  //配置 IP 地址
[AC6005-Vlanif101]dhcp select interface      //配置从端口获取 DHCP IP 地址
[AC6005-Vlanif101]dhcp server dns-list 8.8.8.8  //配置 DHCP 服务器 DNS 地址信息
[AC6005-Vlanif101] quit
[AC6005]interface Vlanif 102                      //进入三层端口 VLANIF 102
[AC6005-Vlanif102]ip address 192.168.102.1 24 //配置 IP 地址
```

```
[AC6005-Vlanif102]dhcp select interface        //配置从端口获取 DHCP IP 地址
[AC6005-Vlanif102]dhcp server dns-list 8.8.8.8     //配置 DHCP 服务器 DNS 地址信息
[AC6005-Vlanif102] quit
[AC6005]interface GigabitEthernet 0/0/2            //进入 GE0/0/2 端口
[AC6005-GigabitEthernet0/0/2]port link-type trunk //配置端口属性为 Trunk
[AC6005-GigabitEthernet0/0/2]port trunk pvid vlan 100 //配置端口默认 VLAN 为 100
[AC6005-GigabitEthernet0/0/2]port trunk allow-pass vlan 100 101
                                                 //配置此端口允许 VLAN 100、101 通过
[AC6005-GigabitEthernet0/0/2] quit
[AC6005]interface GigabitEthernet 0/0/3            //进入 GE0/0/3 端口
[AC6005-GigabitEthernet0/0/3]port link-type trunk //配置端口属性为 Trunk
[AC6005-GigabitEthernet0/0/3]port trunk pvid vlan 100  //配置端口默认 VLAN 为 100
[AC6005-GigabitEthernet0/0/3]port trunk allow-pass vlan 100 102
                                                 //配置此端口允许 VLAN 100、102 通过
[AC6005-GigabitEthernet0/0/3] quit
[AC6005]
```

2. AC6005 至外网路由配置

```
[AC6005]vlan 200   //创建 VLAN 200
[AC6005-vlan200] quit
[AC6005]interface Vlanif 200   //进入三层端口 VLANIF 200
[AC6005-Vlanif200]ip address 200.200.10.1 24   //配置 IP 地址
[AC6005-Vlanif200] quit
[AC6005]interface GigabitEthernet 0/0/1            //进入 GE0/0/1 端口
[AC6005-GigabitEthernet0/0/1]port link-type access //配置端口属性为 Access
[AC6005-GigabitEthernet0/0/1]port default vlan 200  //配置端口默认 VLAN 为 200
[AC6005]ospf 1 router-id 1.1.1.1  //配置 OSPF 协议进程 1 路由标识 1.1.1.1
[AC6005-ospf-1]area 0              //进入 OSPF 协议进程 1 区域 0 内
[AC6005-ospf-1-area-0.0.0.0]network 200.200.10.1 0.0.0.0
        //宣告 200.200.10.1 地址信息至 OSPF 进程 1 区域 0 网络内
[AC6005-ospf-1-area-0.0.0.0] quit
[AC6005-ospf-1]area 1              //进入 OSPF 协议进程 1 区域 1 内
[AC6005-ospf-1-area-0.0.0.1]network 192.168.100.1 0.0.0.0
        //宣告 192.168.100.1 地址信息至 OSPF 进程 1 区域 1 网络内
[AC6005-ospf-1-area-0.0.0.1]network 192.168.101.1 0.0.0.0
        //宣告 192.168.101.1 地址信息至 OSPF 进程 1 区域 1 网络内
[AC6005-ospf-1-area-0.0.0.1]network 192.168.102.1 0.0.0.0
        //宣告 192.168.102.1 地址信息至 OSPF 进程 1 区域 1 网络内
[AC6005-ospf-1-area-0.0.0.1] quit
[AC6005-ospf-1] quit
```

3. 外网路由器配置

```
<Huawei>system-view                                      //进入系统视图
Enter system view, return user view with Ctrl+Z.
[Huawei]sysname AR1                                      //修改外网路由器名称为 AR1
[AR1]interface GigabitEthernet 0/0/0                     //进入 GE0/0/0 端口
[AR1-GigabitEthernet0/0/0]ip address 200.200.10.2 24     //配置 IP 地址
[AR1-GigabitEthernet0/0/0] quit
[AR1]interface GigabitEthernet 0/0/1                     //进入 GE0/0/1 端口
[AR1-GigabitEthernet0/0/1]ip address 100.100.100.100 24  //配置外网 IP 地址
[AR1-GigabitEthernet0/0/1] quit
[AR1]ospf 1 router-id 2.2.2.2  //配置 OSPF 协议进程 1 路由标识 2.2.2.2
Info: Theconfiguration succeeded. You need to restart the OSPF process to validate the new router ID.
[AR1-ospf-1]default-route-advertise always
        //配置宣告一条默认路由至此 OSPF 进程 1 内
[AR1-ospf-1]area 0//进入 OSPF 协议进程 1 区域 0 内
[AR1-ospf-1-area-0.0.0.0]network 200.200.10.2 0.0.0.0
        //宣告 200.200.10.2 地址信息至 OSPF 进程 1 区域 0 网络内
[AR1-ospf-1-area-0.0.0.0] quit
[AR1-ospf-1] quit
[AR1]
```

配置完成后，我们可以使用“display ospf peer brief”查询命令，查询 OSPF 邻接关系是否建立正常，如下所示：

```
[AR1] display ospf peer brief
OSPF Process 1 with Router ID 200.200.10.2
Peer Statistic Information
------------------------------------------------------------
Area Id    Interface                  Neighbor id    State
0.0.0.0    GigabitEthernet0/0/0       1.1.1.1        Full
------------------------------------------------------------
[AR1]
```

如果 State 状态显示是 Full 状态，那么 OSPF 邻接关系建立正常。

4. AC6005WLAN 业务配置

```
<AC6005>system-view                                      //进入系统视图
Enter system view, return user view with Ctrl+Z.
[AC6005]wlan ac-global ac id 1 carrier id other  //配置运营商标识与 ID，这里配置的
                                                   是其他运营商或者企业，ID 为 1
```

```
[AC6005]wlan ac-global country-code CN          //配置国家代码
Info：The current country code is same with the input country code.
[AC6005]wlan                                    //进入 WLAN 视图
[AC6005-wlan-view]wlan ac sourceinterface Vlanif  100 //配置 AC 指定源端口 IP 地址为
                                                  VLANIF 100 端口 IP 地址
[AC6005-wlan-view]ap-region id 101              //配置 AP 域 ID 为 101
[AC6005-wlan-ap-region-101] quit
[AC6005-wlan-view]ap-region id 102              //配置 AP 域 ID 为 102
[AC6005-wlan-ap-region-102] quit
[AC6005-wlan-view]ap-auth-mode no-auth          //配置 AP 上线方式为不认证
[AC6005-wlan-view] quit
[AC6005]display ap all                          //查询 AP 上线信息
```

```
All AP information (Normal-2, UnNormal-0):
------------------------------------------------
AP ID   AP Type   AP MAC   Profile ID/Region   AP State   AP Sysname
------------------------------------------------
0 AP6010DN-AGN    00e0-fc8d-0320   0/0   normal   ap-0
1 AP6010DN-AGN    00e0-fc21-64d0   0/0   normal   ap-1
------------------------------------------------
Total number: 2
```

```
[AC6005]
[AC6005] wlan
[AC6005-wlan-view]ap id 0              //进入 AP ID 为 0 的设备视图下
[AC6005-wlan-ap-0]region-id 101        //将 AP ID 为 0 的设备加入区域 101 内
[AC6005-wlan-ap-0] quit
[AC6005-wlan-view]ap id 1              //进入 AP ID 为 1 的设备视图下
[AC6005-wlan-ap-1]region-id 102        //将 AP ID 为 1 的设备加入区域 102 内
[AC6005-wlan-ap-1] quit
[AC6005-wlan-view]wmm-profile name wmm-1 id 1 //创建 WMM 模板，采用默认配置
                                               的射频模板
[AC6005-wlan-wmm-prof-wmm-1] quit
[AC6005-wlan-view]
[AC6005-wlan-view]radio-profile name radio      //创建射频模板名称为 radio
[AC6005-wlan-radio-prof-radio]wmm-profile name wmm-1 //绑定 WMM 模板
[AC6005-wlan-radio-prof-radio] quit
[AC6005-wlan-view]ap 0 radio 0   //进入 AP 号为 0 设备的 2.4GHz 天线视图下
[AC6005-wlan-radio-0/0]radio-profile name radio //将此天线绑定射频模板为 radio
Warning：Modify the Radio type may cause some parameters of Radio resume default
value，are you sure to continue? [Y/N]：y
```

```
[AC6005-wlan-radio-0/0] quit
[AC6005-wlan-view]ap 1 radio 0     //进入 AP 号为 1 设备的 2.4GHz 天线视图下
[AC6005-wlan-radio-1/0]radio-profile name radio //将此天线绑定射频模板为 radio
Warning：Modify the Radio type may cause some parameters of Radio resume default value，are you sure to continue? [Y/N]：y
[AC6005-wlan-radio-1/0] quit
[AC6005-wlan-view]security-profile name security //创建安全模板名称为 security
[AC6005-wlan-sec-prof-security]wep authentication-method open-system
        //配置安全模板为开放式认证，数据不加密
[AC6005-wlan-sec-prof-security] security-policy wep
[AC6005-wlan-sec-prof-security] quit
[AC6005-wlan-view]traffic-profile name traffic //创建流量模板名称为 traffic，采用默认
                                                  流量模板配置
[AC6005-wlan-traffic-prof-traffic] quit
[AC6005-wlan-view] quit
[AC6005]interface Wlan-Ess 1 //创建 WLAN-ESS 号为 1 的虚端口
[AC6005-Wlan-Ess1]port hybrid pvid vlan 101 //配置此端口默认 VLAN 为 101
[AC6005-Wlan-Ess1]port hybrid untagged vlan 101 //允许此端口不带标签 VLAN 101
                                                     通过
[AC6005-Wlan-Ess1] quit
[AC6005]interface Wlan-Ess 2                    //创建 WLAN-ESS 号为 2 的虚端口
[AC6005-Wlan-Ess2]port hybrid pvid vlan 102 //配置此端口默认 VLAN 为 102
[AC6005-Wlan-Ess2]porthybrid untagged vlan 102 //允许此端口不带标签 VLAN 102
                                                   通过
[AC6005-Wlan-Ess2]
[AC6005-wlan-view]service-set name HAXX-1   //创建服务集名称为 HAXX-1
[AC6005-wlan-service-set-HAXX-1]ssid HAXX-1 //创建 SSID 标识为 HAXX-1
[AC6005-wlan-service-set-HAXX-1]traffic-profile name traffic //绑定流量模板
[AC6005-wlan-service-set-HAXX-1]security-profile name security//绑定安全模板
[AC6005-wlan-service-set-HAXX-1]wlan-ess 1 //绑定 WLAN-ESS 虚端口
[AC6005-wlan-service-set-HAXX-1]service-vlan 101 //配置服务侧 VLAN 为 101
Info：This action may cause service interruption if youdon't execute commit command.
[AC6005-wlan-service-set-HAXX-1]forward-mode direct-forward
        //配置数据转发模式为直接转发
[AC6005-wlan-service-set-HAXX-1] quit
[AC6005-wlan-view]service-set name HAXX-2//创建服务集名称为 HAXX-2
[AC6005-wlan-service-set-HAXX-2]ssid HAXX-2 //创建 SSID 标识为 HAXX-2
[AC6005-wlan-service-set-HAXX-2]traffic-profile name traffic  //绑定流量模板
[AC6005-wlan-service-set-HAXX-2]security-profile name security //绑定安全模板
[AC6005-wlan-service-set-HAXX-2]wlan-ess 2 //绑定 WLAN-ESS 虚端口
```

```
[AC6005-wlan-service-set-HAXX-2]service-vlan 102 //配置服务侧 VLAN 为 102
Info: This action may cause service interruption if you don't execute commit command.
[AC6005-wlan-service-set-HAXX-2]forward-mode direct-forward
        //配置数据转发模式为直接转发
[AC6005-wlan-service-set-HAXX-2] quit
[AC6005-wlan-view]ap 0 radio 0 //进入 AP 号为 0 的 2.4GHz 天线视图下
[AC6005-wlan-radio-0/0]service-set name HAXX-1 //引用服务集名称为 HAXX-1
[AC6005-wlan-radio-0/0] quit
[AC6005-wlan-view]ap 1 radio 0 //进入 AP 号为 1 的 2.4GHz 天线视图下
[AC6005-wlan-radio-1/0]service-set name HAXX-2 //引用服务集名称为 HAXX-2
[AC6005-wlan-radio-1/0] quit
[AC6005-wlan-view]commit all //确认下发 AC 所有 AP 数据配置至 AP 上,这里瘦 AP
                  是零配置
Warning: Committing configuration may cause service interruption, continue? [Y/N] y
[AC6005-wlan-view] quit
[AC6005]
```

5.4.3 实验结果与补充

数据配置完成后，AP6010 设备会释放 WLAN 信号，如图 5-8 所示。

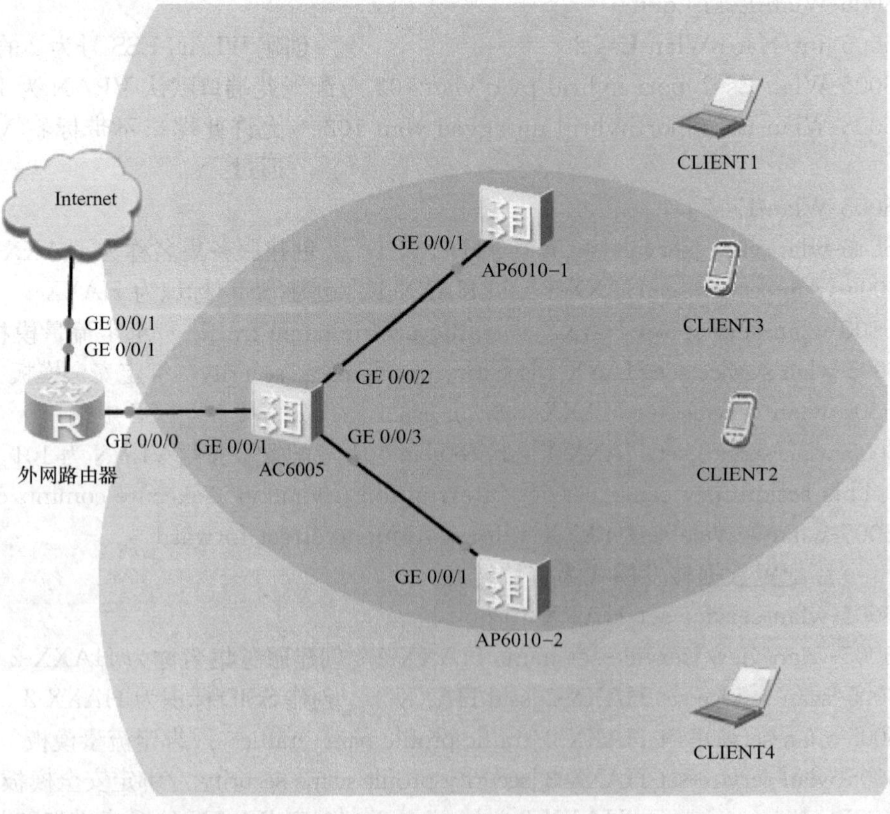

图 5-8 WLAN 数据配置完成示意图

从图中可以发现 WLAN 数据配置完成后，AP 设备会围绕 AP 释放 WLAN 信号，并且 CLIENT2 与 CLIENT3 存在 AP6010-1 与 AP6010-2 信号重叠区域，那么打开 CLIENT2 与 CLIENT3，会发现 CLIENT2 与 CLIENT3 可以接收到两个 SSID，一个是 HAXX-1 还有一个是 HXAA-2，如图 5-9 与图 5-10 所示。

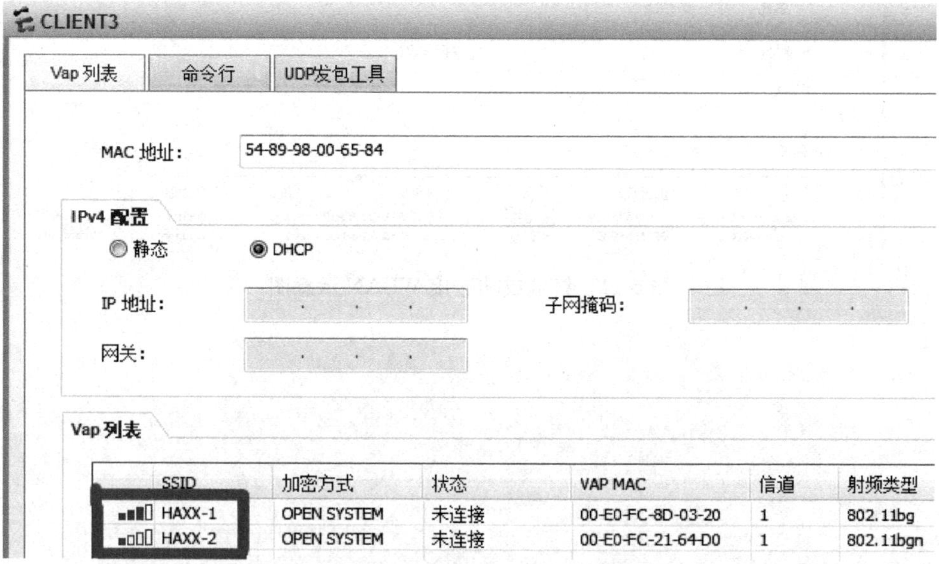

图 5-9　CLIENT3 的 WLAN 信号

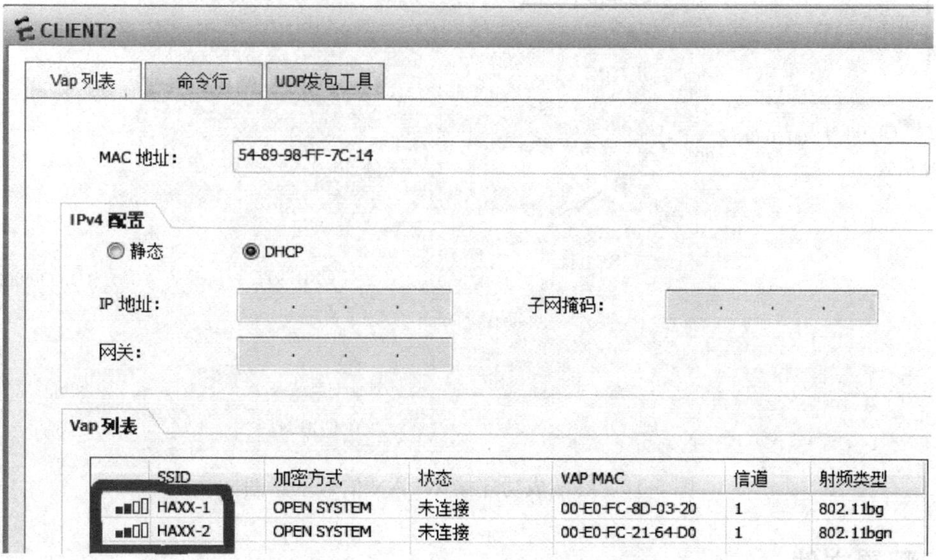

图 5-10　CLIENT2 的 WLAN 信号

因为本实验配置 WLAN 用户数据认证为不认证，所以终端用户接收到 WLAN 信号，就可以直接连接，如图 5-11 与图 5-12 所示。

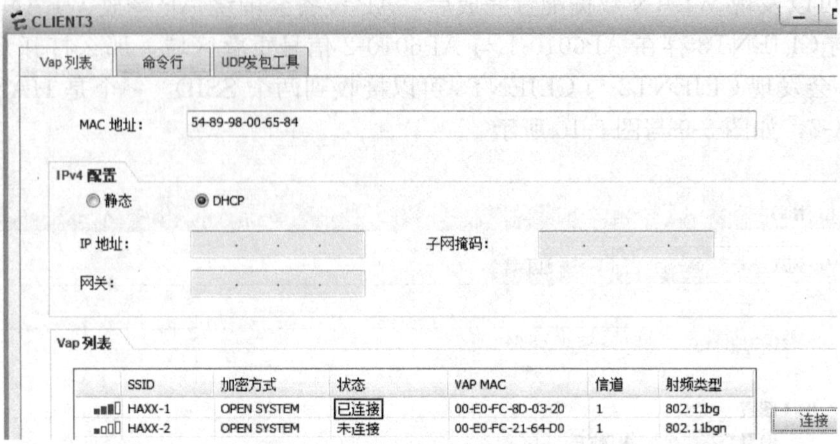

图 5-11　终端成功连接 WLAN 示意图

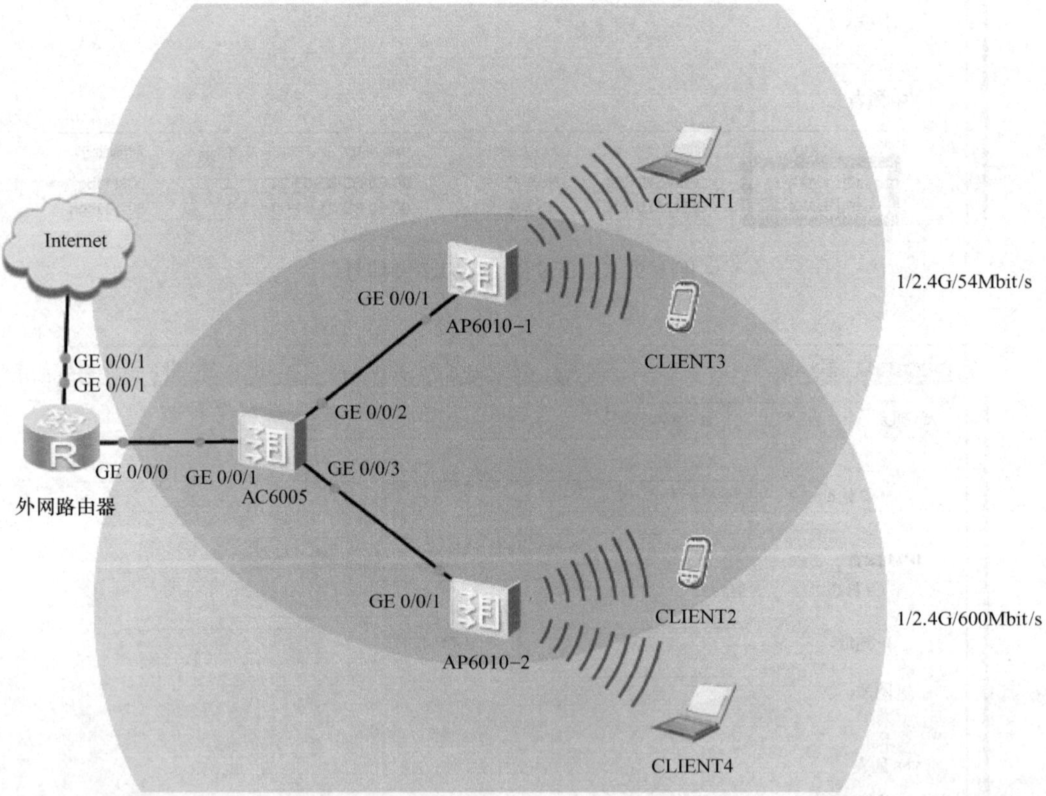

图 5-12　终端成功连接 WLAN 信号示意图

5.4.4　配置文件

1．AC6005 侧数据配置

<AC6005>display current-configuration

Vlan batch 100 to 102 200

```
Wlan ac-global carrier id other ac id 1
Dhcp enable
InterfaceVlanif100
ip address 192.168.100.1 255.255.255.0
dhcp select interface
interface Vlanif101
ip address 192.168.101.1 255.255.255.0
dhcp select interface
dhcp server dns-list 8.8.8.8
interface Vlanif102
ip address 192.168.102.1 255.255.255.0
dhcp selectinterface
dhcp server dns-list 8.8.8.8
interface Vlanif200
ip address 200.200.10.1 255.255.255.0
interface GigabitEthernet0/0/1
port link-type access
port default vlan 200
interface GigabitEthernet0/0/2
port link-type trunk
port trunk pvid vlan 100
porttrunk allow-pass vlan 100 to 101
interface GigabitEthernet0/0/3
port link-type trunk
port trunk pvid vlan 100
port trunk allow-pass vlan 100 102
interface Wlan-Ess0
interface Wlan-Ess1
port hybrid pvid vlan 101
port hybrid untagged vlan 101
interface Wlan-Ess2
port hybrid pvid vlan 102
port hybrid untagged vlan 102
ospf 1 router-id 1.1.1.1
area 0.0.0.0
network 200.200.10.1 0.0.0.0
area 0.0.0.1
network 192.168.100.1 0.0.0.0
network 192.168.101.1 0.0.0.0
```

```
network 192.168.102.1 0.0.0.0
wlan
wlan acsource interface vlanif100
ap-region id 101
ap-region id 102
ap-auth-mode no-auth
ap id 0 type-id 19 mac 00e0-fc8d-0320 sn 210235448310CE23B97D
region-id 101
ap id 1 type-id 19 mac 00e0-fc21-64d0 sn 210235448310D7744D7E
region-id 102
wmm-profile name wmm-1 id 1
traffic-profile name traffic id 0
security-profile name security id 0
service-set name HAXX-1 id 0
wlan-ess 1
ssid HAXX-1
traffic-profile id 0
security-profile id 0
service-vlan 101
service-set name HAXX-2 id 1
wlan-ess 2
ssid HAXX-2
traffic-profileid 0
security-profile id 0
service-vlan 102
radio-profile name radio id 1
wmm-profile id 1
ap 0 radio 0
radio-profile id 1
service-set id 0 wlan 1
ap 1 radio 0
radio-profile id 1
service-set id 1 wlan 1
return
<AC6005>
```

2. 外网路由器 AR1 数据配置

```
<AR1>display current-configuration
[V200R003C00]
```

```
sysname AR1
interface GigabitEthernet0/0/0
ip address 200.200.10.2 255.255.255.0
interface GigabitEthernet0/0/1
ip address 100.100.100.100 255.255.255.0
ospf 1 router-id 2.2.2.2
default-route-advertise always
area 0.0.0.0
network 200.200.10.2 0.0.0.0
return
<AR1>
```

本章小结

本章首先介绍了无线局域网主要的两种报文，一种是管理报文，一种是用户业务数据报文，然后分别学习了 WLAN 管理报文是如何在 CAPWAP 隧道中进行转发处理的，以及用户业务数据报文在直接转发模式和隧道转发模式的处理流程。

本章 5.2 节介绍了什么是二层 WLAN 组网，以及根据 WLAN 二层组网拓扑图规划网络数据，从而进行二层组网 AP 上线的数据配置，同时介绍了端口属性配置、VLAN 业务 AP 上线配置以及相应的查询命令，如"display unauthorized - ap record"查询没有通过认证的 AP 列表信息。

本章 5.3 节介绍了什么是三层 WLAN 组网，根据 WLAN 三层组网拓扑图规划网络数据，进行三层组网 AP 上线的数据配置，同时介绍了 DHCP 配置，以及如何处理看不到正常 AP 上线的方法和 AP 信息查询命令等知识。此外，还介绍了二层 WLAN 组网与三层 WLAN 组网关于 AP 上线的区别，二层组网 AP 上线是通过广播方式发现 AC 的，而三层组网 AP 上线是通过 option 43 字段或者 DNS 方式发现 AC 的。

本章 5.4 节，根据前面的课程内容，规划了一个直连二层组网直接转发拓扑，并规划了相应的数据，模拟一个实际工程中的应用场景，然后进行 WLAN 业务的数据开通配置，最后根据 AP 释放出的 WLAN 信号，进行网络连接等实际操作学习。

习题与思考

1. 什么是 WLAN 管理报文？此种报文是如何进行转发的？

2. 什么是 WLAN 的用户业务数据报文？此种报文是如何进行转发的？

3. 用户业务数据报文直接转发与隧道转发优缺点是什么？

4. WLAN 二层组网与三层组网在组网拓扑结构上有什么区别？在数据配置中又有哪些区别？

5. "display ip pool interface Vlanif10"是什么意思？用在什么情况下？

6. 默认情况下，华为 AP 设备上线采用何种认证方式？一共有哪几种？

7. 查询有没有通过 AP 认证列表，可以使用何种命令？

8. 如果采用 WLAN 三层组网，AP 是无法发现无线控制器（AC）的，那么采用何种命令可以解决这个问题？

9. 命令行“display system - information”是什么意思？

10. 查询相关技术教材，简要概括 OSPF 协议的基本原理与基本配置。

11. 根据实验室环境，按照图 5-13 所示 WLAN 二层组网拓扑图，完成组网连接，最终实现 WLAN 信号释放与无线终端用户 WLAN 业务连接，要求释放 WLAN 信号 SSID 分别是 WLAN - 1、WLAN - 2、WLAN - 3，其余 WLAN 数据规划可根据实际环境进行规划。

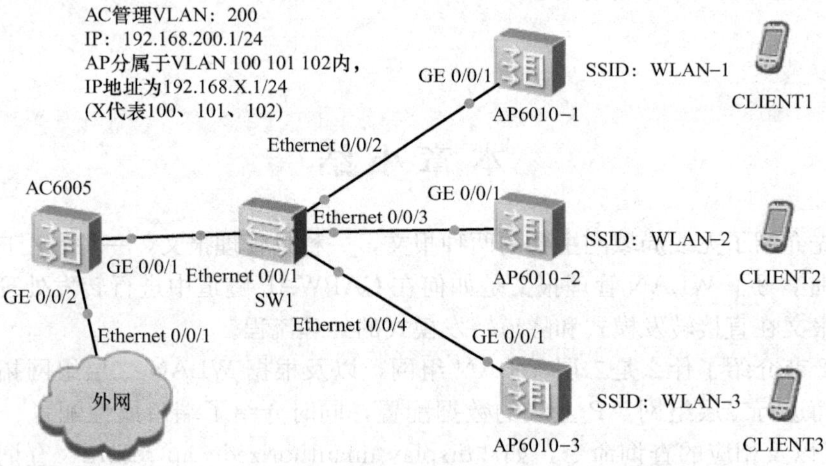

图 5-13　WLAN 二层组网拓扑图

第 6 章　WLAN 实战配置与注意事项

课程目标：

- 掌握 DHCP 基本原理
- 了解 DHCP 的重要性
- 掌握 DHCP 服务器配置方法
- 了解 DHCP option 43 字段使用场景，掌握其配置方法
- 掌握 AP 对接交换机的注意事项
- 掌握旁挂 AC 三层组网隧道转发数据规划、配置流程、配置步骤
- 掌握交换机 DHCP 服务器配置
- 掌握采用 MAC 地址认证配置 AP 上线的指令
- 掌握 OSPF 协议的简单配置
- 掌握 ACL 的基本概念
- 掌握 ACL 的基本配置

6.1　DHCP 基础知识

6.1.1　DHCP 简介

现如今，伴随着网络规模的不断扩大网络复杂度在不断地提高，计算机的数量更是越来越多，那么需要的 IP 地址数量也是急剧扩大，并且由于移动 PC、移动电话及无线网络的广泛使用，导致计算机的位置也经常变化，那么，相应的 IP 地址也必须经常更新。如何合理地为计算机等无线网络客户端分配 IP 地址、DNS 等其他信息，并有效管理这些信息呢？我们可以采用 DHCP。

动态主机配置协议（Dynamic Host Configuration Protocol，DHCP）是一种用于集中对用户 IP 地址进行动态管理和配置的技术，DHCP 采用客户端与服务器的通信模式，由客户端（DHCP Client）向服务器（DHCP Server）提出配置申请，服务器返回信息，为客户端分配的配置信息（包括 IP 地址、默认网关、DNS 服务器等参数），可以实现 IP 地址动态分配，以及其他网络参数的集中配置管理能力。

在 DHCP 组网中，主要包含三种角色，如图 6-1 所示。

从图 6-1 可以看出，要完成 DHCP 配置，那么就得了解其三种主要角色，分别是 DHCP 客户端、DHCP 中继、DHCP 服务器。

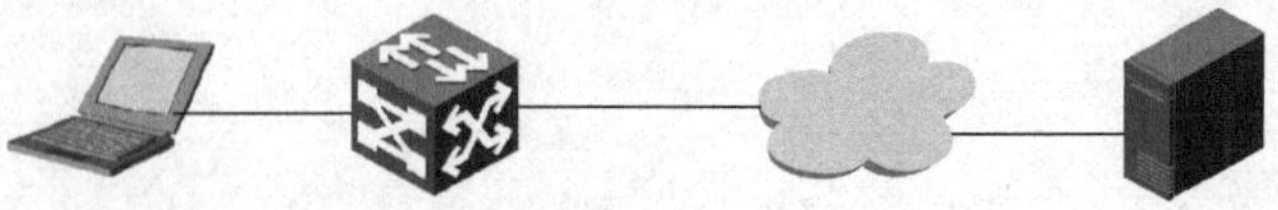

图 6-1　DHCP 三种角色

① DHCP 客户端：通过 DHCP 请求获取 IP 地址等网络参数的设备，如 IP 电话、移动 PC、手机、无盘工作站等。

② DHCP 中继：负责转发 DHCP 服务器和 DHCP 客户端之间的 DHCP 报文，协助 DHCP 服务器向 DHCP 客户端动态分配网络参数的设备，DHCP 中继在 DHCP 组网中，是可选的，如果 DHCP 客户端与 DHCP 服务器位于同一个网络内，那么 DHCP 客户端发送广播请求报文（目的 IP 地址为 255.255.255.255），DHCP 服务器是可以接收到的，但是如果 DHCP 客户端与 DHCP 服务器不在同一个网络内，DHCP 服务器就无法接收 DHCP 客户端发来的广播报文，此时，就需要 DHCP 中继的功能来进行 DHCP 报文的转发，从而实现 DHCP 服务器与 DHCP 客户端之间的 DHCP 报文的交互。

③ DHCP 服务器：主要是负责为 DHCP 客户端分配网络参数（如 IP 地址、DNS、默认网关等参数）。

6.1.2　DHCP 服务器配置

只有 AP 和无线客户端 STA 都获取相应的 IP 地址时，AP 和 STA 才可以正常上线，在实际 WLAN 工程中，一般使用 DHCP 来为 AP 和 STA 分配 IP 地址，主要有两种情况，第一，可以使用 AC 设备作为 DHCP 服务器，这种情况，适合于企业分支机构等没有设置独立的 DHCP 服务器的场景；第二，可以使用独立的一台服务器作为 DHCP 服务器，而这种情况，一般适用于大中型园区的 WLAN 网络。

为 STA 分配 IP 地址的地址池，称为业务 DHCP 地址池，而为 AP 分配 IP 地址的地址池，称为管理 DHCP 地址池，这两种地址池需要分开配置。

1. 开启 DHCP 功能

配置 DHCP 服务器功能之前，必须先在系统视图下开启 DHCP 功能，如下所示：

1）执行命令 “system-view”，进入系统视图。

2）华为设备默认情况下，DHCP 功能处于关闭状态，则需要执行 “DHCP enable”，全局开启 DHCP 功能。

2. 创建地址池

DHCP 地址池创建主要分为两种方式，一种是基于端口方式的地址池创建，一种是基于全局方式的地址池创建。

1）基于端口方式的地址池：在 DHCP 服务器与客户端相连的端口上配置 IP 地址，地址池是跟此端口地址所属同一网段的 IP 地址，且地址池中地址只能分配给此端口下的客户端，这种配置方式简单，仅适用于 DHCP 服务器与客户端在同一个网段，即不存在中继的场景。

配置步骤：

① 执行命令“system-view”，进入系统视图。

② 执行命令“interface”，进入端口视图。

③ 执行命令“ip address”，配置端口的 IP 地址。

④ 执行命令“dhcp select interface”，使能端口采用端口地址池的 DHCP 服务器功能。

2）基于全局方式的地址池：在系统视图下创建指定网段的地址池即 IP Pool，且地址池中地址可以分配给设备所有端口下的客户端，这种方式一般适用于 DHCP 服务器与 DHCP 客户端不在同一个网段内，需要 DHCP 中继设备的场景。

配置步骤：

① 执行命令“system-view”，进入系统视图。

② 执行命令“ip pool poolname”，创建地址池。

③ 使用“network”命令，配置地址池 IP 地址与掩码。

④ 执行命令“interface”，进入端口视图。

⑤ 执行命令“dhcp select global”，使能端口采用全局地址池的 DHCP 服务器功能。

6.1.3　option 43 字段配置

如果使用 AC 作为 DHCP 服务器来为 AP 分配 IP 地址，且 AC 与 AP 不在同一个网段内，也就是 WLAN 三层组网环境下，那么就需要配置 option 43 字段，来为 AP 指定 AC 的 IP 地址，否则 AP 无法发现 AC 设备，最终会导致 AP 无法在 AC 中正常上线。

在配置 option 43 字段之前，首先需要保证：

1）AP 与 DHCP 服务器之间路由可达，也就是 AP 可以获取到相应的 IP 地址。

2）AP 与 AC 之间路由可达，从而保证 AP 获取 AC 地址后，能够与 AC 交互报文信息，建立 CAPWAP 隧道。

如以 AC 的 IP 地址 192.168.100.1/24，给 AP 分配的 IP 地址为 192.168.101.1/24 为例，配置命令如下：

1）执行命令“system-view”，进入系统视图。

2）执行命令“DHCP enable”，全局开启 DHCP 功能。

3）执行命令“ip pool ip-pool-name”，创建全局地址池并进入全局地址池视图。

4）配置 IP 地址池范围，即执行命令“network 192.168.101.0 255.255.255.0”。

5）配置地址池网关，执行命令“gateway-list 192.168.101.1”。

6）执行以下命令中的任意一条，配置 option 43 字段：

① option 43 sub-option 3 ascii 192.168.100.1，其中 sub-option 3 为固定值，代表子选项类型，ascii 192.168.100.1 代表 AC 的 IP 地址，是 ASCII 格式。

② option 43 sub-option 2 ip-address 192.168.100.1，其中 sub-option 2 为固定值，代表子选项类型，ip-address 192.168.100.1 代表配置 AC 的 IP 地址信息。

③ option 43 sub-option 1 hex 3139322E3136382E3130302131，其中 sub-option 1 为固定值，代表子选项类型，Hex 3139322E3136382E3130302131 是 AC IP 地址的 Hex 格式，代表 AC 的 IP 地址 192.168.100.1。

以上三条 option 43 字段的配置，只需要选择其中一条配置即可，如果配置了两条或者三条，那么只有最后配置的那一条命令生效。

AC 与 AP 在同一个网段时，则不需要配置 option 43 字段，因为 AP 此时可以通过广播方式发现同一网段中的AC设备，那么如果在这样的网络中，配置了option 43字段，AP会优先选择向option 43字段中的AC发送“Discovery Request”单播报文来发现AC，如果AP采用此种“Discovery Request”单播来发现AC十次，却一直没有收到AC回复的相应报文，那么AP设备就会再重新通过广播方式来发现AC。

6.2 AP对接交换机端口配置注意事项

在实际WLAN工程组网中，无线控制器AP设备一般会接带有POE供电功能的交换机，于是就需要配置交换机的端口数据。在配置的过程中，当实现隧道转发的时候，交换机只需要放行对应的管理VLAN流量；当实现直接转发的时候，交换机不仅需要放行管理VLAN流量还需要放行相应的业务VLAN流量。配置交换机端口数据的注意事项如下：

1）首先在WLAN业务配置的时候，需要配置管理VLAN与业务VLAN。一般配置一个管理VLAN，然后根据业务的不同，可配置一个或多个业务VLAN。

2）AP一般通过DHCP服务器获取IP地址与AC交互建立CAPWAP隧道，默认情况下，AP发出的报文是不带有VLAN标签信息的，一般我们会在AP直接相连的POE交换机上，为每个AP设备发出的报文打上管理VLAN的标签，然后再通过网络中的VLAN和路由的控制，从而使得报文可以到达DHCP服务器或者AC设备等。

3）无线网络终端STA发出的报文是不带标签的，即Untag数据，业务VLAN标签是由AP设备给报文打上的。

4）用户数据报文采用直接转发模式的时候，需要保证AP上行端口一直到用户的网管都需要通信业务VLAN，此时端口一般需要配置成Hybrid或者Trunk，而不能配置成Access端口，因为需要允许管理VLAN和业务VLAN同时通过。假如管理VLAN为100，业务VLAN为200，则数据配置如下：

① 交换机端口配置成Hybrid类型：

```
交换机:port link-type hybrid                //修改端口类型为Hybrid类型端口
交换机:port hybrid pvid vlan 100            //配置此端口默认VLAN为100
交换机:port hybrid untagged vlan 100        //允许此端口VLAN 100不带标签通过
交换机:port hybrid  tagged vlan 200         //允许此端口VLAN 200带标签通过
```

② 交换机端口配置成Trunk类型：

```
交换机:port link-type hybrid                //修改端口类型为Trunk类型端口
交换机:port trunk pvid vlan 100             //配置此端口默认VLAN为100
交换机:port trunk allow-pass vlan 100 200   //配置此端口允许VLAN 100与VLAN 200通过
```

5）WLAN实现隧道转发时，由于业务流量报文被封装在CAPWAP隧道中，那么AP上行端口只需要允许管理VLAN通过即可，那么此时可以将交换机的端口设置成Access端口、Trunk端口以及Hybrid端口。假如AP管理VLAN为100，则数据配置如下：

① 交换机端口配置成Access类型：

```
交换机:port link-type access                //修改端口类型为Access类型端口
交换机:port default-vlan 100                //配置此端口默认VLAN为100
```

② 交换机端口配置成Trunk类型：

交换机:port link-type trunk　　　　　//修改端口类型为 Trunk 类型端口
交换机:port trunk pvid vlan 100　　　//配置此端口默认 VLAN 为 100
交换机:port trunk allow-pass vlan 10　//配置此端口允许 VLAN 100 通过

③ 交换机端口配置成 Hybrid 类型：

交换机:port link-type hybrid　　　　　//修改端口类型为 Hybrid 类型端口
交换机:port hybrid pvid vlan 100　　　//配置此端口默认 VLAN 为 100
交换机:port hybrid untagged vlan 100　//允许此端口 VLAN 100 不带标签通过

6）AC 需要与 AP 建立 CAPWAP 隧道，从而进行 WLAN 业务的管理，由于 CAPWAP 默认报文是广播报文，如果 AC 与 AP 之间建立的是三层组网，那么 AP 通过广播报文，是无法发现 AC 设备的，也就无法进行注册，此时最常用的处理措施就是使用 DHCP 的 option 43 字段，将 AC 的 IP 地址在 AP 获取 IP 地址的同时传递给 AP，之后 AP 使用 CAPWAP 单播报文去发现 AC，从而完成 AP 与 AC 在三层组网环境下，AP 的上线注册业务。

7）现网中 AP 获取 IP 地址的方法主要有三种方式，第一种，AP 通过 DHCP 服务器获取 IP 地址；第二种，AP 通过管理员手工配置 IP 地址；第三种，AP 通过 PPPOE 拨号方式获取 IP 地址。在实际工程应用中，用得最多的是第一种，通过 DHCP 服务器获取 IP 地址，用得最少的是第三种，AP 通过 PPPOE 拨号方式获取 IP 地址。

8）在配置 WDS 时，需要更改 AP 的角色，如 root AP、middle AP、leaf AP，并且更改完成后，需要重启 AP，才会生效，否则容易导致 AP 无法正常注册至 AC 上。

6.3　旁挂三层组网隧道转发实战配置

6.3.1　旁挂三层组网隧道转发拓扑

图 6-2 所示为 WLAN 旁挂三层组网隧道转发网络拓扑图，现规划 AC6005 控制器与 AP6010 无线接入点不属于同一网络，即为三层组网，具体数据规划如表 6-1 所示。

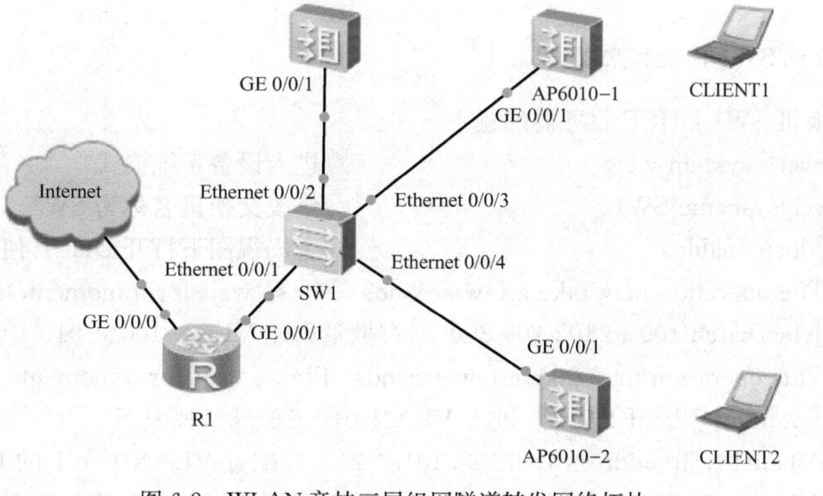

图 6-2　WLAN 旁挂三层组网隧道转发网络拓扑

表 6-1 WLAN 业务数据规划

规划项	AP6010-1 数据	AP6010-2 数据	访客数据
WLAN 服务	WEP Open-System 认证，不加密		
服务集	名称：HAXX-1 SSID：HAXX-1 服务 VLAN：101 WLAN 虚端口：WLAN-ESS 0 数据转发模式：隧道转发	名称：HAXX-2 SSID：HAXX-2 服务 VLAN：102 WLAN 虚端口：WLAN-ESS 1 数据转发模式：隧道转发	名称：guest SSID：guest 服务 VLAN：103 WLAN 虚端口：WLAN-ESS 2 数据转发模式：隧道转发
管理 VLAN 与 IP	VLAN：100 IP：192.168.100.1/24		
业务 VLAN 与 IP、DNS	VLAN：101 IP：192.168.101.1/24 DNS：8.8.8.8	VLAN：102 IP：192.168.102.1/24 DNS：8.8.8.8	VLAN：103 IP：192.168.103.2/24 DNS：8.8.8.8
AC 运营商标识 (carrier ID)/AC ID	other/1		
DHCP 服务器	三层交换机 SW1		AC6005
SW1 与路由器相连端口所属 VLAN 与 IP	VLAN：200 IP：200.200.200.1/24		
SW1 与 AC 相连端口所属 VLAN 与 IP	VLAN：300 IP：201.201.201.1/24		
外网、内网 IP 地址	外网 IP：100.100.100.100/24 内网 IP：192.168.103.2/24		

6.3.2 实验配置

1. 交换机 SW1 侧数据配置

1）交换机 SW1 DHCP 服务器配置：

<Huawei>system-view //进入设备系统模式

[Huawei]sysname SW1 //修改交换机名称为 SW1

[SW1]dhcp enable //全局视图下打开 DHCP 使能开关

Info：The operation may take a few seconds. Please wait for a moment. Done.

[SW1]vlan batch 100 to 102 200 300 //批量创建 VLAN 100、101、102、200、300

Info：This operation may take a few seconds. Please wait for a moment... done.

[SW1]interface Vlanif 101 //进入 VLAN 101 三层端口视图下

[SW1-Vlanif101]ip address 192.168.101.1 24 //配置 VLANIF 101 的 IP 地址

[SW1-Vlanif101]dhcp select interface //配置 DHCP IP 地址从 VLANIF 101 下获取

```
[SW1-Vlanif101]dhcp server dns-list 8.8.8.8
//配置 DHCP 获取的 DNS 为 8.8.8.8,该 IP 地址是谷歌提供的免费 DNS 服务器的 IP 地址
[SW1-Vlanif101] quit
[SW1]interface Vlanif 102   //进入 VLAN 102 三层端口视图下
[SW1-Vlanif102]ip address 192.168.102.1 24   //配置 VLANIF 102 的 IP 地址
[SW1-Vlanif102]dhcp select interface   //配置 DHCP IP 地址从此 VLANIF 下获取
[SW1-Vlanif102]dhcp server dns-list 8.8.8.8   //配置 DHCP 获取的 DNS 为 8.8.8.8
[SW1-Vlanif102] quit
[SW1]interface Vlanif 200   //进入三层端口 VLAN 200 视图下
[SW1-Vlanif200]ip address 200.200.200.1 24   //配置 VLANIF 200 的 IP 地址
[SW1-Vlanif200] quit
[SW1]interface Vlanif 300                         //进入 VLAN 300 三层端口视图下
[SW1-Vlanif300]ip address 201.201.201.1 24   //配置 VLANIF 300 的 IP 地址
[SW1-Vlanif300] quit
[SW1]interface Ethernet 0/0/3                    //进入 E0/0/3 端口
[SW1-Ethernet0/0/3]port link-type access         //配置端口类型为 Access 端口
[SW1-Ethernet0/0/3]port default vlan 100         //配置此端口的默认 VLAN 为 100
[SW1-Ethernet0/0/3] quit
[SW1]interface Ethernet 0/0/4                      //进入 E0/0/4 端口
[SW1-Ethernet0/0/4]port link-type access         //配置端口类型为 Access 端口
[SW1-Ethernet0/0/4]port default vlan 100         //配置此端口的默认 VLAN 为 100
[SW1-Ethernet0/0/4] quit
[SW1]interface Ethernet 0/0/1                      //进入 E0/0/1 端口
[SW1-Ethernet0/0/1]port link-type access             //配置端口类型为 Access 端口
[SW1-Ethernet0/0/1]port default vlan  200            //配置此端口的默认 VLAN 为 200
[SW1-Ethernet0/0/1] quit
[SW1]interface Ethernet 0/0/2                        //进入 E0/0/2 端口
[SW1-Ethernet0/0/2]port link-type trunk              //配置端口类型为 Trunk 端口
[SW1-Ethernet0/0/2]port trunk allow-pass vlan 100 to 102 200 300
        //配置此端口允许 vlan 100、101、102、200、300 通过
[SW1-Ethernet0/0/2] quit
[SW1]
```

注：在这里演示的是隧道转发模式的组网示例，所以可以将交换机 SW1 与 AP 的端口都配置为 Access 端口类型，如果采用直接转发模式的组网，那么必须将端口类型修改成 Hybrid 或者 Trunk，其中 pvid 必须等于 AC 的源地址的 VLAN 号，也就是与 AP 建立 CAPWAP 隧道的 VLAN，即管理 VLAN，然后还需要放行业务 VLAN，否则 AC 关联不上来，同时 DHCP 也获取不到 IP 地址。

2）通过配置 option 43 字段来指定 AC 的 IP 地址：

```
[SW1]interface Vlanif 100   //进入 VLAN 100 三层端口视图下
```

```
[SW1-Vlanif100]IP address 192.168.100.1 24  //配置 VLANIF 100 的 IP 地址
[SW1-Vlanif100]dhcp select interface  //配置 DHCP IP 地址从此 VLANIF 下获取
[SW1-Vlanif100]dhcp server option 43 sub-option 3 ascii 201.201.201.2
        //配置 option 43 字段来指定 AC 的 IP 地址为 201.201.201.2
```

3）通过配置交换机 OSPF 协议，使得网络可达：

```
[SW1]ospf 1 router-id 1.1.1.1          //ospf 进程为 1，router-id 为 1.1.1.1
[SW1-ospf-1]area 0                      //进入区域 0 视图下
[SW1-ospf-1-area-0.0.0.0]network 192.168.100.1 0.0.0.255
        //宣告 192.168.100.0 段的地址进入区域 0 视图内
[SW1-ospf-1-area-0.0.0.0]network 192.168.101.1 0.0.0.255
        //宣告 192.168.101.0 段的地址进入区域 0 视图内
[SW1-ospf-1-area-0.0.0.0]network 192.168.102.1 0.0.0.255
        //宣告 192.168.102.0 段的地址进入区域 0 视图内
[SW1-ospf-1-area-0.0.0.0]network 200.200.200.1 0.0.0.255
        //宣告 200.200.200.0 段的地址进入区域 0 视图内
[SW1-ospf-1-area-0.0.0.0]network 201.201.201.1 0.0.0.255
        //宣告 201.201.201.0 段的地址进入区域 0 视图内
[SW1-ospf-1-area-0.0.0.0]display this
        //查询 ospf 进程 1 区域 0 视图下的数据配置信息
```

```
area 0.0.0.0
network 192.168.100.0 0.0.0.255
network 192.168.101.0 0.0.0.255
network 192.168.102.0 0.0.0.255
network 200.200.200.0 0.0.0.255
network 201.201.201.0 0.0.0.255
```

```
[SW1-ospf-1-area-0.0.0.0]
```

2. 路由器 R1 侧数据配置

1）端口 IP 地址数据配置：

```
<Huawei>system-view                        //进入系统视图
Enter system view, return user view with Ctrl+Z.
[Huawei]sysname R1                          //设备命名为 R1
[R1]interface GigabitEthernet 0/0/1          //进入 GE0/0/1 端口视图下
[R1-GigabitEthernet0/0/1]ip address 200.200.200.2 24  //配置 IP 地址信息
[R1-GigabitEthernet0/0/1] quit
[R1]interface GigabitEthernet 0/0/0   //进入 GE0/0/0 端口视图下
[R1-GigabitEthernet0/0/0]ip address 100.100.100.100 24  //配置 IP 地址信息
[R1-GigabitEthernet0/0/0] quit
```

2）OSPF 协议配置：

[R1]ospf 1 router-id 2. 2. 2. 2 //ospf 进程 1，router-id 为 2. 2. 2. 2

[R1-ospf-1]area 0 //进入区域 0 视图内

[R1-ospf-1-area-0. 0. 0. 0]network 200. 200. 200. 2 0. 0. 0. 0

//宣告 200. 200. 200. 2 的 IP 地址进入区域 0 视图内

[R1-ospf-1-area-0. 0. 0. 0]network 100. 100. 100. 100 0. 0. 0. 0

//宣告 100. 100. 100. 100 的 IP 地址进入区域 0 视图内

[R1-ospf-1-area-0. 0. 0. 0]dis this //查询 ospf 进程 1 区域 0 视图下的数据配置信息

```
[V200R003C00]
area 0. 0. 0. 0
network 100. 100. 100. 100 0. 0. 0. 0
network 200. 200. 200. 2 0. 0. 0. 0
```

[R1-ospf-1-area-0. 0. 0. 0]

3. AC6005 侧数据配置

1）访问控制列表（ACL）数据配置：

<AC6005>system-view//进入系统视图内

Enter system view，return user view with Ctrl+Z.

[AC6005]acl number 3000 //创建 ACL 序列号为 3000。访问控制列表(Access Control List，ACL)是由一系列规则组成的集合，设备可以通过这些规则对数据包进行分类，并对不同类型的报文进行不同的处理。华为 ACL 常见的分为三种，分别是基本 ACL，编号范围是 2000～2999，取值基于源 IP 地址等参数；高级 ACL，编号范围是 3000～3999，取值基于源 IP 地址、目的 IP 地址、源端口、目的端口等参数；二层 ACL，编号范围是 4000～4999，取值基于源 MAC 地址、目的 MAC 地址、以太帧协议类型等参数

[AC6005-acl-adv-3000]rule 5 permit ip destination 201. 201. 201. 2 0

//制定规则序列 5，放行目的 IP 地址为 201. 201. 201. 2 的 IP 地址信息

[AC6005-acl-adv-3000] rule 7 permit ip destination 192. 168. 103. 2 0

//制定规则序列 7，放行目的 IP 地址为 192. 168. 103. 2 的 IP 地址信息

[AC6005-acl-adv-3000]rule 10 deny ip destination 192. 168. 0. 0 0. 0. 255. 255

//制定规则序列 10，拒绝目的 IP 地址为 192. 168. 0. 0 的网段信息

[AC6005-acl-adv-3000]rule 15 permit ip //制定规则序列 15，放行所有 IP 地址信息

[AC6005-acl-adv-3000] quit

[AC6005]dhcp enable //DHCP 使能打开

[AC6005]vlan batch 100 to 103 300 //批量创建 VLAN 100、101、102、103、300

Info：This operation may take a few seconds. Please wait for a moment... done.

[AC6005]interface Vlanif 103 //进入三层端口 VLANIF 103

[AC6005-Vlanif103]ip address 192. 168. 103. 2 24 //配置 IP 地址信息

[AC6005-Vlanif103]traffic-filter inbound acl 3000 //配置进入方向采用 ACL 3000 的流量过滤

[AC6005-Vlanif103]dhcp select interface //从此 VLANIF 端口获取 DHCP 地址信息
[AC6005-Vlanif103]dhcp server dns-list 8.8.8.8 //配置 DHCP 服务器的 DNS 地址为 8.8.8.8
[AC6005-Vlanif103] quit
[AC6005]interface Vlanif 300 //进入 VLANIF 300 三层端口视图
[AC6005-Vlanif300]ip address 201.201.201.2 24 //配置 IP 地址信息
[AC6005-Vlanif300] quit

2）动态路由协议 OSPF 协议配置：

[AC6005]ospf 1 router-id 3.3.3.3 //ospf 进程为 1，router-id 为 3.3.3.3
[AC6005-ospf-1]area 0 //进入区域 0 视图内
[AC6005-ospf-1-area-0.0.0.0]network 201.201.201.2 0.0.0.0
//宣告 201.201.201.2 的 IP 地址进入区域 0 视图内
[AC6005-ospf-1-area-0.0.0.0]network 192.168.103.1 0.0.0.0
//宣告 192.168.103.1 的 IP 地址进入区域 0 视图内
[AC6005-ospf-1-area-0.0.0.0] quit
[AC6005-ospf-1] quit

3）WLAN-ESS 端口 VLAN 配置：

[AC6005]interface GigabitEthernet 0/0/1 //进入 GE0/0/1 端口视图内
[AC6005-GigabitEthernet0/0/1]port link-type trunk //端口类型修改为 Trunk
[AC6005-GigabitEthernet0/0/1]port trunk allow-pass vlan 100 to 102 300
//允许 VLAN 100、101、102、300 通过
[AC6005-GigabitEthernet0/0/1] quit
[AC6005]interface Wlan-Ess 0 //创建 WLAN-ESS 0 端口，并进入其视图
[AC6005-Wlan-Ess0]port hybrid untagged vlan 101 //允许端口 VLAN 101 不带标签通过
[AC6005-Wlan-Ess0] quit
[AC6005]interface Wlan-Ess 1 //创建 WLAN-ESS 1 端口，并进入其视图
[AC6005-Wlan-Ess1]port hybrid untagged vlan 102 //允许端口 VLAN 102 不带标签通过
[AC6005-Wlan-Ess1] quit
[AC6005]interface Wlan-Ess 2 //创建 WLAN-ESS 2 端口，并进入其视图
[AC6005-Wlan-Ess2]port hybrid untagged vlan 103 //允许端口 VLAN 103 不带标签通过
[AC6005-Wlan-Ess2] quit
[AC6005]

4）AC6005 基本功能配置：

<AC6005>system-view
[AC6005]wlan ac-global ac id 1 carrier id other //配置 AC 运营商标识与 ID 号
[AC6005]wlan ac-global country-code CN //配置 AC 国家代码
Info：The currentcountry code is same with the input country code.
[AC6005] wlan
[AC6005-wlan-view]wlan ac source interface Vlanif 300 //配置 AC 的源端口

[AC6005-wlan-view]ap id 0 type-id 19 mac 00e0-fcd3-6870

//AP ID 为 0,AP 上线认证方式为 MAC 地址认证

[AC6005-wlan-ap-0] quit

[AC6005-wlan-view]ap id 1 type-id 19 mac 00e0-fccf-4960

//AP ID 为 1,AP 上线认证方式为 MAC 地址认证

[AC6005-wlan-ap-1]

使用“display ap all”查询命令查询 AP 上线信息，如下所示：

[AC6005] display ap all //查询 AP 上线情况

```
All AP information (Normal-0, UnNormal-2):
----------------------------------------
AP ID   AP Type   AP MAC   Profile ID/Region   AP State   AP Sysname
----------------------------------------
0    AP6010DN-AGN    00e0-fcd3-6870  0/0  normal   ap-0
1    AP6010DN-AGN    00e0-fccf-4960  0/0  normal   ap-1
----------------------------------------
Total number: 2
```

5）WLAN 模板配置与绑定：

[AC6005]wlan //进入 WLAN 视图

[AC6005-wlan-view]wmm-profile name wmm id 1

//创建 WMM 模板名称为 wmm,ID 号为 1

[AC6005-wlan-wmm-prof-wmm] quit

[AC6005-wlan-view]traffic-profile name traffic id 1

//创建流量模板名称为 traffic,ID 号为 1

[AC6005-wlan-traffic-prof-traffic] quit

[AC6005-wlan-view]security-profile name security id 1

//创建安全模板名称为 security,ID 号为 1

[AC6005-wlan-sec-prof-security]wep authentication-method open-system

//安全模板设置为开放式不认证,默认为此配置

[AC6005-wlan-sec-prof-security] security-policy wep

[AC6005-wlan-sec-prof-security] quit

6）WLAN 服务集配置与引用的相应参数配置：

[AC6005-wlan-view]service-set name HAXX-1 id 1//创建服务集名称为 HAXX-1，ID 号为 1

[AC6005-wlan-service-set-HAXX-1]forward-mode tunnel//配置为隧道转发模式

[AC6005-wlan-service-set-HAXX-1]wlan-ess 0//配置此服务集关联 WLAN-ESS 0

[AC6005-wlan-service-set-HAXX-1]ssid HAXX-1//配置 SSID 名称为 HAXX-1

[AC6005-wlan-service-set-HAXX-1]traffic-profile id 1 //配置此服务集关联流量模板 ID 为 1 的模板

[AC6005-wlan-service-set-HAXX-1]security-profile id 1//配置此服务集关联安全模板 ID 为 1 的模板

[AC6005-wlan-service-set-HAXX-1]service-vlan 101//配置服务 VLAN 为 VLAN 101

Info: This action may cause service interruption if you don't execute commit command.

[AC6005-wlan-service-set-HAXX-1] display this//查询此服务集配置信息

```
forward-mode tunnel
wlan-ess 0
ssid HAXX-1
traffic-profile id 1
security-profile id 1
service-vlan 101
```

[AC6005-wlan-service-set-HAXX-1] quit

[AC6005-wlan-view]service-set name HAXX-2 id 2 //创建服务集名称为 HAXX-2, ID 号为 2

[AC6005-wlan-service-set-HAXX-2]forward-mode tunnel//配置为隧道转发模式

[AC6005-wlan-service-set-HAXX-2]wlan-ess 1//配置此服务集关联 WLAN-ESS 1

[AC6005-wlan-service-set-HAXX-2]ssid HAXX-2//配置 SSID 名称为 HAXX-2

[AC6005-wlan-service-set-HAXX-2]traffic-profile id 1 //配置此服务集关联流量模板 ID 为 1 的模板

[AC6005-wlan-service-set-HAXX-2]security-profile id 1//配置此服务集关联安全模板 ID 为 1 的模板

[AC6005-wlan-service-set-HAXX-2]service-vlan 102//配置服务 VLAN 为 VLAN 102

Info: This action may cause service interruption if you don't execute commit command.

[AC6005-wlan-service-set-HAXX-2]display this//查询此服务集配置信息

```
forward-mode tunnel
wlan-ess 1
ssid HAXX-2
traffic-profile id 1
security-profile id 1
service-vlan 102
```

[AC6005-wlan-service-set-HAXX-2] quit

[AC6005-wlan-view]service-set name guest id 3//创建服务集名称为 guest, ID 号为 3

[AC6005-wlan-service-set-guest]forward-mode tunnel //配置为隧道转发模式

[AC6005-wlan-service-set-guest]wlan-ess 2//配置此服务集关联 WLAN-ESS 2

[AC6005-wlan-service-set-guest]ssid guest //配置 SSID 名称为 guest

[AC6005-wlan-service-set-guest]user-isolate //配置用户二层网络隔离

[AC6005-wlan-service-set-guest]traffic-profile id 1 //配置此服务集关联流量模板 ID 为

1 的模板

[AC6005-wlan-service-set-guest]security-profile id 1 //配置此服务集关联安全模板 ID 为 1 的模板

[AC6005-wlan-service-set-guest]service-vlan 103//配置服务 VLAN 为 VLAN 103

Info：This action may cause service interruption if you don't execute commit command.

[AC6005-wlan-service-set-guest]display this//查询此服务集配置信息

```
forward-mode tunnel
wlan-ess 2
ssid guest
user-isolate
traffic-profile id 1
security-profile id 1
service-vlan 103
```

[AC6005-wlan-service-set-guest] quit

[AC6005-wlan-view]radio-profile name 2. 4g //创建 radio 模板名称为 2. 4G

[AC6005-wlan-radio-prof-2. 4G]radio-type 80211bgn //配置此模板类型为 80211bgn

Warning：Modify the Radio type may cause some parameters of Radio resume default value，are you sure to continue? [Y/N]：y

[AC6005-wlan-radio-prof-2. 4G]wmm-profile id 1 //绑定 WMM 模板 ID 号为 1

[AC6005-wlan-radio-prof-2. 4G] quit

[AC6005-wlan-view]radio-profile name 5g //创建 radio 模板名称为 5G

[AC6005-wlan-radio-prof-5g]radio-type 80211an //配置此模板类型为 80211an

Warning：Modify the Radio type may cause some parameters of Radio resume default value，are you sure to continue? [Y/N]：y

[AC6005-wlan-radio-prof-5g]wmm-profile id 1 //绑定 WMM 模板 ID 号为 1

[AC6005-wlan-radio-prof-5g] quit

[AC6005-wlan-view] ap 0 radio 0//进入第 0 个 AP 设备 radio 0 的天线视图下

[AC6005-wlan-radio-0/0]radio-profile name 2. 4g　//绑定 radio 模板名称为 2. 4G 的模板

Warning：Modify the Radio type may cause some parameters of Radio resume default value，are you sure to continue? [Y/N]：y

[AC6005-wlan-radio-0/0]service-set id 1 wlan 1//配置服务集 ID 为 1，WLAN 为 1

[AC6005-wlan-radio-0/0]service-set id 2 wlan 2//配置服务集 ID 为 2，WLAN 为 2

[AC6005-wlan-radio-0/0]service-set id 3 wlan 3//配置服务集 ID 为 3，WLAN 为 3

[AC6005-wlan-radio-0/0] quit

[AC6005-wlan-view]ap 0 radio 1//进入第 0 个 AP 设备 radio 1 的天线视图下

[AC6005-wlan-radio-0/1]radio-profile name 5g//绑定 radio 模板名称为 5G 的模板

Warning：Modify the Radio type may cause some parameters of Radio resume default value，are you sure to continue? [Y/N]：y

[AC6005-wlan-radio-0/1]channel 40mHz-minus 153

//配置射频信道带宽工作在 40MHz,且信道为 153,默认工作在 20MHz 下

[AC6005-wlan-radio-0/1]service-set id 1 wlan 1//配置服务集 ID 为 1，WLAN 为 1

[AC6005-wlan-radio-0/1]service-set id 2 wlan 2//配置服务集 ID 为 2，WLAN 为 2

[AC6005-wlan-radio-0/1]service-set id 3 wlan3//配置服务集 ID 为 3，WLAN 为 3

[AC6005-wlan-radio-0/1] quit

[AC6005-wlan-view]ap 1 radio 0//进入第 1 个 AP 设备 radio 0 的天线视图下

[AC6005-wlan-radio-1/0]radio-profile name 2.4g//绑定 radio 模板名称为 2.4G 的模板

Warning：Modify the Radio type may cause some parameters of Radio resume default-value，are you sure to continue? [Y/N]：y

[AC6005-wlan-radio-1/0]channel 20mHz 6 //配置射频信道带宽工作在 20MHz,且信道为 6,默认工作在 20MHz 下

[AC6005-wlan-radio-1/0]service-set id 1 wlan 1//配置服务集 ID 为 1，WLAN 为 1

[AC6005-wlan-radio-1/0]service-set id 2 wlan 2//配置服务集 ID 为 2，WLAN 为 2

[AC6005-wlan-radio-1/0]service-set id 3 wlan 3//配置服务集 ID 为 3，WLAN 为 3

[AC6005-wlan-radio-1/0] quit

[AC6005-wlan-view]ap 1 radio 1//进入第 1 个 AP 设备 radio 1 的天线视图下

[AC6005-wlan-radio-1/1]radio-profile name 5g//绑定 radio 模板名称为 5g 的模板

Warning：Modify the Radio type may cause someparameters of Radio resume default value，are you sure to continue? [Y/N]：y

[AC6005-wlan-radio-1/1] channel 40mHz-minus 161//配置射频信道带宽工作在 40MHz,且信道为 161,默认工作在 20MHz 下

[AC6005-wlan-radio-1/1]service-set id 1 wlan 1//配置服务集 ID 为 1，WLAN 为 1

[AC6005-wlan-radio-1/1]service-set id 2 wlan 2//配置服务集 ID 为 2，WLAN 为 2

[AC6005-wlan-radio-1/1]service-set id 3 wlan 3//配置服务集 ID 为 3，WLAN 为 3

[AC6005-wlan-radio-1/1] quit

7）AP WLAN 业务下发配置：

<AC6005>system-view //进入系统视图

Enter system view，return user view with Ctrl＋Z.

[AC6005]wlan //进入 WLAN 视图

[AC6005-wlan-view]commit all //确认所有 WLAN 数据配置,进行业务下发

Warning：Committing configuration may cause service interruption，continue? [Y/N] y

[AC6005-wlan-view]

6.3.3 实验结果与补充

1）数据配置完成后，AP6010 设备会释放出 WLAN 信号，如图 6-3 所示。

从图中可以发现 WLAN 数据配置完成后，配置“commit all”下发后，AP 设备会释放出 WLAN 信号，其中 AP6010－1 无线接入点，释放出两个 WLAN 信号：一个是工作在 5GHz 频段、153 信道、数据传输速率为 600Mbit/s 的 WLAN 信号，另一个是工作在

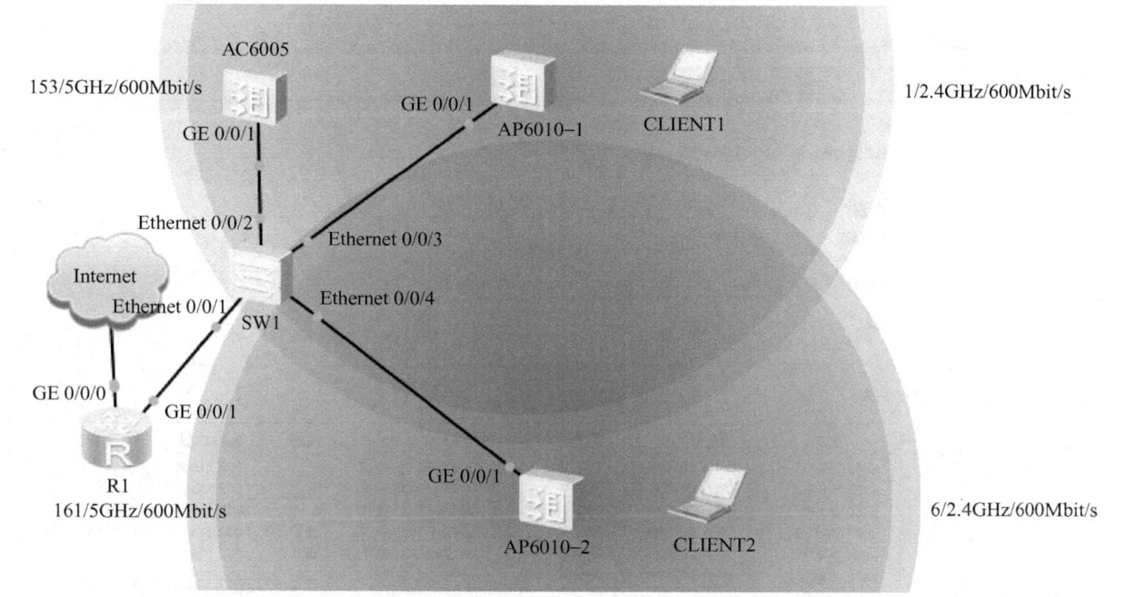

图 6-3　WLAN 数据配置完成示意图

2.4GHz 频段、1 号信道、数据传输速率为 600Mbit/s 的 WLAN 信号；而 AP6010－2 无线接入点，释放出的两个 WLAN 信号：一个是工作在 5GHz 频段、161 号信道、数据传输速率为 600Mbit/s 的 WLAN 信号，另一个是工作在 2.4GHz 频段、6 号信道、数据传输速率为 600Mbit/s 的 WLAN 信号。

注： 相邻 AP 设备如果工作在同一频段，应设置不同的信道，以防止信道干扰，如图 6-3 所示，AP6010－1 工作在 5GHz 频段的信道设置为 153，AP6010－2 工作在 5GHz 频段的信道设置为 161。

2）打开无线终端设备 CLIENT1 与 CLIENT2，会发现 CLIENT1 与 CLIENT2 都可以接收到 6 种不同的 SSID，分别是 2.4GHz 频段的 HAXX－1、HAXX－2、guest 以及 5GHz 频段的 HAXX－1、HAXX－2、guest，如图 6-4 与图 6-5 所示。

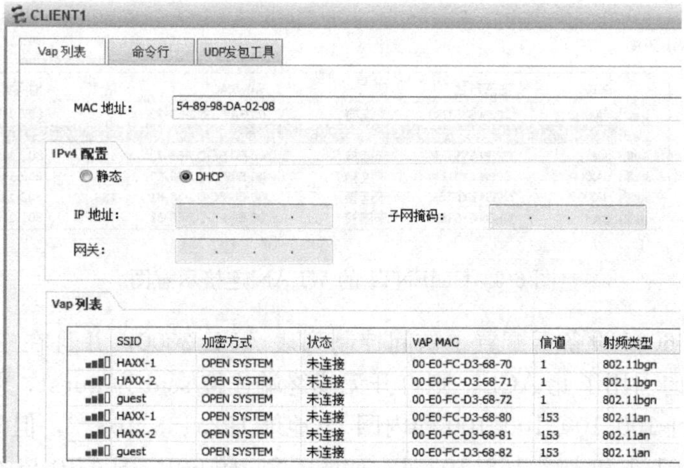

图 6-4　CLIENT1 的 WLAN 信号

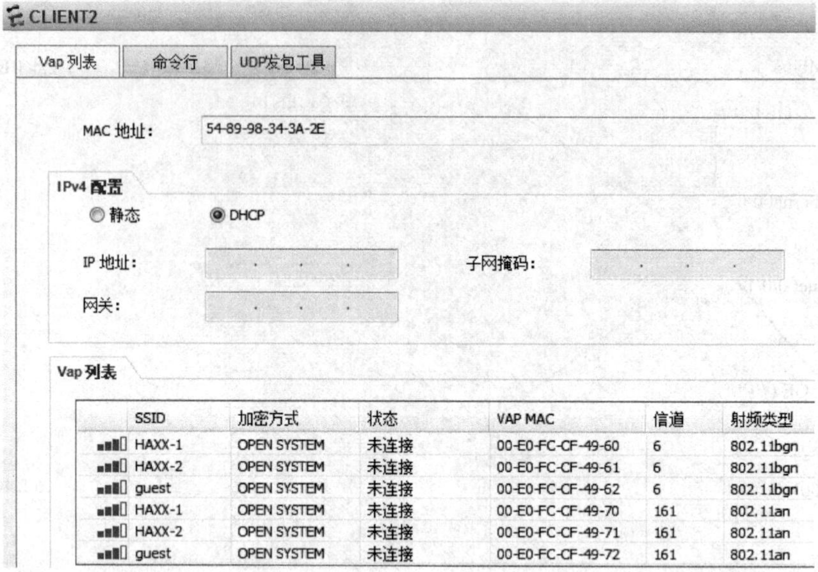

图 6-5　CLIENT2 的 WLAN 信号

3）打开无线终端设备连接任何一个 SSID，都可以自动获取到 DNS 为 8.8.8.8 的相应端口 VLAN 的 IP 地址信息，如图 6-6 与图 6-7 所示。

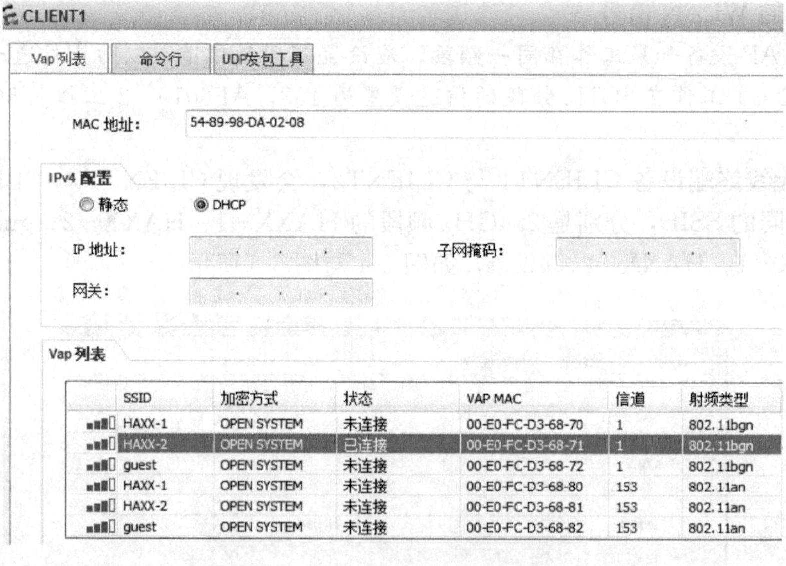

图 6-6　CLIENT1 的 WLAN 连接示意图

4）由于在 AC6005 设备上配置了访问控制列表 ACL 3000，并且在三层端口 VLAN IF 103 端口的进入方向引用了此 ACL，则打开无线终端连接 ssid 为 guest，使用 ping 命令可以 ping 通外网 IP 地址 100.100.100.100 和内网 IP 地址 192.168.103.2，但不可以 ping 通内网 IP 地址 192.168.101.1 和 192.168.102.1，如图 6-8、图 6-9、图 6-10 与图 6-11 所示。

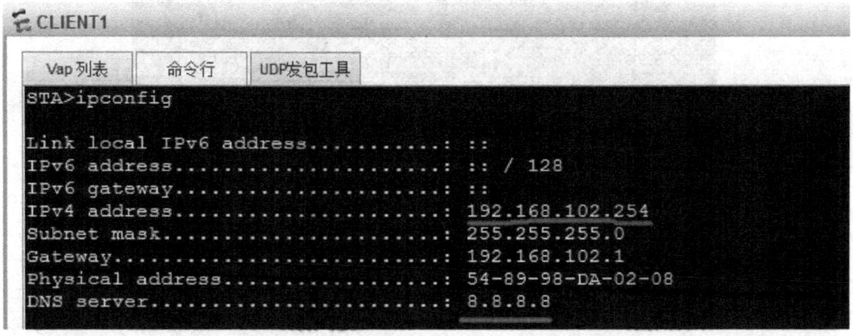

图 6-7　CLIENT1 的 DHCP 地址信息示意图

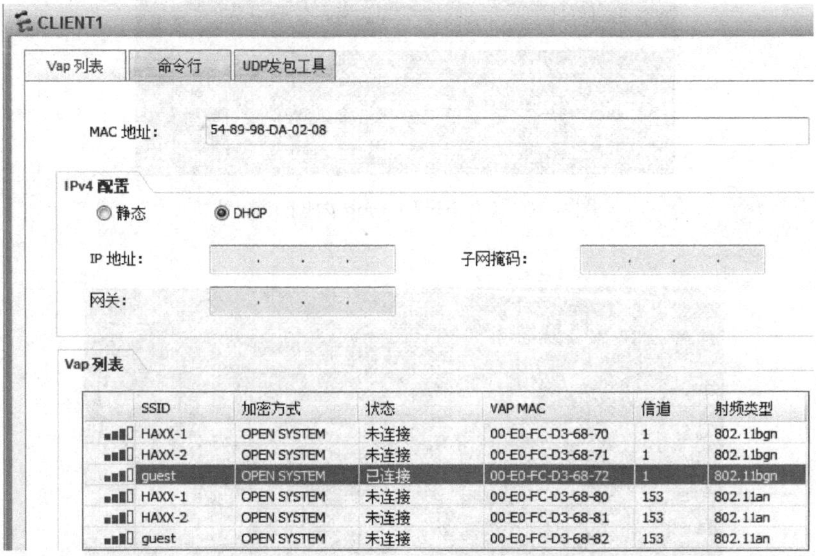

图 6-8　CLIENT1 连接 guest 示意图

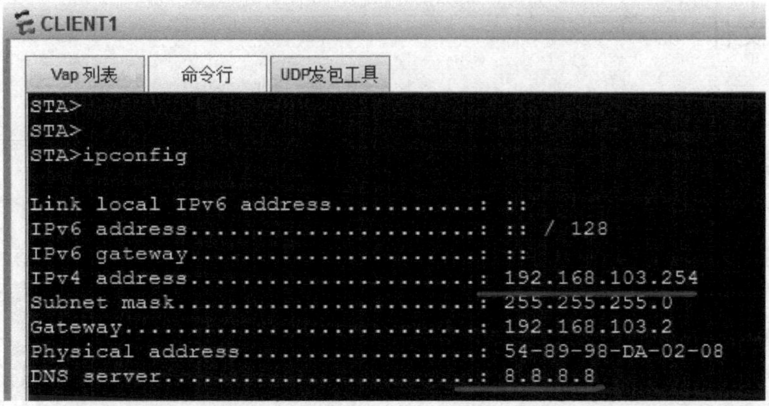

图 6-9　CLIENT1 连接 guest 的 DHCP 地址信息示意图

图 6-10　CLIENT1 ping 内网示意图

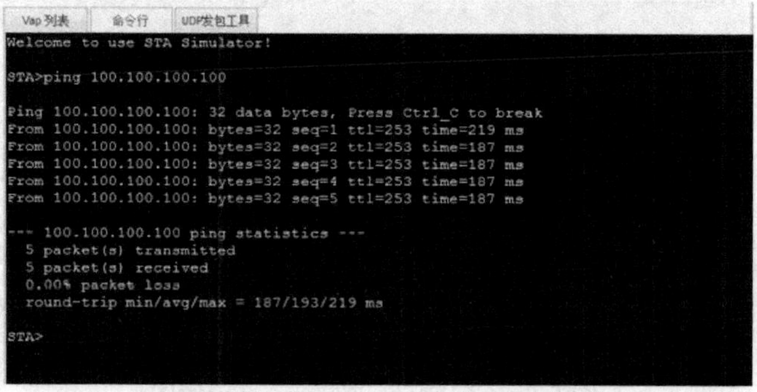

图 6-11　CLIENT1 ping 外网示意图

6.3.4　配置文件

1. 交换机 SW1 侧数据配置

```
<sw1>display current-configuration
sysname sw1
vlan batch 100 to 102 200 300
dhcp enable
interface Vlanif100
ip address 192.168.100.1 255.255.255.0
dhcp select interface
dhcp server option 43 sub-option 3 ascii 201.201.201.2
interface Vlanif101
ip address 192.168.101.1 255.255.255.0
dhcp select interface
dhcp server dns-list 8.8.8.8
interface Vlanif102
ip address 192.168.102.1 255.255.255.0
dhcp select interface
dhcp server dns-list 8.8.8.8
interface Vlanif200
```

```
ip address 200.200.200.1 255.255.255.0
interface Vlanif300
ip address 201.201.201.1 255.255.255.0
interface Ethernet0/0/1
port link-type access
port default vlan 200
interface Ethernet0/0/2
port link-type trunk
port trunk allow-pass vlan 100 to 102 200 300
interface Ethernet0/0/3
port link-type access
port default vlan 100
interface Ethernet0/0/4
port link-type access
port default vlan 100
ospf 1 router-id 1.1.1.1
area 0.0.0.0
network 192.168.100.0 0.0.0.255
network 192.168.101.0 0.0.0.255
network 192.168.102.0 0.0.0.255
network 200.200.200.0 0.0.0.255
network 201.201.201.0 0.0.0.255
return
<sw1>
```

2. 外网路由器 R1 侧数据配置

```
<R1>display current-configuration
sysname R1
interface GigabitEthernet0/0/0
ip address 100.100.100.100 255.255.255.0
interface GigabitEthernet0/0/1
ip address 200.200.200.2 255.255.255.0
ospf 1 router-id 2.2.2.2
area 0.0.0.0
network 100.100.100.100 0.0.0.0
network 200.200.200.2 0.0.0.0
wlan ac
return
<R1>
```

3. AC6005 侧数据配置

```
<AC6005>display  current-configuration
vlan batch 100 to 103 300
wlan ac-global carrier id other ac id 1
dhcp enable
acl number 3000
rule 5 permit ip destination 201.201.201.2 0
rule 7 permit ip destination 192.168.103.2 0
rule 10 deny ip destination 192.168.0.0
  0.0.255.255
rule 15 permit ip
interface Vlanif103
ip address 192.168.103.2 255.255.255.0
traffic-filter inbound acl 3000
dhcp select interface
dhcp server dns-list 8.8.8.8
interface Vlanif300
ip address 201.201.201.2 255.255.255.0
interface GigabitEthernet0/0/1
port link-type trunk
port trunk allow-pass vlan 100 to 102 300
interface Wlan-Ess0
port hybrid untagged vlan 101
interface Wlan-Ess1
port hybrid untagged vlan 102
interface Wlan-Ess2
port hybrid untagged vlan 103
ospf 1 router-id 3.3.3.3
area 0.0.0.0
network 192.168.103.1 0.0.0.0
network 201.201.201.2 0.0.0.0
wlan
wlan ac source interface vlanif300
```

```
ap id 0 type-id 19 mac 00e0-fcd3-6870 sn 21023544831OFC1C5926
ap id 1 type-id 19 mac 00e0-fccf-4960 sn 2102354483105C08847A
wmm-profile name wmm id 1
traffic-profile name traffic id 1
security-profile name security id 1
service-set name HAXX-1 id 1
forward-mode tunnel
wlan-ess 0
ssid HAXX-1
traffic-profile id 1
security-profile id 1
service-vlan 101
service-set name HAXX-2 id 2
forward-mode tunnel
wlan-ess 1
ssid HAXX-2
traffic-profile id 1
security-profile id 1
service-vlan 102
service-set nameguest id 3
forward-mode tunnel
wlan-ess 2
ssid guest
user-isolate
traffic-profile id 1
security-profile id 1
service-vlan 103
radio-profile name 2.4G id 0
radio-type 80211bgn
wmm-profile id 1
radio-profile name radio id 1
wmm-profile id 1
radio-profile name 5g id 2
radio-type 80211an
wmm-profile id 1
ap 0 radio 0
radio-profile id 0
service-set id 1 wlan 1
service-set id 2 wlan 2
service-set id 3 wlan 3
ap 0 radio 1
radio-profile id 2
channel 40MHz-minus 153
service-set id 1 wlan 1
service-set id 2 wlan 2
service-set id 3 wlan 3
ap 1 radio 0
radio-profile id 0
channel 20MHz 6
service-set id 1 wlan 1
service-set id 2 wlan 2
service-set id 3 wlan 3
ap 1 radio 1
radio-profile id 2
channel 40MHz-minus 161
service-set id 1 wlan 1
service-set id 2 wlan 2
service-set id 3 wlan 3
return
<AC6005>
```

本章小结

在本章 6.1 节中，介绍了 DHCP 以及其基本原理，了解了 DHCP 组网中的三种重要角色，即 DHCP 客户端（Client）、DHCP 中继（Relay）、DHCP 服务器（Server），以及每个角色的主要功能与作用，接着学习了 DHCP 基于端口方式的地址池配置，和基于全局方式的地址池配置，最后介绍了 DHCP option 43 字段的三条配置命令，配置选择一条命令即可生效。

在本章 6.2 节中，介绍了无线接入点（AP）设备与其对接的交换机端口配置的一些注意事项，首先得规划一个管理 VLAN，并根据业务情况规划一个或多个业务 VLAN，由于 AP 自身发出的报文是不带标签的，所以一般需要在与AP对接的交换机上配置管理VLAN标签，从而使得报文可以到达AC或者DHCP服务器，另外还需要根据组网是直接转发模式还是隧道转发模式来设定交换机的端口类型等。

最后在本章6.3节中，系统性地介绍了AC旁挂于交换机，并且采用三层组网隧道转发的数据配置，学习了ACL的基本概念与ACL的配置和引用，并给出了实际的实验配置和结果分析。

习题与思考

1. 什么是DHCP？
2. 在DHCP组网中主要有哪几种角色？
3. 简要概述DHCP服务器的功能与其作用。
4. 简要概述DHCP中继的使用场景与其功能作用。
5. 简要概述DHCP option 43字段的使用场景。
6. DHCP地址池配置可以分为哪几种？
7. 请写出DHCP option 43字段的配置命令，以及介绍每条命令的含义。
8. 简要概述AP对接交换机端口的配置注意事项（至少三条）。
9. ACL是什么？
10. ACL主要可以分为哪几类？并且介绍其参数特点。
11. 简要概述旁挂三层组网隧道转发的特点。
12. OSPF协议配置中，命令“network 100.100.100.2 0.0.0.0”的含义是什么？
13. ACL配置中，命令“rule 10 permit ip destination 201.201.201.2 0”的含义是什么？
14. 根据图6-12所示的组网拓扑图，自行规划相应的WLAN数据，从而使得CLIENT1与CLIENT2通过AP6010释放出的WLAN信号连上网络，并且配置相应的ACL，使得CLIENT1不仅可以连上外网也可以连上内网，而CLIENT2仅仅可以与外网通信。

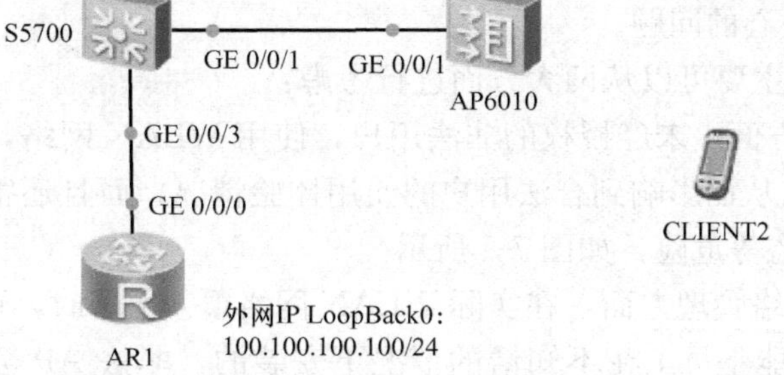

图6-12　WLAN组网拓扑图

第 7 章　WLAN 安全认证配置

课程目标：

- 了解 WLAN 安全威胁
- 了解如何保障 WLAN 网络安全
- 掌握 WIDS 和 WIPS 概念
- 能区分未指定 SSID 与指定 SSID 的 AP 主动扫描方式及 AP 被动扫描方式
- 掌握典型的 WLAN 安全策略，如 WEP、WPA/WPA2、WAPI 等的链路认证方式及密钥协商、数据加密工作原理
- 掌握 MAC 认证与 Portal 认证概念

7.1　WLAN 安全介绍

7.1.1　WLAN 安全威胁

由于 WLAN 是通过无线电波发送 WLAN 信号的，用户也是通过无线电波进行数据的上下行业务的，所以 WLAN 不会受限于线缆和端口的位置限制，而随着 WLAN 技术的提高，以 802.11 为标准的 WLAN 为广大用户提供了越来越高的无线接入带宽，WLAN 网络受到越来越多的用户追捧，在办公大楼、候机大厅、火车站、汽车站、休闲度假山庄、商务酒店、餐馆等场所，随处可见 WLAN 网络的覆盖。

但是由于 WLAN 无线侧数据是在空中自由传播的，不管用户愿不愿意，这些数据都可以被任何合适的接收装置获取，那么如何保护用户敏感数据的安全，保护用户的隐私，是众多 WLAN 用户非常关心的问题。

WLAN 安全威胁主要可以从两大方面进行考虑：

第一：用户接入方面，未经授权的非法用户，使用 WLAN 网络，会同授权的用户共享有限的 WLAN 带宽，从而影响到合法用户的使用体验情况，而且还很有可能造成合法用户信息的泄露、账号被盗等危险，如图 7-1 所示。

第二：WLAN 网络管理方面，在实际 WLAN 网络覆盖部署时，可能会存在一些非法的 AP，这些非法 AP 可能是员工在不知情的情况下安装的，非法 AP 会干扰网络正常运行的 AP，如 DOS 攻击。如果这些非法 AP 获取了或配置了正确的 WEP 密钥，还可以捕获到用户的业务数据，经过一些配置，非法 AP 可以为一些未授权的非法用户提供接入 WLAN 网

络的服务，可以让非法用户捕获和伪装合法用户数据包，盗取合法用户信息和访问 WLAN 网络中的服务器和文件资源，如图 7-2 所示。

图 7-1 非法用户接入 WLAN 网络

图 7-2 非法 AP 接入 WLAN 网络

那么如何保障 WLAN 网络安全呢？主要可以采取以下三种方式：

第一：身份验证。用户接入 WLAN 网络时，首先需要进行身份的验证，从而确保合法客户与用户可以接入到受信任的无线接入点来访问网络。

第二：加密措施。用户要想接入 WLAN 网络，首先需要进行密码的输入验证，并且数据在传输与接收时进行高效的加密保护，从而保证数据在空气中传输，不会被非法用户使用一些工具获取用户的各类信息数据。

第三：系统防护。可以利用 WLAN 网络系统的入侵检测系统和入侵防范系统来防范网络安全隐患，追踪并减少未授权的用户访问和网络中的 DOS 攻击。

综上三种方式，无线安全最基本的解决方案，主要采用用户身份验证和加密来保护无线数据的传输，而大型的企业无线网络需要采用系统防护功能，来提供其他级别的安全防护。目前无线系统防护主要技术有无线入侵检测系统（Wireless Intrusion Detection System，WIDS）和无线入侵保护系统（Wireless Intrusion Prevention System，WIPS）两种。WIDS 主要用于对有恶意的用户攻击和入侵无线网络进行早期检测；WIPS 可以保护企业网络和用户不被无线网络上未经授权的设备访问，可以更加主动地保护 WLAN 网络。许多企业网络使用这两种技术的主要目的，不是单纯地为了防范外部网络威胁，而主要是为了防范企业员工无意间安装了不安全的 AP 接入点，这些员工意在享受 WLAN 网络带来的好处，但却无意之中造成无线接入点的不安全。

7.1.2 WIDS 和 WIPS 介绍

802.11 网络很容易受到各种网络威胁的影响，如未经授权的 AP 用户、Ad-hoc 网络、拒绝服务型攻击等，尤其是 Rogue 设备（无赖设备）对于企业网络安全来说是一个很严重的威胁，WIDS 和 WIPS 可以提供无线安全威胁的检测、监测、识别、防范与反制等功能。Rogue 设备检测功能是 WIDS 和 WIPS 功能的一部分，用于检测 WLAN 网络中的 Rogue 设备，并对它们采取反制措施，以阻止其工作。

根据网络规模的不同，WIDS和WIPS系统功能可以分为以下几个方面：

1）针对家庭网络或者小型企业网络：提供基于黑白名单的AP和客户端接入控制功能。

2）针对中小型企业网络：提供WIDS攻击检测。

3）针对大中型企业网络：提供Rogue设备监测、识别、防范、反制功能。

WLAN设备检测即在需要保护的网络空间中部署适当的WLAN AP设备，并控制这些AP可以定期对无线信号进行监听，以检查有没有非法或者恶意的设备。对于AP设备的监测，监测AP支持主动扫描和被动扫描两种方式。

1. 主动扫描

在主动扫描情况下，STA会主动在其所支持的信道上依次发送探测信号，用于探测周围存在的无线网络。STA发送的探测信号称为探测请求帧（Probe Request），此种探测请求帧可以分为两类，一类是未指定任何SSID，一类是指定了SSID的探测请求帧，如果此种探测请求帧指定了SSID，这就表示STA只希望找到特定的SSID进行连接，不需要除指定SSID之外的其他网络，AP收到了此种请求帧后，只有在发现请求帧中的SSID和自己的SSID一致的情况下，才会回应STA帧（Probe Reponse），如图7-3与图7-4所示。

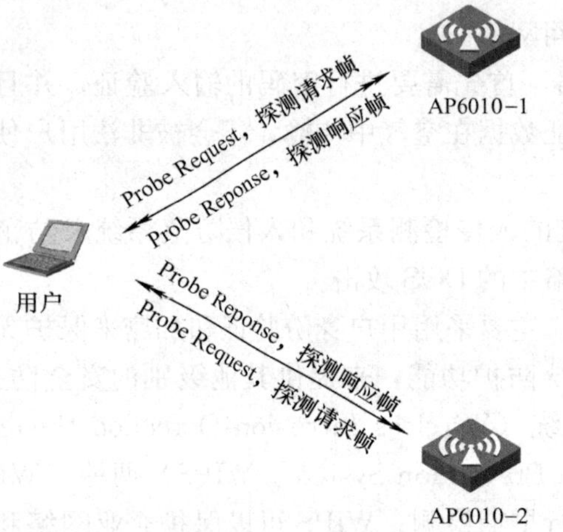

图7-3　未指定SSID AP主动扫描

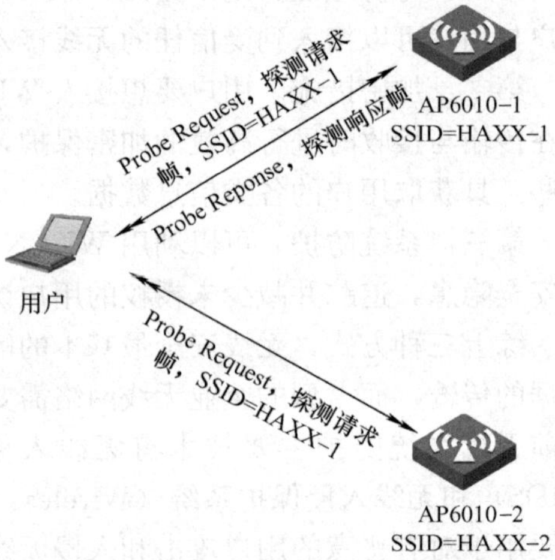

图7-4　指定SSID AP主动扫描

2. 被动扫描

在被动扫描情况下，STA是不会主动发送探测请求报文，它要做的只是被动地接收AP定期发送的信标帧（Beacon帧），AP设备会定期地向外广播发送Beacon帧，此种Beacon帧中，会包含有AP的SSID和支持速率等信息，如AP发送Beacon帧的默认周期为100ms，那么AP每隔100ms都会广播发送一次Beacon帧，STA就是通过在其支持的每个信道上侦听Beacon帧，来获知周围存在的无线网络。

注意：如果在无线网络中配置的Beacon帧，隐藏了SSID这一功能，此时AP发送的Beacon帧中，携带的SSID是空字符串，这时STA是无法从Beacon帧中获取到SSID信息的。

STA 是选择通过主动扫描还是被动扫描来搜索无线信号呢？这完全由 STA 的支持情况来决定，手机或计算机的无线网卡，一般来说这两种扫描方式都会支持，无论是主动扫描还是被动扫描，探测到的无线网络都会显示在手机或计算机的网络连接中，供使用者选择接入，而一般的 VoIP 语音终端设备，通常会使用被动扫描方式，其目的是可以节省电量。

7.1.3 WLAN 安全策略——WEP 协议

有线等效保密（Wired Equivalent Privacy，WEP）协议是 WLAN 的第一个安全协议，由 802.11 标准定义，WEP 协议被用来提供与有线局域网 LAN 同级别的安全性能，但是 LAN 比 WLAN 更安全，因为 LAN 的物理结构对其有所保护，部分或全部网络埋在建筑物里面也可以防止未授权的访问，而 WLAN 网络完全是在空气中传播的。

WEP 协议采用 RC4 加密算法，RC4 是一种密钥长度可变的流加密算法，系统生成 24 位的初始向量，WLAN 服务端和客户端上配置 40 位、104 位或 128 位密钥，将初始向量与密钥进行校验和运算得到最终用于加密的长度为 64 位、128 位或 152 位的密钥流。WEP 安全认证协议主要涉及链路认证与数据加密，不涉及接入认证和密钥的协商。

1. 链路认证

WEP 协议支持以下两种链路认证方式：

1）开放系统认证，可以理解为实际 WLAN 网络中可以不进行认证，即网络中 STA 发送认证请求时，AP 都会响应认证通过，就比如在生活中，PC 搜索到某个无线网络，如果此无线网络采用的是开放系统认证，那么就不需要输入任何有关密钥等认证凭证，系统就会提示已经关联上了此无线网络，如图 7-5 所示。

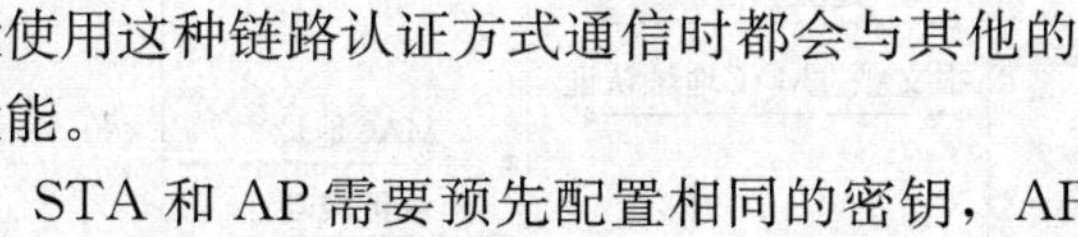

图 7-5 开放系统认证

但是需要注意，这种开放性的认证也是一种认证方式，只不过这种链路认证方式，只要任何 STA 终端发送认证请求，AP 都会响应认证成功，是一种不安全的认证方式，所以在实际工程、生活中一般使用这种链路认证方式通信时都会与其他的接入认证方式结合使用，从而提高网络的安全性能。

2）共享密钥认证，STA 和 AP 需要预先配置相同的密钥，AP 设备在链路认证时，验证 STA 与 AP 两端的密钥是否相同，如果相同，则认证通过，如果不同，则认证失败。

其认证主要可以分为四步，第一步，由 STA 向 AP 发送一个认证请求；第二步，AP 收到 STA 发来的认证请求之后，会生成一个挑战代码，然后将这个挑战代码发送给 STA，假设这个挑战代码为 A；第三步，STA 收到这个挑战代码，会用自己的密钥 KEY 将其进行加密，假设加密后变成了 B，然后 STA 会将这个代码 B 发送给 AP 设备；第四步，AP 设备收到 STA 的加密信息 B 后，会使用自己的密钥 KEY 进行解密，这时如果解密后代码与之前的 A 一致，则告知 STA 认证成功，否则认证失败，如图 7-6 所示。

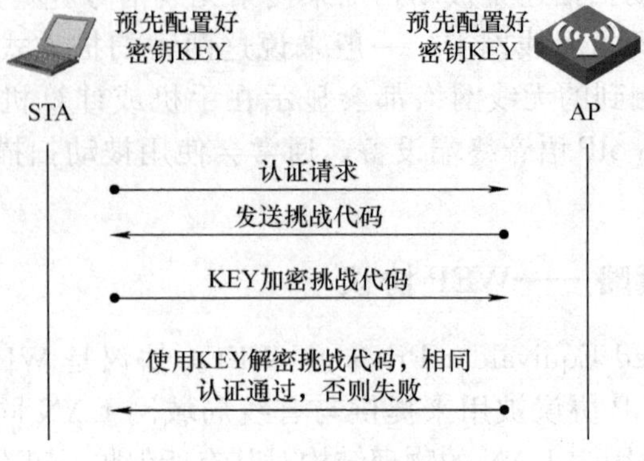

图 7-6　共享密钥认证

2. 数据加密

如果选择开放系统认证，那么用户上线之后，可以通过配置选择是否需要对业务数据进行加密，如果选择加密，则需要配置加密密钥；如果选择共享密钥认证，用户上线之后，使用共享密钥对业务数据进行加密。

注意： WEP 安全协议中的数据加密，是所有的用户终端使用同一个加密密钥。

目前在实际 WLAN 网络应用中，如果采用 WEP 安全协议并且是开放系统认证方式的话，通常会配合使用 MAC 认证或者 Portal 认证，这样才可以对用户进行接入控制，提高网络的安全性能。

1）MAC 认证，通常情况下，无法安装或无需安装 802.1X 协议客户端的 STA，会使用 MAC 认证功能实现 802.1X 拨号功能。MAC 认证是一种基于端口号和 MAC 地址，来对用户的网络访问权限进行控制的认证方法，用户只需要在认证服务器处加入 STA 自身的 MAC 地址，就能不通过其他认证信息，自动完成 WLAN 数据认证。MAC 认证方式通常是由专门的认证服务器完成，也可以由接入设备完成，如图 7-7 所示。

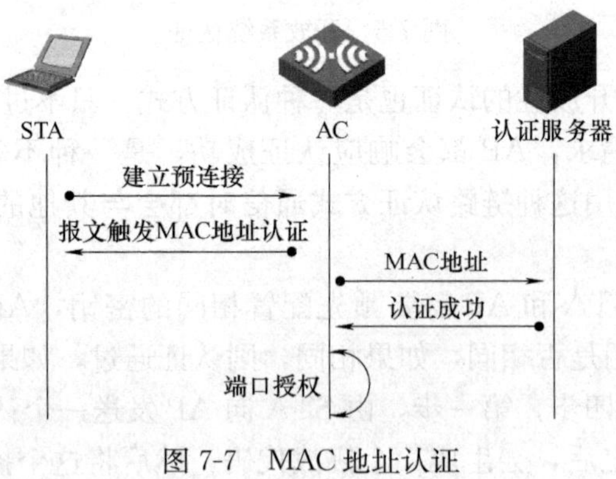

图 7-7　MAC 地址认证

在图 7-7 中，如果采用 MAC 地址认证，那么 AC 将需要授权 STA 的 MAC 地址发送至认证服务器端，认证服务器检查数据库，如果允许此 MAC 地址授权，则响应认证成功报文，此时 AC 将对端口进行授权操作，STA 即可通过该端口访问 WLAN 网络。

2）Portal 认证，也称为 WEB 认证，用户上网时只需要在门户网站上输入认证信息，然后由认证服务器对用户的认证进行确认处理操作，这种认证方式不需要安装任何认证客户端，减少了客户端的维护工作量，并且便于维护、运营、管理，广泛应用于运营商、高校等网络。

在很多公共场合，无线网络本身没有密码，用户直接可以连上此网络，但是当用户访问网络的时候，会要求用户输入用户名和密码，一般都是手机号码和动态验证码，认证成功之后，用户就可以上网了，这就是典型的采用 Portal 认证的无线网络，如图 7-8 所示。

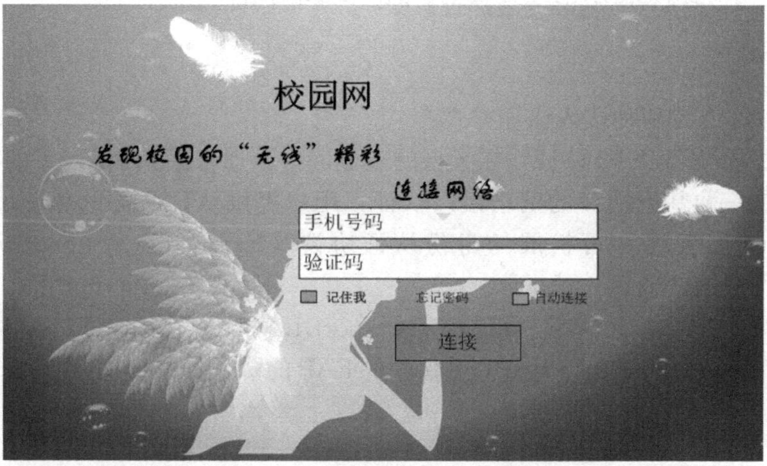

图 7-8 Portal 认证界面示意图

7.1.4 WLAN 安全策略——WPA/WPA2

在 WLAN 发展的初期，WEP 安全策略可以一定程度上保障无线网络的安全性，但是它仍存在诸多隐患，比如：

1）采用静态密钥，即接入同一个 SSID 的所有 STA 都使用相同的密钥来访问无线网络，如果一个 STA 的密钥泄露了，那么将会导致其他的用户密钥全部泄露。

2）24 位的初始向量很容易重复使用，而且采用明文传输，那么如果非法用户采用一些无线窃听工具，收集到这些特定的初始向量数据，并且进行分析解析，很有可能破解出完整的密钥。

3）WEP 安全策略采用的 RC4 加密算法，其算法本身就存在一定的安全漏洞。

为了解决 WEP 安全策略存在的安全隐患问题，起初，WiFi 联盟推出了 WiFi 网络保护访问协议（WiFi Protected Access，WPA）安全策略，其策略采用了临时密钥完整性协议（Temporal Key Integrity Protocol，TKIP）加密算法，提供了密钥重置机制，并且增强了密钥的有效长度，最大程度上弥补了 WEP 安全策略的不足。

随后，802.11i 安全标准组织又根据 WPA 安全策略推出了加强版 WPA2 安全策略，此安全策略采用计数器模式密码块链消息完整码协议（Counter Mode with CBC - MAC Protocol，CCMP）加密机制，该加密机制使用的高级加密标准（Advanced Encryption Standard，AES）加密算法，比 TKIP 更难被破解。目前 WPA 安全策略与 WPA2 安全策略都可以使用 TKIP 或 AES 加密算法，从而实现更好的兼容性，安全性能上几乎没有差别。

WPA/WPA2 安全策略主要涉及链路认证、接入认证、密钥协商和数据加密四大部分内容。

1. 链路认证

WPA/WPA2 链路认证仅支持开放系统认证，同 WEP 安全策略中的开放系统认证一致，只要搜索到某个无线网络，如果这个网络采用的是开发性系统认证，那么就不需要输入任何认证凭证，系统就会提示已经关联上了这个无线网络。

2. 接入认证

WPA/WPA2 支持两种接入认证方式：

1）企业版 WPA/WPA2 认证：在大型的企业网中，通常采用 802.1X 的接入认证方式，此种认证方式是一种基于端口的网络接入认证，用户提供认证所需的凭证，如用户名和密码，通过 Radius 服务器和可扩展的身份认证协议（Extensible Authentication Protocol，EAP）实现对用户的认证。

WPA/WPA2 支持基于 EAP - TLS（Transport Layer Security，TLS）传输安全协议和 EAP - PEAP（Protected EAP，PEAP）受保护的 EAP 的 802.1X 认证方式，如图 7-9 与图 7-10 所示。

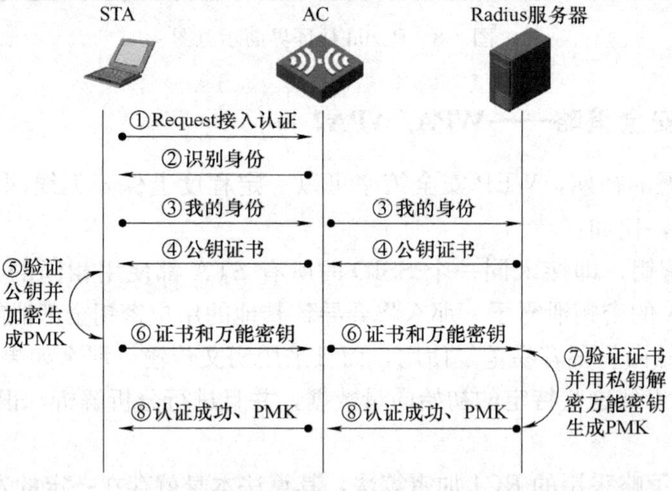

图 7-9　基于 EAP - TLS 的 802.1X 认证

图 7-9 与图 7-10 所示的 802.1X 认证流程看似比较复杂，但是对于实际应用，我们并不需要了解这些复杂的流程细节，只需要在 802.1X 客户端选择所需要的认证方式，其他的流程都交与认证服务器进行处理。

2）个人版 WPA/WPA2 认证：对一些家庭客户或者是中小型的企业网络，如果部署一台专用的认证服务器，所需要的成本将过于高昂，同时需要维护成本，并且维护也很复杂，此时通常采用 WPA/WPA2 预共享密钥模式，只需要事先在 STA 和 AP/AC 设备端配置相同的预共享密钥，然后通过是否可以对协商的消息成功解密，从而来确定 STA 端配置的预共享密钥是否和 AP/AC 设备端配置的预共享密钥相同，从而完成 STA 用户的接入认证。

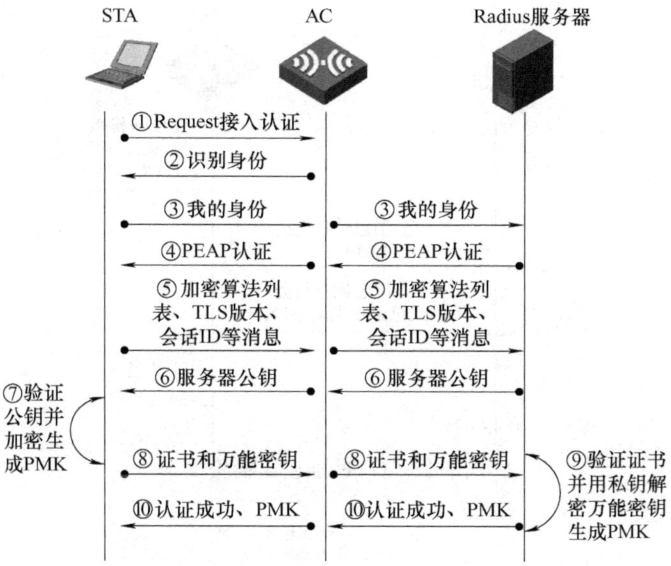

图 7-10　基于 EAP－PEAP 的 802.1X 认证

3. 密钥协商

根据接入认证阶段生成的成对主密钥（Pairwise Master Key，PMK）产生成对临时密钥（Pairwise Transient Key，PTK）和组密钥（Group Temporal Key，GTK），其中 PTK 用来对单播报文进行加密，而 GTK 用来对组播和广播报文进行加密，如图 7-11 与图 7-12 所示。

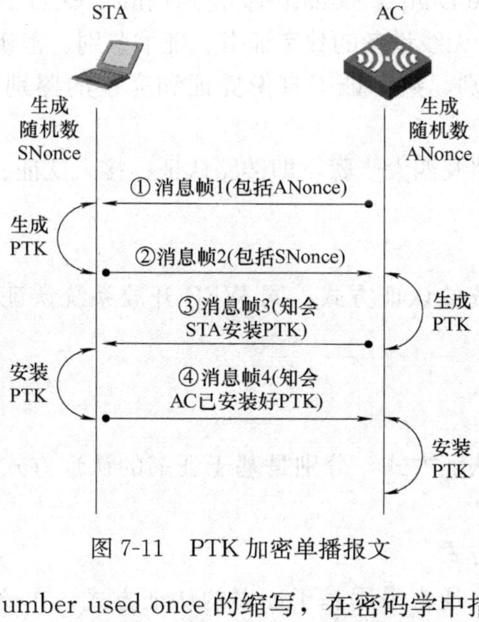

图 7-11　PTK 加密单播报文

图 7-11 中 Nonce 是 Number used once 的缩写，在密码学中指一个只使用一次的任意或非重复的随机数值，SNonce 代表终端 STA 只使用一次的随机数值，ANonce 代表接入点 AP 只使用一次的随机数值，GNonce 代表 GTK 只使用一次的随机数值。

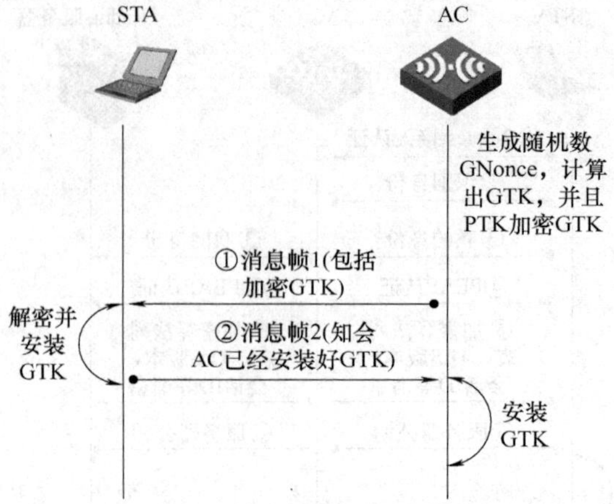

图 7-12　GTK 加密组播报文

4. 数据加密

经过上述的三大步骤，链路认证、接入认证、密钥协商之后，通信双方就需要进行数据的加密处理，然后才会进行数据传输，加密的算法一般可以使用 TKIP 或者 AES，加密密钥使用密钥协商阶段中协商出的密钥。

7.1.5　WLAN 安全策略——WAPI

无线局域网鉴别与保密基础结构（WLAN Authentication and Privacy Infrastructure，WAPI）是由中国提出的有关无线安全的标准，此标准采用基于公钥密码体制的椭圆曲线数字签名算法（Elliptic Curve Digital Signature Algorithm，ECDSA）和对称密码体制的分组加密算法 SMS4，分别用于无线设备的数字证书、证书鉴别、密钥协商和传输数据的加密与解密，通过双方身份的鉴别、数字证书身份凭证和完善的鉴别协议，从而提供比 WPA/WPA2 更高更强的安全性能。

WAPI 安全策略主要涉及四大步骤，即链路认证、接入认证、密钥协商和数据加密。

1. 链路认证

WAPI 仅支持开放系统的认证方式，同 WEP 开放系统认证方式一致，这里不再详细介绍。

2. 接入认证

WAPI 支持两种接入认证方式，分别是基于证书的认证方式与基于预共享密钥的认证方式。

（1）基于证书的认证方式

在大型的企业网络中，通常采用基于证书的认证方式，在 AC 与 STA 数据协商之前，STA 与 AC 必须预先拥有各自的证书，然后再通过认证服务器对双方设备的身份进行鉴别，如图 7-13 所示。

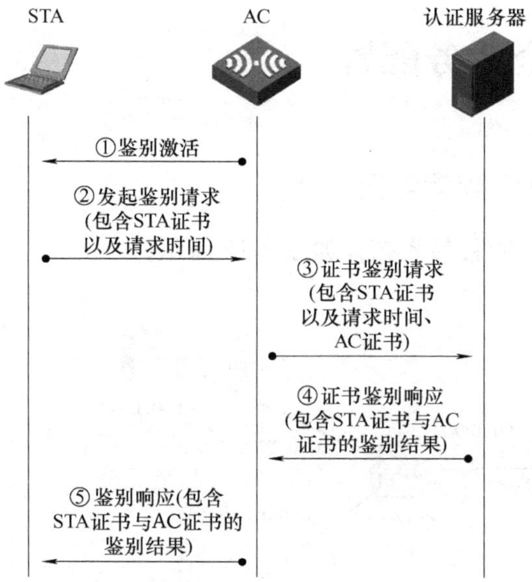

图 7-13 基于证书方式的 WAPI 认证

从图 7-13 可以看出，基于证书方式的 WAPI 认证提供了双向身份鉴别，鉴别服务器不仅对 STA 端进行身份鉴别，还对 AC 设备端进行身份鉴别，那么这样不仅可以防止非法的 STA 接入至 WLAN 网络中，还可以防止合法的 STA 设备接入至非法的 AC 设备。

(2) 基于预共享密钥的认证方式

对于一些家庭客户或者中小型的企业网络，部署一台认证证书系统需要的成本较高，通常会采用基于预共享密钥的认证方式，只需要事先在 STA 和 WLAN 设备端配置相同的预共享密钥，然后通过是否能够对协商的消息成功解密，来确定 STA 端配置的预共享密钥是否与 WLAN 设备配置的预共享密钥相同，以完成 STA 设备端接入认证功能的配置。

3. 密钥协商

WAPI 身份鉴别成功之后，WLAN 设备就会与 STA 端进行密钥协商的过程，先协商出用于加密单播报文的单播加密密钥，再协商出用于加密组播报文的组播加密密钥，如图 7-14 所示。

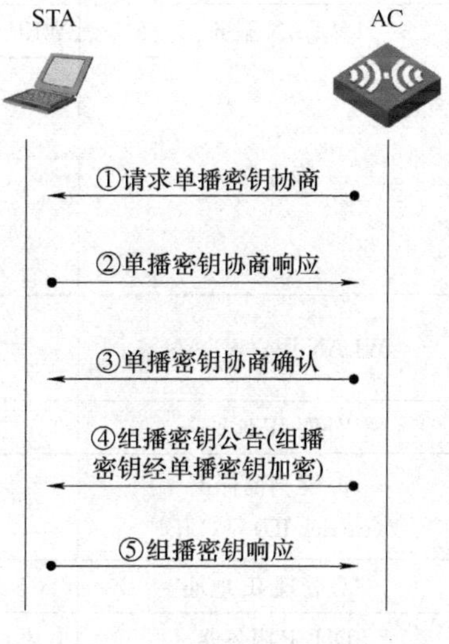

图 7-14 WAPI 密钥协商流程

4. 数据加密

同 WPA/WPA2 一样，经过上述的三大步骤，即链路认证、接入认证、密钥协商之后，通信双方就需要经过加密处理后的数据传输，加密算法使用的是 SMS4，加密密钥使用密钥协商阶段中协商出的密钥。

华为 WLAN 安全策略较多，选用合适的安全策略需要从 WLAN 应用场景、安全性能的要求以及经济成本等诸多方面进行综合性的考虑。

7.2 WLAN 安全业务配置

7.2.1 WLAN 安全认证配置组网拓扑

WLAN 直接二层组网直接转发拓扑如图 7-15 所示。

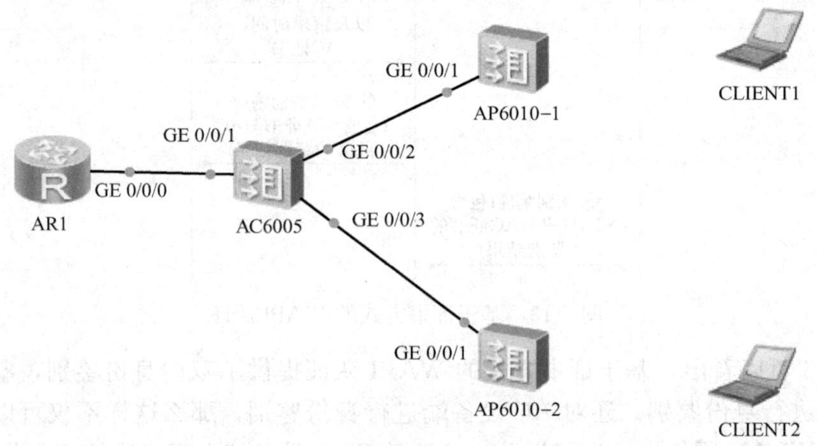

图 7-15　WLAN 直接二层组网直接转发拓扑

如图 7-15 所示，AR1 接外网并且使用 GE0/0/0 端口与 AC6005 无线控制器的 GE0/0/1 端口互连，即采用 WLAN 组网中的 AC 直接组网方式，现规划数据，AC6005 无线控制器与 AP6010 无线接入点属于同一网络，即二层组网，具体数据规划如表 7-1 所示。

表 7-1　WLAN 业务数据规划

配　置　项	AP6010 - 1 规划数据	AP6010 - 2 规划数据
WLAN 服务	WEP Open - System 认证，不加密；WEP share - key 认证，加密；WPA 认证，加密	
服务集	名称：fuwuji101、fuwuji102、fuwuji103 SSID：wep、wpa、open WLAN 虚端口：WLAN - ESS 1、WLAN - ESS 2、WLAN - ESS 3 数据转发模式：直接转发	
WLAN 用户 VLAN	VLAN 101　10.10.101.0/24；VLAN 102　10.10.102.0/24； VLAN 103　192.168.103.0/24	
外网 IP 地址	LoopBack 0　100.100.100.100/24	
AC 运营商标识 (carrier ID)/AC ID	other/1	
AC 管理 IP 地址	VLANIF 端口地址：10.10.100.1/24	
DHCP 服务器	AC	

7.2.2　实验配置

1. 路由器 AR1 侧数据配置

1）端口 IP 地址配置：

＜Huawei＞system-view　　//进入系统视图
Enter system view, return user view with Ctrl＋Z.
[Huawei]sysname AR1　　//设备命名为 AR1
[AR1]interface GigabitEthernet 0/0/0　　//进入 GE0/0/0 端口
[AR1-GigabitEthernet0/0/0]ip address 10.10.200.1 24 //配置端口 IP 地址信息
[AR1-GigabitEthernet0/0/0] quit
[AR1]interface LoopBack 0　//进入 LoopBack 0 端口。LoopBack 端口是一种虚拟端口，物理上是不存在的，它主要有以下三点优点：①LoopBack 端口创建成功后，物理层状态与链路层协议永远处于激活状态，即 UP 状态；②LoopBack 端口可以配置 IP 地址，并且为了节约 IP 地址，系统会自动给 LoopBack 端口的 IP 地址分配一个 32 位长度的子网掩码；③LoopBack 端口也可以使能路由协议，可以收发路由协议报文
[AR1-LoopBack0]ip address 100.100.100.100 24　　//配置端口 IP 地址信息
[AR1-LoopBack0] quit

2）OSPF 协议配置：

[AR1]ospf 1 router-id1.1.1.1　//OSPF 进程为 1，并且配置路由 router-id 为 1.1.1.1
[AR1-ospf-1]area 0　　//进入区域 area 0 视图内
[AR1-ospf-1-area-0.0.0.0]network 10.10.200.0 0.0.0.255
　　//宣告 10.10.200.0 的网段信息至 OSPF 进程 1 区域 0 网络内
[AR1-ospf-1-area-0.0.0.0]network 100.100.100.0 0.0.0.255
　　//宣告 100.100.100.0 的网段信息至 OSPF 进程 1 区域 0 网络内
[AR1-ospf-1-area-0.0.0.0] quit
[AR1-ospf-1] quit
[AR1]

2. AC6005 侧数据配置

(1) AC6005 DHCP 服务器配置

＜AC6005＞system-view//进入系统视图
Enter system view, return user view with Ctrl＋Z.
[AC6005]vlan batch 100 to 103 200//批量创建 VLAN 100、101、102、103、200
Info: This operation may take a few seconds. Please wait for a moment...done.
[AC6005]dhcp enable//全局系统使能 DHCP
[AC6005]interface Vlanif 100//进入三层端口 VLANIF 100
[AC6005-Vlanif100]ip address 10.10.100.1 24//为三层端口 VLANIF 100 配置 IP 地址
[AC6005-Vlanif100]dhcp select interface//配置 DHCP IP 地址从此 VLANIF 下获取
[AC6005-Vlanif100]quit

```
[AC6005]interface Vlanif 101          //进入三层端口 VLANIF 101
[AC6005-Vlanif101]ip address 10.10.101.1 24 //配置端口 IP 地址
[AC6005-Vlanif101]dhcp select interface //配置 DHCP IP 地址从此 VLANIF 下获取
[AC6005-Vlanif101]dhcp server dns-list 8.8.8.8
//配置 DHCP 获取的 DNS 为 8.8.8.8，该 IP 地址是谷歌提供的免费 DNS 服务器的 IP 地址
[AC6005-Vlanif101] quit
[AC6005]interface Vlanif 102 //进入三层端口 VLANIF 102
[AC6005-Vlanif102]ip address 10.10.102.1 24   //配置端口 IP 地址
[AC6005-Vlanif102]dhcp select interface        //配置 DHCP IP 地址从此 VLANIF
                                                 下获取
[AC6005-Vlanif102]dhcp server dns-list 8.8.8.8   //配置 DHCP 获取的 DNS 为 8.8.8.8
[AC6005-Vlanif102] quit
[AC6005]interface Vlanif 103                   //进入三层端口 VLANIF 103
[AC6005-Vlanif103]ip address 192.168.103.1 24  //配置端口 IP 地址
[AC6005-Vlanif103]dhcp select interface        //配置 DHCP IP 地址从此 VLANIF
                                                 下获取
[AC6005-Vlanif103]dhcp server dns-list 8.8.8.8   //配置 DHCP 获取的 DNS 为 8.8.8.8
[AC6005-Vlanif103] quit
[AC6005]interface Vlanif 200                   //进入三层端口 VLANIF 200
[AC6005-Vlanif200]ip address 10.10.200.2 24    //配置端口 IP 地址
[AC6005-Vlanif200] quit
```

（2）端口属性及端口 VLAN 配置

```
[AC6005]interface GigabitEthernet 0/0/2          //进入端口 GE0/0/2 内
[AC6005-GigabitEthernet0/0/2]port link-type trunk //修改端口类型为 Trunk 端口
[AC6005-GigabitEthernet0/0/2]port trunk pvid vlan 100 //配置此端口的 pvid 为 VLAN 100
[AC6005-GigabitEthernet0/0/2]port trunk allow-pass vlan 100 to 103
        //配置此端口允许 VLAN 100、101、102、103 通过
[AC6005-GigabitEthernet0/0/2] quit
[AC6005]interface GigabitEthernet 0/0/3 //进入端口 GE0/0/3 内
[AC6005-GigabitEthernet0/0/3]port link-type trunk //修改端口类型为 Trunk 端口
[AC6005-GigabitEthernet0/0/3]port trunk pvid vlan 100 //配置此端口的 pvid 为 VLAN 100
[AC6005-GigabitEthernet0/0/3]port trunk allow-pass vlan 100 to 103
        //配置此端口允许 VLAN 100、101、102、103 通过
[AC6005-GigabitEthernet0/0/3] quit
[AC6005]interface GigabitEthernet 0/0/1 //进入端口 GE0/0/1 内
[AC6005-GigabitEthernet0/0/1]port link-type access //修改端口类型为 access 端口
[AC6005-GigabitEthernet0/0/1]port default vlan 200 //配置此端口默认 VLAN 为 VLAN 200
[AC6005-GigabitEthernet0/0/1] quit
```

（3）WLAN-ESS 虚端口配置

```
[AC6005]interface Wlan-Ess 1 //创建 WLAN-ESS 1 端口，并进入其视图
```

[AC6005-Wlan-Ess1]port hybrid untagged vlan 101 //允许此端口 VLAN 101 不带标签通过
[AC6005-Wlan-Ess1] quit
[AC6005]interface Wlan-Ess 2 //创建 WLAN-ESS 2 端口，并进入其视图
[AC6005-Wlan-Ess2]port hybrid untagged vlan 102 //允许此端口 VLAN 102 不带标签通过
[AC6005-Wlan-Ess2] quit
[AC6005]interface Wlan-Ess 3 //创建 WLAN-ESS 3 端口，并进入其视图
[AC6005-Wlan-Ess3]port hybrid untagged vlan 103 //允许此端口 VLAN 102 不带标签通过
[AC6005-Wlan-Ess3] quit
[AC6005]

(4) OSPF 协议配置

[AC6005]ospf 1 router-id 2.2.2.2 //进入 OSPF 进程 1，并且配置路由 router-id 为 2.2.2.2
[AC6005-ospf-1]area 0 //进入区域 area 0 视图内
[AC6005-ospf-1-area-0.0.0.0]network 10.10.200.0 0.0.0.255
//宣告 10.10.200.0 的网段信息至 OSPF 进程 1 区域 0 网络内
[AC6005-ospf-1-area-0.0.0.0] quit
[AC6005-ospf-1]area 1 //进入区域 area 1 视图内
[AC6005-ospf-1-area-0.0.0.1]network 10.10.100.0 0.0.0.255
//宣告 10.10.100.0 的网段信息至 OSPF 进程 1 区域 1 网络内
[AC6005-ospf-1-area-0.0.0.1]network 10.10.101.0 0.0.0.255
//宣告 10.10.101.0 的网段信息至 OSPF 进程 1 区域 1 网络内
[AC6005-ospf-1-area-0.0.0.1]network 10.10.102.0 0.0.0.255
//宣告 10.10.102.0 的网段信息至 OSPF 进程 1 区域 1 网络内
[AC6005-ospf-1-area-0.0.0.1]network 192.168.103.0 0.0.0.255
//宣告 192.168.103.0 的网段信息至 OSPF 进程 1 区域 1 网络内
[AC6005-ospf-1-area-0.0.0.1] quit
[AC6005-ospf-1] quit

(5) AC 指定源与 AP 上线数据配置

[AC6005]wlan //进入 WLAN 视图内
[AC6005-wlan-view]wlan ac source interface Vlanif 100 //指定 AC 源端口为 VLANIF 100
[AC6005-wlan-view]ap-auth-mode no-auth //配置 AP 的认证方式为不认证
[AC6005-wlan-view] quit
[AC6005]display ap all //使用“display ap all”命令查询 AP 上线情况

```
All AP information (Normal-2, UnN ormal-0):
-----------------------------------------------------------
AP ID   AP Type   AP MAC   Profile ID/Region   AP State   AP Sysname
-----------------------------------------------------------
0   AP6010DN-AGN   00e0-fcda-4150   0/0   normal   ap-0
1   AP6010DN-AGN   00e0-fcae-1fa0   0/0   normal   ap-1
```

```
--------------------------------------------------
Total number:2
```

[AC6005]

(6) WLAN WMM与流量模板配置

```
[AC6005]wlan                                    //进入WLAN视图
[AC6005-wlan-view]wmm-profile name wmm id 1 //创建WMM模板名称为wmm, ID号为1
[AC6005-wlan-wmm-prof-wmm] quit
[AC6005-wlan-view]traffic-profile name traffic id 1//创建流量模板名称为traffic, ID号为1
[AC6005-wlan-traffic-prof-traffic] quit
```

(7) WLAN安全模板的配置

```
[AC6005-wlan-view]security-profile name open id 1
//创建安全模板名称为open, ID号为1, 这里采用系统默认的安全模板, 即开放认证,
  不加密措施
[AC6005-wlan-sec-prof-open] quit
[AC6005-wlan-view]security-profile name wep id 2//创建安全模板名称为wep, ID号为2
[AC6005-wlan-sec-prof-wep]wep authentication-method share-key
//配置wep认证模式为share-key即预共享密码认证
[AC6005-wlan-sec-prof-wep]wep key wep-128 pass-phrase 0 simple huawei1234567890
//配置wep密钥采用wep-128、pass-phrase密码格式,明文密码为huawei1234567890
[AC6005-wlan-sec-prof-wep] quit
[AC6005-wlan-view]security-profile name wpa id 3 //创建安全模板名称为wpa, ID号为3
[AC6005-wlan-sec-prof-wpa]security-policy wpa      //配置安全策略为WPA
[AC6005-wlan-sec-prof-wpa] wpa authentication-method psk pass-phrase simple huawei12345 encryption-method ccmp //配置WPA安全认证方法为PSK, 采用pass-phrase密码
                                   格式, 明文密码为huawei12345, 采用CCMP加密方法
[AC6005-wlan-sec-prof-wpa] quit
```

(8) WLAN服务集配置

```
[AC6005-wlan-view]service-set name fuwuji101 id 1   //创建WLAN服务集名称为
                                                     fuwuji101, ID号为1
[AC6005-wlan-service-set-fuwuji101]wlan-ess 1   //配置此服务集关联WLAN-ESS 1
[AC6005-wlan-service-set-fuwuji101]ssid wep    //配置SSID号为wep
[AC6005-wlan-service-set-fuwuji101]traffic-profile id 1   //配置此服务集关联流量模板
                                                          ID号为1的流量模板
[AC6005-wlan-service-set-fuwuji101]security-profile id 2   //配置此服务集关联安全模
                                                           板ID号为2的安全模板
[AC6005-wlan-service-set-fuwuji101]service-vlan 101
//配置服务VLAN为101,这里的服务VLAN要与关联的WLAN-ESS端口一致
```

Info：This action may cause service interruption if you don't execute commit command.
[AC6005-wlan-service-set-fuwuji101]display this　//使用“display this”命令查询此服务集数据配置信息

```
wlan-ess 1
ssid wep
traffic-profile id 1
security-profile id 2
service-vlan 101
```

[AC6005-wlan-service-set-fuwuji101] quit
[AC6005-wlan-view]service-set name fuwuji102 id 2　//创建 WLAN 服务集名称为 fuwuji102，ID 号为 2
[AC6005-wlan-service-set-fuwuji102]wlan-ess 2　//配置此服务集关联 WLAN-ESS 2
[AC6005-wlan-service-set-fuwuji102]traffic-profile id 1　//配置此服务集关联流量模板 ID 号为 1 的流量模板
[AC6005-wlan-service-set-fuwuji102]security-profile id 3　//配置此服务集关联安全模板 ID 号为 3 的安全模板
[AC6005-wlan-service-set-fuwuji102]service-vlan 102
//配置服务 VLAN 为 102，这里的服务 VLAN 要与关联的 WLAN-ESS 端口一致
Info：This action may cause service interruption if you don't execute commit command.
[AC6005-wlan-service-set-fuwuji102]ssid wpa　//配置 SSID 号为 wpa
[AC6005-wlan-service-set-fuwuji102]display this　//使用“display this”命令查询此服务集数据配置信息

```
wlan-ess 2
ssid wpa
traffic-profile id 1
security-profile id 3
service-vlan 102
```

[AC6005-wlan-service-set-fuwuji102] quit
[AC6005-wlan-view]service-set name fuwuji103 id 3　//创建 WLAN 服务集名称为 fuwuji103，ID 号为 3
[AC6005-wlan-service-set-fuwuji103]wlan-ess 3　//配置此服务集关联 WLAN-ESS 3
[AC6005-wlan-service-set-fuwuji103]ssid open　//配置 SSID 号为 open
[AC6005-wlan-service-set-fuwuji103]traffic-profile id 1　//配置此服务集关联流量模板 ID 号为 1 的流量模板
[AC6005-wlan-service-set-fuwuji103]security-profile id 1　//配置此服务集关联安全模板 ID 号为 1 的安全模板
[AC6005-wlan-service-set-fuwuji103]service-vlan 103

//配置服务 VLAN 为 103，这里的服务 VLAN 要与关联的 WLAN-ESS 端口一致

Info：This action may cause service interruption if you don't execute commit command.

[AC6005-wlan-service-set-fuwuji103]user-isolate //配置用户二层网络隔离

[AC6005-wlan-service-set-fuwuji103]display this //使用"display this"命令查询此服务集数据配置信息

```
wlan-ess 3
ssid open
user-isolate
traffic-profile id 1
security-profile id 1
service-vlan 103
```

[AC6005-wlan-service-set-fuwuji103] quit

(9) WLAN 射频模板配置与引用

[AC6005-wlan-view]radio-profile name radio id 1 //创建射频模板名称为 radio，ID 号为 1，并且进入射频模式视图内

[AC6005-wlan-radio-prof-radio]wmm-profile id 1 //绑定 WMM 模板 ID 号为 1

[AC6005-wlan-radio-prof-radio] quit

(10) WLAN VAP 配置

[AC6005-wlan-view] ap 0 radio 0 //进入第 0 个 AP 设备 radio 0 的天线视图下

[AC6005-wlan-radio-0/0]radio-profile id 1 //配置此天线绑定 ID 号为 1 的射频模板

Warning：Modify the Radio type may cause some parameters ofRadio resume default value，are you sure to continue? [Y/N]：y

[AC6005-wlan-radio-0/0]service-set id 1 //配置此天线绑定服务集 ID 号为 1

[AC6005-wlan-radio-0/0]service-set id 2 //配置此天线绑定服务集 ID 号为 2

[AC6005-wlan-radio-0/0]service-set id 3 //配置此天线绑定服务集 ID 号为 3

[AC6005-wlan-radio-0/0] quit

[AC6005-wlan-view]ap 1 radio 0 //进入第 1 个 AP 设备 radio 0 的天线视图下

[AC6005-wlan-radio-1/0]radio-profile id 1 //配置此天线绑定 ID 号为 1 的射频模板

Warning：Modify the Radio type may cause some parameters of Radio resume default value，are you sure to continue? [Y/N]：y

[AC6005-wlan-radio-1/0]channel 20MHZ 6 //配置射频信道带宽工作在 20MHz，且信道为 6，默认工作在 20MHz 下

[AC6005-wlan-radio-1/0]service-set id 1 //配置此天线绑定服务集 ID 号为 1

[AC6005-wlan-radio-1/0]service-set id 2 //配置此天线绑定服务集 ID 号为 2

[AC6005-wlan-radio-1/0]service-set id 3 //配置此天线绑定服务集 ID 号为 3

[AC6005-wlan-radio-1/0] quit

(11) 下发 AP 的 WLAN 服务配置

[AC6005-wlan-view]commit all //确认下发 AC 所有 AP 数据配置至 AP 上，这里瘦

AP 是零配置
Warning：Committing configuration may cause service interruption，continue? [Y/N] y
[AC6005-wlan-view]

7.2.3　实验结果与补充

1）数据配置完成之后，AP6010 设备会释放出 WLAN 无线信号，如图 7-16 所示。

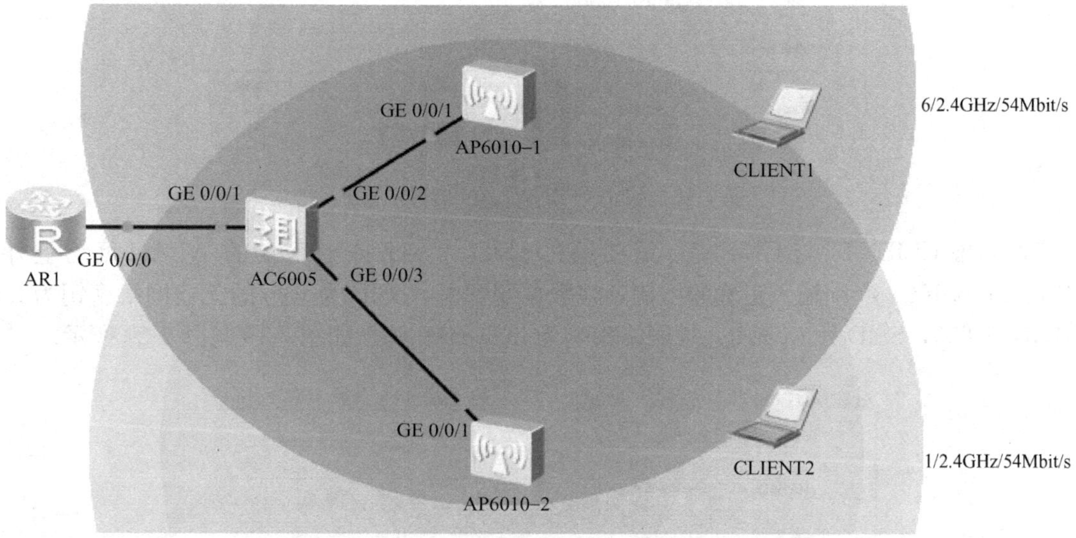

图 7-16　WLAN 数据配置完成示意图

从图 7-16 可以看出，AP6010 - 1 无线接入点设备释放出的无线信号是工作在 2.4GHz 频段、6 信道、数据传输速率为 54Mbit/s 的 WLAN 信号，而 AP6010 - 2 无线接入点设备释放出的无线信号是工作在 2.4GHz 频段、1 信道、数据传输速率为 54Mbit/s 的 WLAN 信号。

2）由于这里配置了三种不同的安全策略，分别是 OPEN、WEP、WPA，并且 WEP、WPA 都设置了相应的密码进行保护，则打开无线客户端 CLIENT1、CLIENT2 会搜索到 3 种 SSID，并且有两种 SSID 需要输入正确的密钥才可以接入到 WLAN 网络中，如图 7-17 和图 7-18 所示。

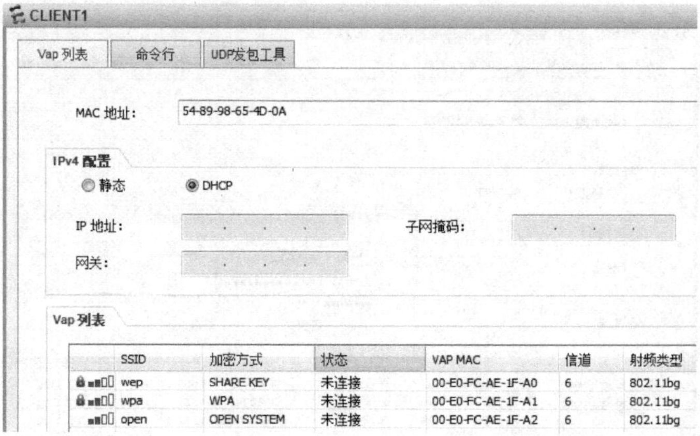

图 7-17　CLIENT1 WLAN 信号示意图

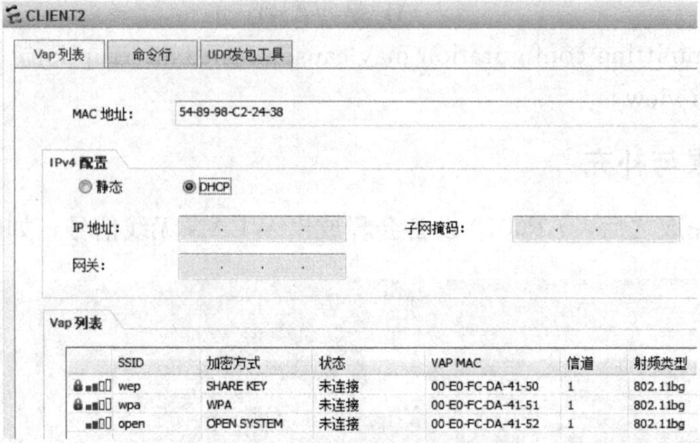

图 7-18　CLIENT2 WLAN 信号示意图

3）如果 CLIENT1 与 CLIENT2 需要通过 SSID 为 wep 或者 wpa 的 WLAN 网络上外网 100.100.100.100，必须输入正确的密钥，在数据配置中，SSID 为 wep 的无线网络密钥为 huawei1234567890，SSID 为 wpa 的无线网络密钥为 huawei12345，如图 7-19 与图 7-20 所示。

图 7-19　SSID 为 wep 连接示意图

图 7-20　SSID 为 wpa 连接示意图

4）如果 CLIENT1 与 CLIENT2 要连接上 SSID 为 wep 和 wpa 的 WLAN 网络，需要先通过作为 DHCP 服务器的 AC 自动获取相应的 IP 地址，然后才能与外网 100.100.100.100 通信，如图 7-21 与图 7-22 所示。

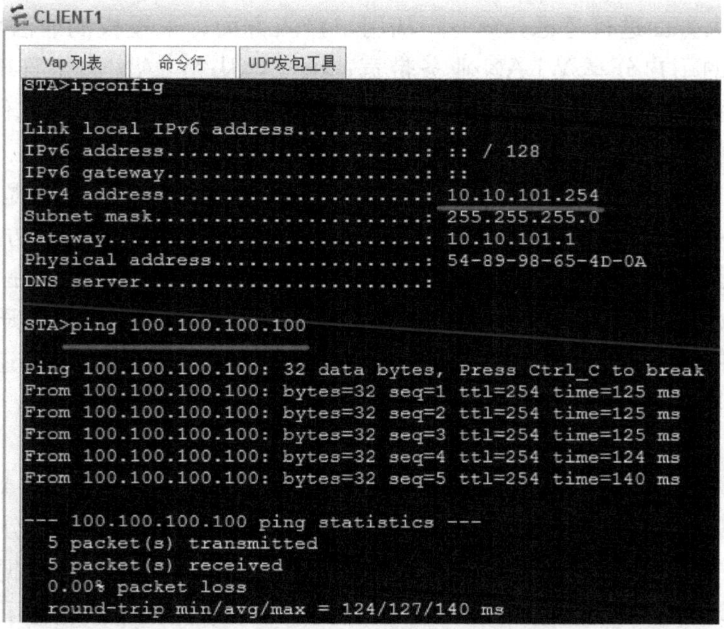

图 7-21　CLIENT1 与外网通信示意图

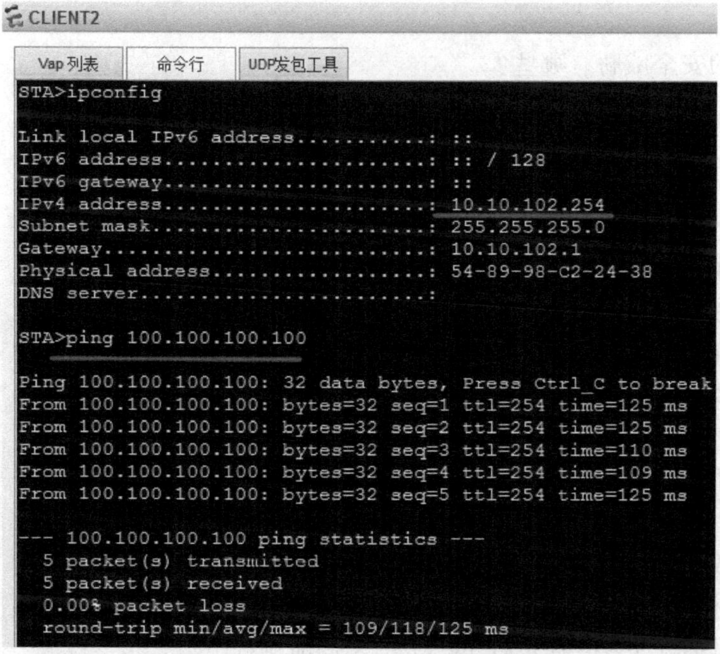

图 7-22　CLIENT2 与外网通信示意图

本章小结

本章介绍了WLAN的安全知识，首先介绍了WLAN网络的安全威胁，WLAN安全威胁主要可以从两大方面进行考虑，第一，从用户接入方面，未授权的非法用户接入WLAN网络，会与授权的用户分享WLAN业务带宽；第二，从WLAN网络管理方面，非法AP接入到WLAN网络中，会盗取授权用户的信息资源。可以采用三种方式保障WLAN网络安全，第一，身份验证；第二，加密措施；第三，系统防护。

接着介绍了WIDS和WIPS，根据不同的网络规模WIDS和WIPS提供不同的系统功能，AP支持两种扫描方式，一种是主动扫描方式，另外一种是被动扫描方式，STA在实际WLAN网络中是选择主动扫描还是被动扫描，完全是由STA支持的情况来决定的。WLAN的安全策略有WEP、WPA/WPA2、WAPI，WEP安全策略支持开放系统认证与共享密钥认证两种链路认证方式。同时介绍了WEP的数据加密措施，此外还介绍了MAC地址认证与Portal的认证。在介绍WLAN安全策略中的WPA/WPA2、WAPI安全策略时，主要从链路认证、接入认证、密钥协商、数据加密这几个方面进行说明。

最后在本章7.2节，根据一个WLAN安全认证配置实验来学习WLAN安全业务的数据配置，首先从WLAN网络拓扑图和WLAN数据规划进行学习，然后分步介绍实验的数据配置，在这个WLAN安全配置实验中，主要介绍了三种安全认证的数据配置，分别是开放系统认证OPEN、WEP-128认证和WPA认证，最后对实验结果进行了分析验证。

习题与思考

1. WLAN的安全威胁有哪些？
2. 有哪些方式可以保证WLAN的网络安全？
3. 目前无线系统防护技术主要有哪几种？
4. 什么是WIDS？什么是WIPS？
5. WIDS与WIPS系统功能有哪些？
6. AP支持几种扫描方式？并分别介绍这几种扫描方式的流程与特点。
7. WLAN安全策略有哪些？
8. 什么是RC4加密算法？
9. WEP安全认证协议主要涉及哪几种认证？分别是什么？
10. 在实际的WLAN网络应用中，如果采用WEP安全协议，那么一般会与哪几种安全认证进行配合使用？
11. WEP安全认证协议存在哪些安全隐患？
12. WPA/WPA2安全策略主要涉及哪几种认证？分别是什么？
13. 简要概述基于EAP-TLS的802.1X认证流程。
14. 简要概述基于EAP-PEAP的802.1X认证流程。
15. 中国自主提出的有关无线安全标准的安全策略是什么？
16. WAPI安全策略主要涉及哪几种认证？分别是什么？

17. 简要概述 WAPI 密钥协商流程。

18. 根据图 7-23，完成 WLAN 安全认证的数据配置，要求 STA1 使用 WEP 开放系统认证接入 WLAN 网络，并与 100.100.100.100 通信，STA2 使用 WEP 预共享密码认证接入 WLAN 网络，并与 100.100.100.100 通信，STA3 使用 WPA PSK 的加密认证方式接入 WLAN 网络，并与 100.100.100.100 通信。其他 WLAN 数据，请自行规划。

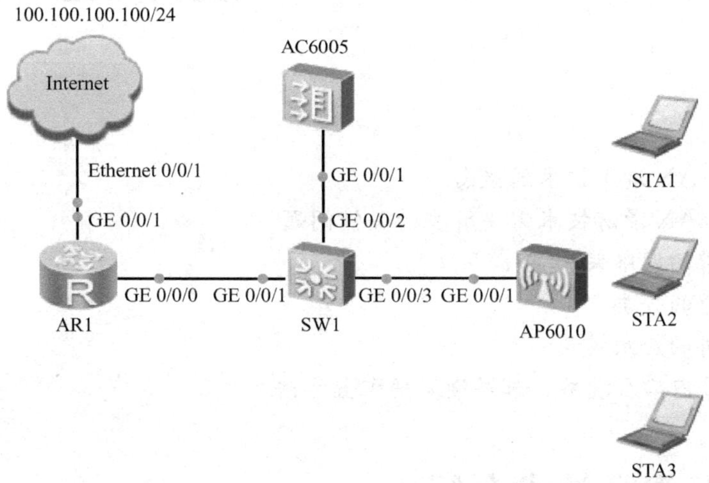

图 7-23 题 18 图

第 8 章　WLAN 漫游配置

课程目标：

- 掌握 WLAN 漫游技术的概念
- 了解 WLAN 漫游技术需要解决的关键问题
- 了解漫游的网络架构
- 掌握漫游的分类
- 了解漫游的应用场景
- 掌握 AC 内二层漫游、三层漫游的配置方法

8.1　WLAN 漫游技术介绍

由于 WLAN 网络不受物理介质所处位置的影响，所以受到越来越多的客户追捧，只要无线客户连上 WLAN 网络就可以在 WLAN 覆盖范围内四处移动，这样就需要无线客户端，在移动过程中能够保证业务的不中断，因此就产生了 WLAN 漫游技术。

8.1.1　WLAN 漫游技术的概念

WLAN 漫游技术是指，当同一个扩展服务集（Extend Service Set，ESS）内包含多个无线接入点（AP）设备，无线客户端 STA 从一个 AP 覆盖区域移动到另外一个 AP 覆盖区域时，利用 WLAN 漫游技术可以实现无线客户端的用户业务平滑过渡，即业务不中断，比如在一些网络实验室、会议室、展厅、操场、礼堂、广场、宿舍、图书馆等 WLAN 网络环境下，由于单个 AP 的覆盖范围是有限的，所以一般会选择多个 AP 设备，并且采用多角度的方式进行 WLAN 网络覆盖，那么这里就必须保证用户在移动的过程中，WLAN 业务的不中断，如图 8-1 所示。

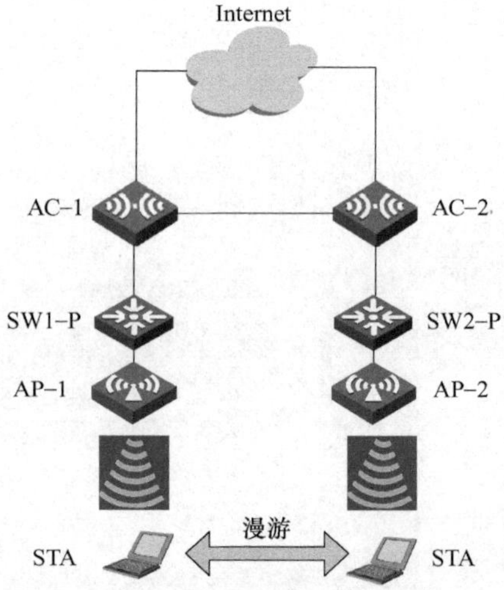

图 8-1　WLAN 漫游拓扑图

WLAN 漫游技术主要可以解决以下三种问题：

第一，由于 WLAN 网络安全认证中的 802.1X 认证、Portal 认证等认证过程所需要的报文交互时间大于一般的 WLAN 连接过程所需要的交互时间，所以，

WLAN 漫游技术需要避免漫游过程中用户的认证时间过长而导致数据丢包甚至业务中断的问题。

第二，保证用户 IP 地址不变，漫游后仍能访问初次上线时关联的网络，且所能执行的业务保持不变。

第三，保证用户授权信息不变，由于用户的认证和授权信息是用户访问 WLAN 网络中的通行证，如果需要保证 WLAN 漫游业务不中断，就必须确保用户在 AC 上的认证和授权信息不变。

8.1.2 WLAN 漫游技术的网络架构

在学习 WLAN 漫游技术之前，先来学习漫游技术的网络架构，如图 8-2 所示。

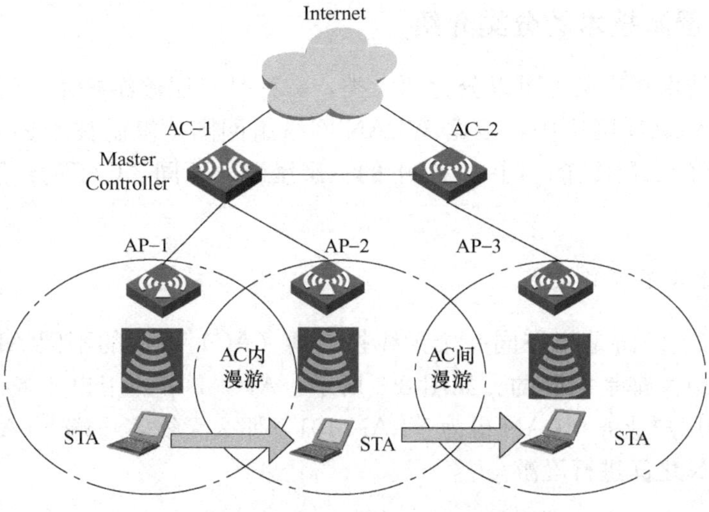

图 8-2 WLAN 漫游技术拓扑图

图 8-2 中的 WLAN 网络通过 AC-1 与 AC-2 两个无线控制器来对 AP 进行集中管理，其中 AP-1 和 AP-2 与 AC-1 进行关联，AP-3 与 AC-2 进行关联，现在无线终端 STA 在此 WLAN 网络中进行漫游操作，漫游过程是从图左边的网络漫游到图右边的网络，即与不同的 AP 进行关联，漫游详细过程如下：

1）STA 从 AP-1 释放的 WLAN 覆盖范围漫游到 AP-2 释放的 WLAN 覆盖范围过程中，由于 AP-1 与 AP-2 都是与 AC-1 进行关联的，则此段漫游过程为 AC 内漫游，STA 第一次上线就会与 AP-1 进行关联，所以 AP-1 为 STA 的 HAP（Home AP），之后 STA 又与 AP-2 进行关联，则 AP-2 为 STA 的 FAP（Foreign AP），这里 AC-1 既为 STA 的 HAC（Home AC）也为 STA 的 FAC（Foreign AC）。

2）STA 从 AP-2 释放的 WLAN 覆盖范围漫游到 AP-3 释放的 WLAN 覆盖范围过程中，由于 AP-2 与 AP-3 分别与 AC-1 和 AC-2 关联，这里漫游的过程需要跨越不同的 AC，所以此漫游为 AC 间的漫游，那么 AP-1 为 STA 的 HAP（Home AP），AP-3 为 STA 的 FAP（Foreign AP），AC-1 为 STA 的 HAC（Home AC），AC-2 为 STA 的 FAC（Foreign AC）。这里需要强调，如果需要实现 AC 间的漫游，那么 AC-1 与 AC-2 必须属于同一个漫游组内，只有同一个漫游组内的 AC 间才能进行漫游，漫游组内的 AC 可以通过

AC间隧道进行数据同步与报文的转发，同时AC漫游组内必须存在一个管理者，即Master Controller，图8-2中AC-1为Master Controller，Master Controller对漫游组成员进行管理，并且可以将成员信息下发给漫游组内的其他成员。

3）无线终端STA在同一个漫游组内的AC之间进行漫游，那么就需要漫游组内的AC能够识别组内其他的AC，所以需要选定一个AC作为Master Controller，选择Master Controller的AC时需要注意以下三点：

① Master Controller既可以是漫游组外的AC，也可以是漫游组内的AC。

② Master Controller管理其他AC的同时不能被其他的Master Controller管理。

③ Master Controller作为一个集中配置点，不需要有特别强的数据转发能力，只需要能够和各个AC互通即可。

8.1.3 WLAN漫游技术的分类介绍

WLAN漫游技术在广义上可以分为两大类，一种是二层漫游技术，还有一种是三层漫游技术。在实际WLAN网络中，根据WLAN网络组网图，漫游技术还可以分为四大类，分别是同一AC下的二层漫游、同一AC下的三层漫游、不同AC下的二层漫游、不同AC下的三层漫游。

1. 同一AC下二层漫游技术

同一AC下二层漫游是指在同一个无线控制器（AC）下面的不同AP之间进行漫游，而且用户业务VLAN都是相同的。如图8-3所示，AP-1中的用户业务VLAN为VLAN 101，AP-2中的用户业务VLAN也为VLAN 101，那么无线客户端STA漫游过去后是在同一个业务VLAN之间进行漫游。

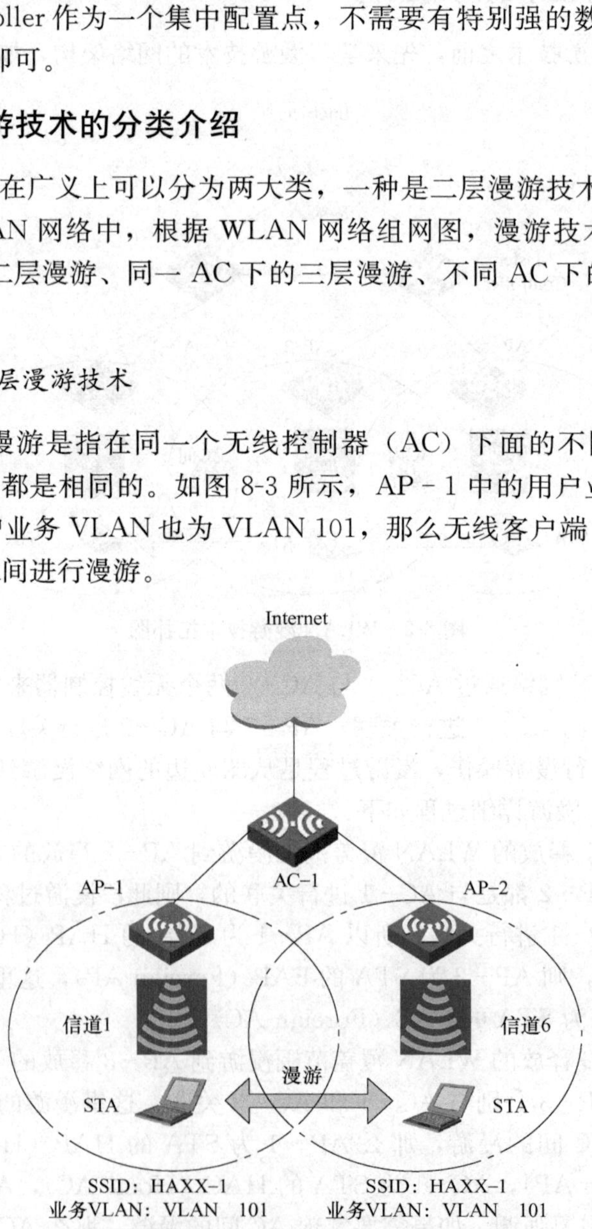

图8-3 同一AC下二层漫游技术

2. 同一 AC 下三层漫游技术

同一 AC 下面三层漫游是指在同一个无线控制器（AC）下面不同的 AP 之间或业务之间的漫游（跨三层网络）。如图 8-4 所示，AP-1 的用户业务 VLAN 为 VLAN 101，而 AP-2 的用户业务 VLAN 为 VLAN 201，无线客户端 STA 从 AP-1 漫游到 AP-2 之后，虽然处于 AP-2 下面，但是其无线客户端 STA 的业务 VLAN 是保持不变的，即还是 VLAN 101，IP 地址也是保持不变的，仅仅只是由原先的 AP-1 变成由 AP-2 来转发无线客户端 STA 的数据业务。

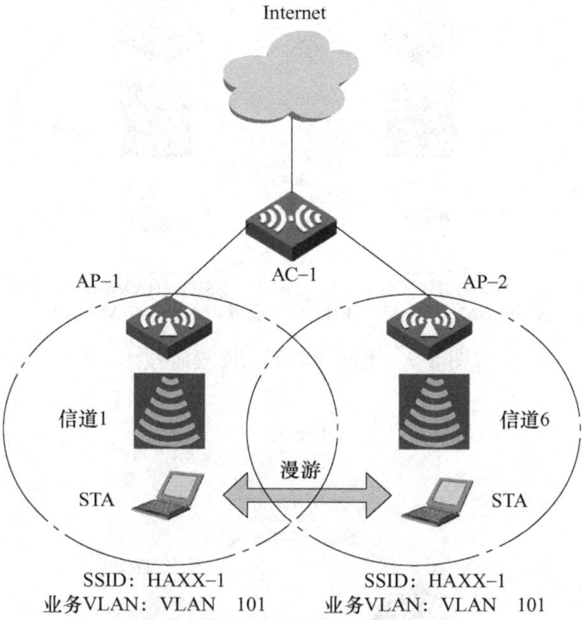

图 8-4 同一 AC 下三层漫游技术

3. 不同 AC 下二层漫游技术

不同 AC 下面二层漫游是指在不同的无线控制器（AC）下面不同的 AP 之间进行漫游，而且用户的业务 VLAN 都是相同的。如图 8-5 所示，AP-1 是关联 AC-1 的，而 AP-2 是关联 AC-2 的，并且 AP-1 与 AP-2 的业务 VLAN 都是 VLAN 101，SSID 也都是 HAXX-1，当无线客户端 STA 从 AP-1 下面漫游到 AP-2 时，用户的业务 VLAN 与 IP 地址保持不变，但业务数据由从 AP-1 上传到 AC-1 变成了由 AP-2 上传到 AC-2。

4. 不同 AC 下三层漫游技术

不同 AC 下面三层漫游是指在不同的无线控制器（AC）下面不同的 AP、业务之间的漫游（跨三层网络）。如图 8-6 所示，AP-1 是关联 AC-1 的，而 AP-2 是关联 AC-2 的，而 AP-1 下的业务 VLAN 为 VLAN 101，AP-2 下的业务 VLAN 为 VLAN 201，SSID 都是 HAXX-1，当无线客户端 STA 从 AP-1 漫游到 AP-2 时，用户的业务 VLAN 与 IP 地址始终保持不变，但是其用户数据由从原先的 AP-1 上传到 AC-1 变成了由 AP-2 上传到 AC-2。

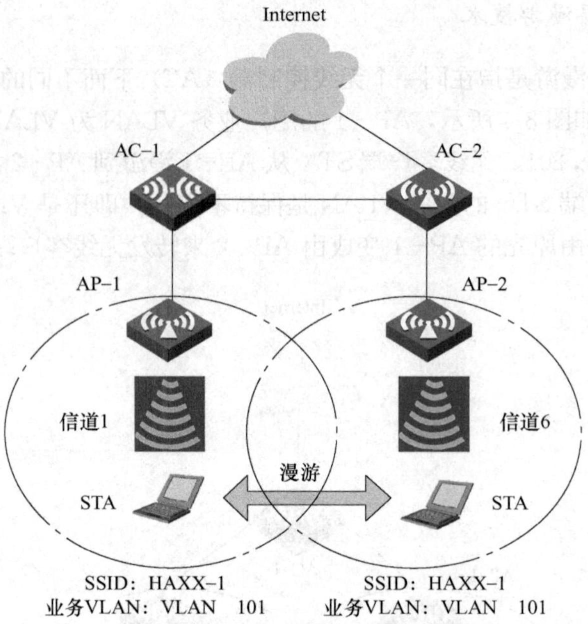

图 8-5　不同 AC 下二层漫游技术

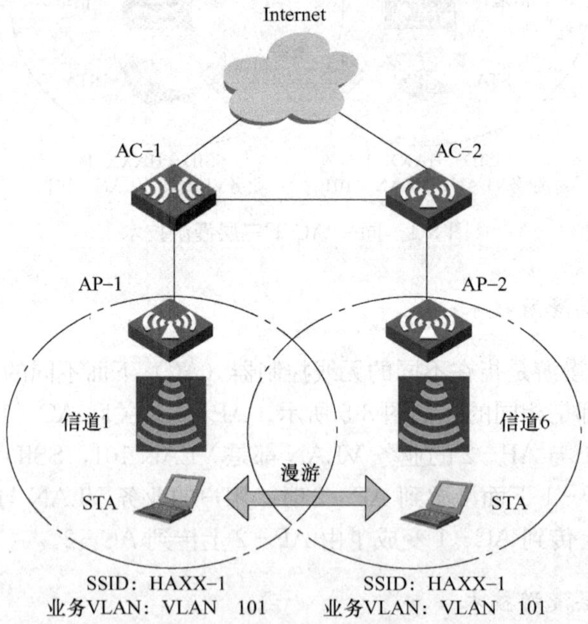

图 8-6　不同 AC 下三层漫游技术

8.1.4　漫游应用场景介绍

1. AC 内漫游

现有如下场景，某公司规模较小，需要通过 WLAN 网络为用户提供 WLAN 网络业务，那么用户在企业内部移动办公时，需要保持 WLAN 网络业务不中断，在这种无线网络场景下，我们可以在此企业内部部署一台无线控制器（AC）和多台无线接入点（AP），通过使用 AC 来集中管理 AP，从而实现为企业内部员工提供可以移动且不中断的 WLAN 网络服务，如图 8-7 所示。

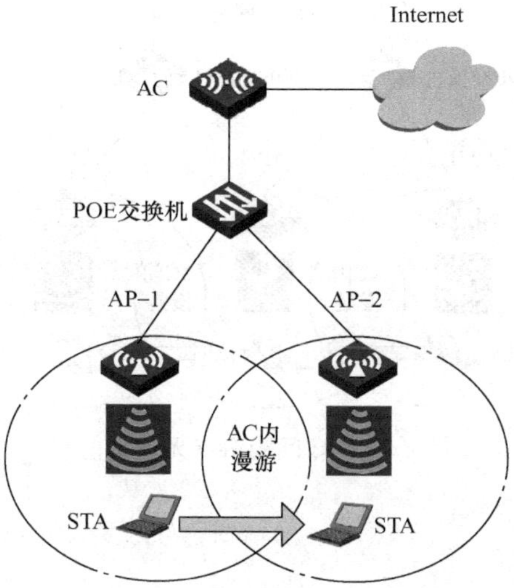

图 8-7 小型 WLAN 企业网络

2. AC 间漫游（无热备份）

现有如下场景，某公司规模属于大中型企业，企业内部划分了多个区域，且区域成不规则状，企业老总希望通过 WLAN 网络，来为企业员工和用户提供可以移动的、业务不中断的无线上网服务，在这种场景下，可以在企业内部部署多台 AC 和多台 AP，通过 AC 来集中管理 AP，从而实现 WLAN 网络服务，如图 8-8 所示。

3. AC 间漫游（VRRP 热备份）

现有如下场景，某公司规模属于大中型企业，企业内部面积较大，并且划分了多个区域，用户需要在企业内部不同区域间移动办公，同时希望实现网络不中断，最重要的是此企业需要网络有一定的高可靠性，如果有个别设备发生故障，还可以继续保障网络业务的不中断，那么在这种场景下，可以在企业的不同区域内分别部署互为备份的两台 AC 设备，以及多台 AP 设备，通过每个区域的两台 AC 设备来管理多台 AP 设备，从而为用户提供 WLAN 的无线网络服务，并且如若某个区域某台 AC 设备发生故障时，通过虚拟路由冗余协议（Virtual Router Redundancy Protocol，VRRP）自动切换到备份的 AC，保证网络业务的不中断，如图 8-9 所示。

此种 AC 间漫游的 WLAN 网络场景配置，需要注意以下事项：

① 配置 AC－1 与 AC－3 为一个 VRRP 备份组，假设为 Group 1，其中，AC－1 为主 AC，AC－3 为备份 AC，AC－1 和 AC－3 管理控制 AP－1 与 AP－2 设备，并且 AC－1 作为 Group 1 中的 Master Controller 来管理其他成员 AC。

② 配置 AC－2 与 AC－4 为另外一个 VRRP 备份组，假设为 Group 2，其中，AC－2 为

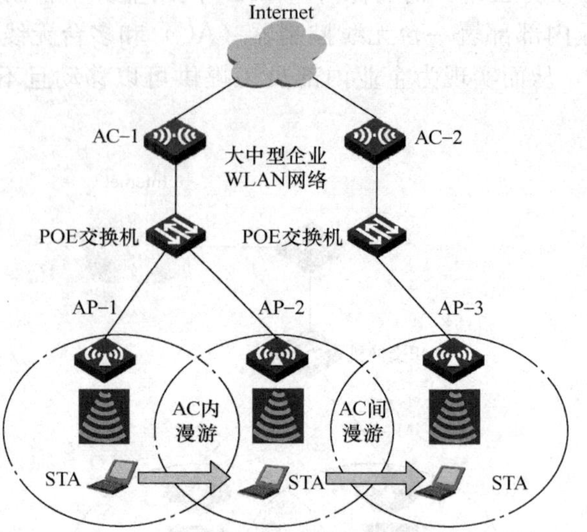

图 8-8　AC 间漫游（无热备份）

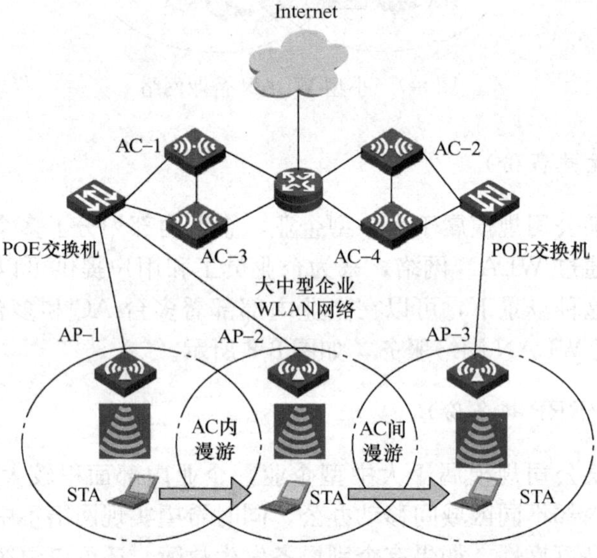

图 8-9　AC 间漫游（VRRP 热备份）

主 AC，AC-4 为备份 AC，AC-2 和 AC-4 管理控制 AP-3 设备，并且作为漫游组中的成员 AC 接受 Master Controller 的管理。

③ 在 Group 1 和 Group 2 备份组中，需要保证主备 AC 的配置相同。

④ 在 Group 1 和 Group 2 漫游组中，对外呈现的都是虚拟的 IP 地址，因此在 Master Controller 中添加成员 AC 时，只需要添加 Group 2 对外呈现的虚拟 IP 地址，在为成员 AC 指定 Master Controller 时也只需要添加到 Group 1 对外呈现的 IP 地址。当网络中 AC-1 和 AC-2 发生故障时，其组中的备份 AC，即 AC-3 和 AC-4 会承担数据流量，从而保障网络的可靠性。

8.2 AC内二层漫游配置

8.2.1 AC内二层漫游配置组网拓扑

AC内二层漫游组网拓扑如图8-10所示。

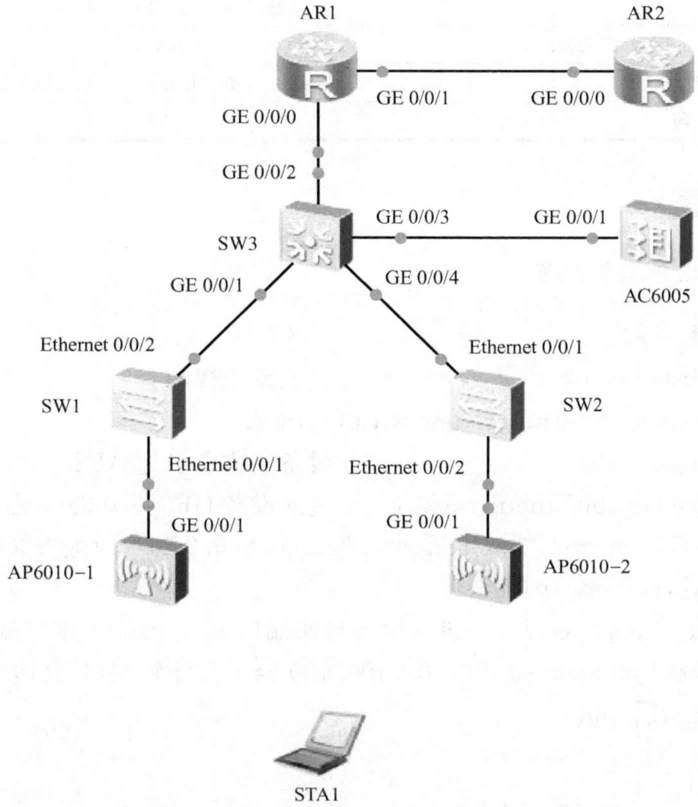

图8-10 AC内二层漫游组网拓扑

在图8-10的组网拓扑内有两个办公区域，由于区域之间距离较远，如果仅仅部署一台AP设备，那么会导致有部分区域无WLAN信号的覆盖，所以，需要分别在每一个区域内部署一台AP设备，分别是AP6010-1和AP6010-2，同时办公人员希望从区域1移动到区域2办公的时候，不需要执行任何其他操作就可以继续使用WLAN无线网络。图中AP设备分别连接了一台带有POE功能的接入层交换机SW1与SW2，此类交换机仅仅在网络中做VLAN的划分以及与核心交换机对接的功能，核心交换机SW3提供了DHCP服务以及业务VLAN的网关功能，路由器AR1作为出口设备，与外网AR2路由器连接，并且需要在AR1路由器上做NAT服务，使得无线客户端STA可以访问外网业务，图中AC6005设备的功能主要是管理多AP设备以及AP的业务下发，使得AP可以正常工作。具体的数据规划如表8-1所示。

表 8-1 WLAN 业务数据规划

配　置　项	AP6010－1 规划数据	AP6010－2 规划数据
WLAN 服务	WPA2 认证，PSK＋CCMP 加密	
服务集	名称：haxx SSID：manyou WLAN 虚端口：WLAN－ESS 1 数据转发模式：直接转发	
用户所属 VLAN	VLAN 101　192.168.101.0/24	
外网 IP 地址	LoopBack 1：100.100.100.100/24	
AC 运营商标识（carrier ID)/AC ID	other/1	
AC 管理 IP 地址	VLANIF 100 端口地址：192.168.100.2/24	
DHCP 服务器	SW3	

8.2.2 实验配置

1. 路由器 AR2 侧数据配置

端口 IP 地址配置如下：

```
<Huawei>system-view                    //进入系统视图
Enter system view，returnuser view with Ctrl+Z.
[Huawei]sysname AR2                    //设备名称命名为 AR2
[AR2]interface GigabitEthernet 0/0/0   //进入设备 GE0/0/0 端口视图下
[AR2-GigabitEthernet0/0/0]ip address 200.200.200.2 24   //配置端口 IP 地址
[AR2-GigabitEthernet0/0/0] quit
[AR2]interface LoopBack 1   //进入设备环回端口 LoopBack 1 端口视图下
[AR2-LoopBack1]ip address 100.100.100.100 24   //配置端口 IP 地址
[AR2-LoopBack1] quit
[AR2]
```

2. 路由器 AR1 侧数据配置

(1)端口 IP 地址配置

```
<Huawei>system-view                    //进入系统视图
Enter system view，return user view with Ctrl+Z.
[Huawei]sysname AR1                    //设备名称命名为 AR1
[AR1]interface GigabitEthernet 0/0/0   //进入设备 GE0/0/0 端口视图下
[AR1-GigabitEthernet0/0/0]ip address 192.168.10.2 24   //配置端口 IP 地址
[AR1-GigabitEthernet0/0/0] quit
[AR1]interface GigabitEthernet 0/0/1   //进入设备 GE0/0/1 端口视图下
[AR1-GigabitEthernet0/0/1]ip address 200.200.200.1 24 //配置端口 IP 地址
[AR1-GigabitEthernet0/0/1] quit
[AR1]
```

(2) NAT 数据配置

[AR1]acl number 3000 //创建序列号为 3000 的 ACL

[AR1-acl-adv-3000]rule 5 permit ip source 192.168.101.0 0.0.0.255

//创建 ID 为 5 的规则,允许源 IP 地址为 192.168.101.0 的 24 位子网掩码的网段通过

[AR1-acl-adv-3000] quit

[AR1]interface GigabitEthernet 0/0/1 //进入 GE0/0/1 的端口视图下

[AR1-GigabitEthernet0/0/1]nat outbound 3000

//在此端口的出方向配置 NAT 协议,并且匹配引用 ACL 3000 的策略

[AR1-GigabitEthernet0/0/1] quit

[AR1]

(3) 静态路由配置

[AR1]ip route-static 0.0.0.0 0.0.0.0 200.200.200.2

//配置目的地址为全 0,子网掩码为全 0,下一跳 IP 地址为 200.200.200.2 的默认路由(默认路由也是静态路由的一种)

[AR1]ip route-static 192.168.101.0 255.255.255.0 192.168.10.1

//配置目的地址为 192.168.101.0,子网掩码为 24 位,下一跳 IP 地址为 192.168.10.1 的静态路由

3. 交换机 SW3 侧数据配置

(1) 交换机 SW3 DHCP 服务器配置

<Huawei>system-view //进入系统视图

Enter system view, return user view with Ctrl+Z.

[Huawei]sysname SW3 //设备名称命名为 SW3

[SW3]dhcp enable //全局视图下打开 DHCP 使能

[SW3]vlan batch 100 101 //批量创建 VLAN 100、101

[SW3]interface Vlanif 100 //进入三层 VLANIF 100 的视图下

[SW3-Vlanif100]ip address 192.168.100.1 24 //配置三层端口 VLANIF 100 的 IP 地址

[SW3-Vlanif100]dhcp select interface //配置 DHCP IP 地址从此 VLANIF 下获取

[SW3-Vlanif100]dhcp server excluded-ip-address 192.168.100.2

//配置地址池中,DHCP 服务器不可以选择的 IP 地址

[SW3-Vlanif100] quit

[SW3]interface Vlanif 101 //进入三层 VLANIF 101 的视图下

[SW3-Vlanif101]ip address 192.168.101.1 24 //配置三层端口 VLANIF 101 的 IP 地址

[SW3-Vlanif101]dhcp select interface //配置 DHCP IP 地址从此 VLANIF 下获取

[SW3-Vlanif101]dhcp server dns-list 8.8.8.8 //配置 DHCP 获取的 DNS 为 8.8.8.8

[SW3-Vlanif101] quit

[SW3]interface Vlanif 1 //进入三层 VLANIF 1 的视图下,默认交换机所有端口都属于 VLAN 1

[SW3-Vlanif1]ip address 192.168.10.1 24　//配置三层端口 VLANIF 1 的 IP 地址
[SW3-Vlanif1] quit
[SW3]

(2) SW3 端口属性与 VLAN 添加配置

[SW3]interface GigabitEthernet 0/0/1　//进入 GE0/0/1 端口视图内
[SW3-GigabitEthernet0/0/1]port link-type trunk //修改端口类型为 Trunk 类型
[SW3-GigabitEthernet0/0/1]port trunk allow-pass vlan 100 101
　//为此端口添加允许通过的 VLAN 100、101
[SW3-GigabitEthernet0/0/1] quit
[SW3]interface GigabitEthernet 0/0/3　//进入 GE0/0/3 端口视图内
[SW3-GigabitEthernet0/0/3]port link-type trunk //修改端口类型为 Trunk 类型
[SW3-GigabitEthernet0/0/3]port trunk allow-pass vlan 100 101
　//为此端口加上允许通过的 VLAN 100、101
[SW3-GigabitEthernet0/0/3] quit
[SW3]interface GigabitEthernet 0/0/4　//进入 GE0/0/4 端口视图内
[SW3-GigabitEthernet0/0/4]port link-type trunk　//修改端口类型为 Trunk 类型
[SW3-GigabitEthernet0/0/4]porttrunk allow-pass vlan 100 101
　//为此端口加上允许通过的 VLAN 100、101
[SW3-GigabitEthernet0/0/4] quit
[SW3]interface GigabitEthernet 0/0/2　//进入 GE0/0/2 端口视图内
[SW3-GigabitEthernet0/0/2]port link-type trunk //修改端口类型为 Trunk 类型
[SW3-GigabitEthernet0/0/2]port trunk allow-pass vlan 1 //为此端口加上允许通过的 VLAN 1
[SW3-GigabitEthernet0/0/2] quit
[SW3]

(3) 默认路由配置

[SW3]ip route-static 0.0.0.0 0.0.0.0 192.168.10.2　//配置默认路由，下一跳地址为 192.168.10.2

4. 交换机 SW1 侧数据配置

SW1 端口属性与 VLAN 添加配置如下：

<Huawei>system-view　//进入系统视图
Enter system view, returnuser view with Ctrl+Z.
[Huawei]sysname SW1　//设备名称命名为 SW1
[SW1]vlan batch 100 101 //批量创建 VLAN 100、101
[SW1]interface Ethernet 0/0/1//进入以太网 E0/0/1 端口视图下
[SW1-Ethernet0/0/1]port link-type trunk //修改端口类型为 Trunk 类型
[SW1-Ethernet0/0/1]port trunk pvid vlan 100//修改此端口的 pvid 为 VLAN 100
[SW1-Ethernet0/0/1]port trunk allow-pass vlan 100 101//为此端口加上允许通过的 VLAN 100、101

```
[SW1-Ethernet0/0/1] quit
[SW1]interface Ethernet 0/0/2 //进入以太网 E0/0/2 端口视图下
[SW1-Ethernet0/0/2]port link-type trunk //修改端口类型为 Trunk 类型
[SW1-Ethernet0/0/2]port trunk allow-pass vlan 100 101 //为此端口加上允许通过的
                                                        VLAN 100、101
[SW1-Ethernet0/0/2] quit
[SW1]
```

5. 交换机 SW2 侧数据配置

SW2 端口属性与 VLAN 添加配置如下：

```
<Huawei>system-view                              //进入系统视图
Enter system view, return user view with Ctrl+Z.
[Huawei]sysname SW2                              //设备名称命名为 SW2
[SW2]vlan batch 100 101                          //批量创建 VLAN 100、101
[SW2]interface Ethernet 0/0/1                    //进入以太网 E0/0/1 端口视图下
[SW2-Ethernet0/0/1]port link-type trunk          //修改端口类型为 Trunk 类型
[SW2-Ethernet0/0/1]port trunk allow-pass vlan 100 101 //为此端口加上允许通过的
                                                        VLAN 100、101
[SW2-Ethernet0/0/1] quit
[SW2]interface Ethernet 0/0/2                    //进入以太网 E0/0/2 端口视图下
[SW2-Ethernet0/0/2]port link-type trunk          //修改端口类型为 Trunk 类型
[SW2-Ethernet0/0/2]port trunk allow-pass vlan 100 101 //为此端口加上允许通过的
                                                        VLAN 100、101
[SW2-Ethernet0/0/2]port trunk pvid vlan 100   //修改此端口的 pvid 为 VLAN 100
[SW2-Ethernet0/0/2] quit
[SW2]
```

6. AC6005 侧数据配置

(1) AC 基础配置

```
<AC6005>system-view                   //进入系统视图
Enter system view, return user view with Ctrl+Z.
[AC6005]vlan batch 100 101            //批量创建 VLAN 100、101
[AC6005]interface Vlanif 100          //进入三层端口 VLANIF 100 的视图下
[AC6005-Vlanif100]ip address 192.168.100.2 24 //配置端口 IP 地址
[AC6005-Vlanif100] quit
[AC6005]interface GigabitEthernet 0/0/1 //进入 GE0/0/1 端口视图下
[AC6005-GigabitEthernet0/0/1]port link-type trunk //修改端口类型为 Trunk 类型
[AC6005-GigabitEthernet0/0/1]port trunk allow-pass vlan 100 101
                                    //为此端口添加允许通过的 VLAN 100、101
```

[AC6005-GigabitEthernet0/0/1]port trunk pvid vlan 100 //修改此端口的 pvid 为 VLAN 100

[AC6005-GigabitEthernet0/0/1] quit

[AC6005]

(2) AC 指定源与 AP 上线配置

[AC6005]wlan //进入 WLAN 视图内

[AC6005-wlan-view]wlan ac source interface Vlanif 100 //配置 VLANIF 100 作为 AC 与 AP 建立 CAPWAP 隧道的源端口

[AC6005-wlan-view]ap-auth-mode no-auth //配置 AP 上线认证模式为不认证

[AC6005-wlan-view]display ap all //使用查询命令 "display ap all" 来查询当前 AP 的上线信息

```
All AP information (Normal-2, UnNormal-0):
---------------------------------------------
AP ID   AP Type   AP MAC   Profile ID/Region   AP State   AP Sysname
---------------------------------------------
0     AP6010DN-AGN    00e0-fc72-3cb0   0/0   normal     ap-0
1     AP6010DN-AGN    00e0-fc4a-7a50   0/0   normal     ap-1
---------------------------------------------
Total number:2
```

[AC6005-wlan-view]

(3) WMM 模板与射频模板配置

[AC6005-wlan-view]wmm-profile name wmm id 1 //创建 WMM 模板名称为 wmm，ID 号为 1

[AC6005-wlan-wmm-prof-wmm] quit

[AC6005-wlan-view]radio-profile name radio id 1 //创建射频模板名称为 radio，ID 号为 1，并且进入射频模板视图内

[AC6005-wlan-radio-prof-radio]wmm-profile name wmm //绑定 WMM 模板名称为 wmm

[AC6005-wlan-radio-prof-radio]channel-mode fixed //修改射频模板的信道模式为固定(fixed)

[AC6005-wlan-radio-prof-radio] quit

[AC6005-wlan-view]

(4) 流量模板与安全模板配置

[AC6005-wlan-view]traffic-profile name traffic id 1 //创建流量模板名称为 traffic，ID 号为 1

[AC6005-wlan-traffic-prof-traffic] quit

[AC6005-wlan-view]security-profile name wpa2 id 1 //创建安全模板名称为 wpa2，ID 号为 1

[AC6005-wlan-sec-prof-wpa2]security-policy wpa2 //配置安全策略为 WPA2

[AC6005-wlan-sec-prof-wpa2] wpa2 authentication-method psk pass-phrase simple huawei12345 encryption-method ccmp //配置 WPA2 安全认证方法为 PSK，采用 pass-phrase 密码格式，明文密码为 huawei12345，采用 CCMP 加密算法

[AC6005-wlan-sec-prof-wpa2] quit

[AC6005-wlan-view]

（5）WLAN-ESS端口创建

[AC6005]interface Wlan-ESS 1 //创建WLAN-ESS端口ID为1，并进入此端口视图内

[AC6005-Wlan-Ess1]port hybrid pvid vlan 101 //配置此端口的pvid为VLAN 101。默认情况下，华为的端口类型为hybrid

[AC6005-Wlan-Ess1]port hybrid untagged vlan 101 //配置此端口允许VLAN 101不带标签通过

[AC6005-Wlan-Ess1] quit

[AC6005]

（6）服务集模板创建与绑定配置

[AC6005]wlan //进入WLAN视图内

[AC6005-wlan-view]service-set name haxx id 1 //创建服务集名称为haxx，ID号为1，并且进入此服务集视图内

[AC6005-wlan-service-set-haxx]wlan-ess 1 //配置此服务集绑定WLAN-ESS 1

[AC6005-wlan-service-set-haxx]ssid manyou //配置此服务集绑定SSID为manyou

[AC6005-wlan-service-set-haxx]traffic-profile id 1 //配置此服务集绑定ID号为1的流量模板

[AC6005-wlan-service-set-haxx]security-profile id 1 //配置此服务集绑定ID号为1的安全模板

[AC6005-wlan-service-set-haxx]service-vlan 101//配置此服务集的服务VLAN为VLAN 101

[AC6005-wlan-service-set-haxx]forward-mode direct-forward //配置此服务集WLAN转发模式为直接转发

[AC6005-wlan-service-set-haxx]display this //使用查询命令“display this”查询此服务集配置的详细信息

```
wlan-ess 1
ssid manyou
traffic-profile id 1
security-profile id 1
service-vlan 101
```

[AC6005-wlan-service-set-haxx] quit

[AC6005-wlan-view]

（7）AP天线绑定射频模板与服务集

[AC6005-wlan-view]ap 0 radio 0//进入ID号为0的AP且为2.4GHz频段的天线内，即第一个天线内

[AC6005-wlan-radio-0/0]radio-profile name radio //配置此天线绑定名称为radio的射频模板

Warning：Modify the Radio type may cause some parameters of Radio resume default value，are you sure to continue? [Y/N]：y

[AC6005-wlan-radio-0/0]service-set id 1 //配置此天线绑定 ID 号为 1 的服务集

[AC6005-wlan-radio-0/0]display this //使用查询命令“display this”查询此天线视图下的数据配置信息

```
radio-profile id 1
service-set id 1 wlan 1
```

[AC6005-wlan-radio-0/0] quit

[AC6005-wlan-view]ap 1 radio 0//进入 ID 号为 1 的 AP 且为 2.4GHz 频段的天线内，即第一个天线内

[AC6005-wlan-radio-1/0]radio-profile id 1 //配置此天线绑定 ID 号为 1 的射频模板

Warning：Modify the Radio type may cause some parameters of Radio resume default value，are you sure to continue? [Y/N]：y

[AC6005-wlan-radio-1/0]service-set name haxx //配置此天线绑定名称为 haxx 的服务集

[AC6005-wlan-radio-1/0]channel 20mHz 6 //配置射频信道带宽工作在 20MHz，且信道为 6，默认工作在 20MHz 下

[AC6005-wlan-radio-1/0]display this //使用查询命令“display this”查询此天线视图下的数据配置信息

```
radio-profile id 1
channel 20MHz 6
service-set id 1 wlan 1
```

[AC6005-wlan-radio-1/0] quit

[AC6005-wlan-view]

7. AP 业务下发配置

[AC6005-wlan-view]commit all //确认下发 AC 所有 AP 数据配置至 AP 上，这里瘦 AP 是零配置

Warning：Committing configuration may cause service interruption，continue? [Y/N] y

[AC6005-wlan-view] quit

[AC6005]

8.2.3 实验结果与补充

1）数据配置完成之后，两台 AP6010 设备会释放出 WLAN 无线信号，如图 8-11 所示。

从图 8-11 中可以看出，AP6010-1 无线接入点设备释放出的无线信号，是工作在 2.4GHz 频段、6 信道、数据传输速率为 600Mbit/s 的 WLAN 信号，而 AP6010 - 2 无线接入点设备释放出的无线信号，是工作在 2.4GHz 频段、1 信道、数据传输速率为 600Mbit/s 的 WLAN 信号。

2）将 STA1 移动到 AP6010 - 1 左侧独立的 WLAN 信号释放区域，打开 STA 可以发现一个名称为 manyou 的 SSID，输入密码 huawei12345，可自动连接到 WLAN 网络，如图 8-12 和图 8-13 所示。

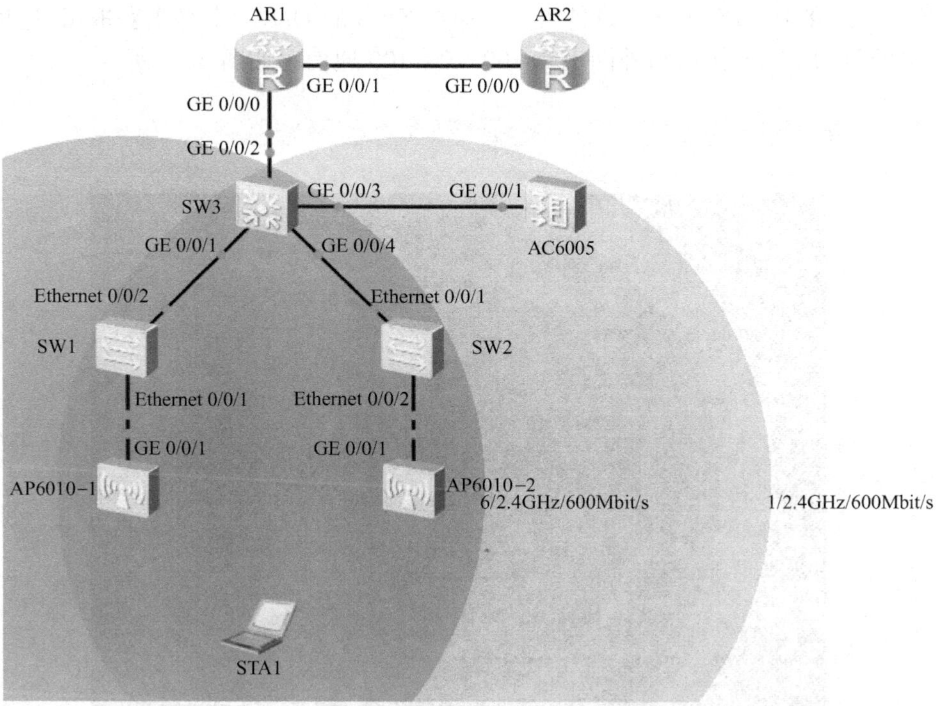

图 8-11　WLAN 数据配置完成示意图

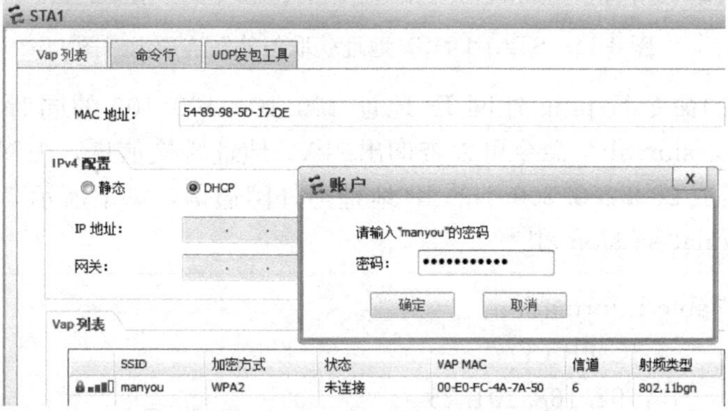

图 8-12　输入 WLAN 密码示意图

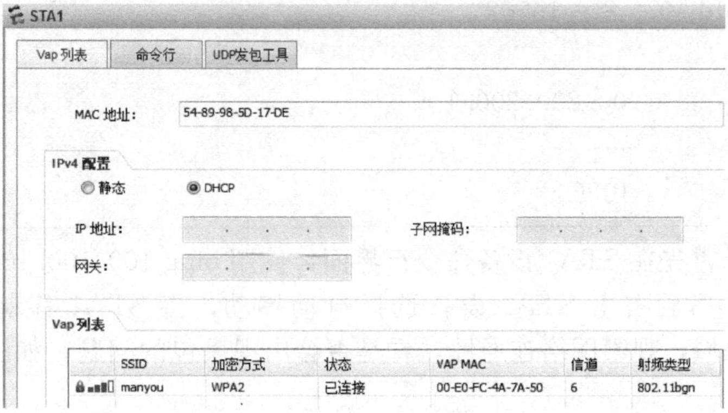

图 8-13　SSID 连接示意图

3）STA1 连接上 AP6010－1 设备后，会通过 SW3 的 DHCP 服务器获取 IP 地址、DNS 等信息，并且通过 NAT 协议与外网 100.100.100.100 通信，如图 8-14 所示。

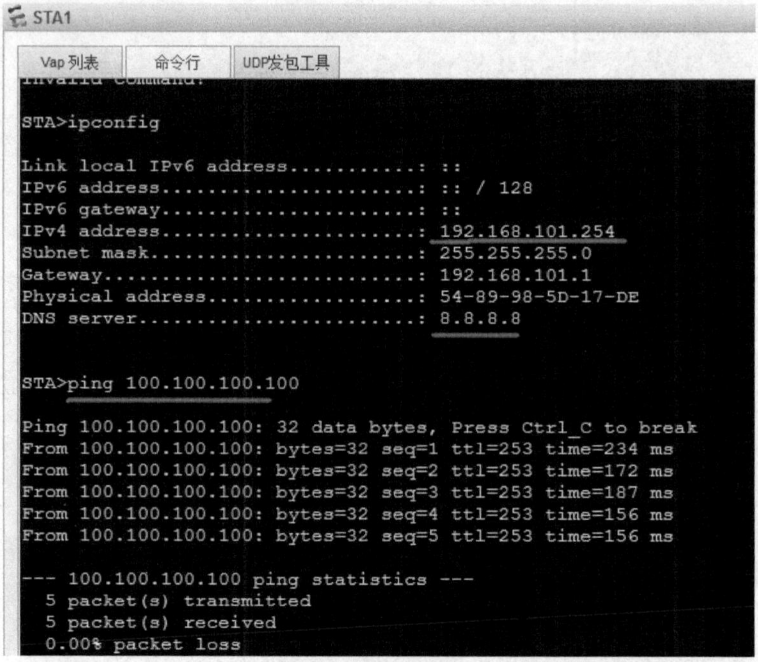

图 8-14　STA1 DHCP 地址获取与外网连通示意图

在 STA1 设备的命令行 ping 外网 IP 地址 100.100.100.100 的同时，登录 AR1 设备，使用“display nat session all”命令可以查询出 NAT 地址转换信息，内网 192.168.101.0 网段的 IP 地址被转换成 200.200.200.1 的 IP 地址与外网通信，如下所示：

[AR1] display nat session all

```
NAT Session Table Information:
Protocol             :ICMP (1)
SrcAddr Vpn          :192.168.101.254
DestAddr Vpn         :100.100.100.100
ype Code IcmpId: 0    8    16762
NAT-Info
New SrcAddr          :200.200.200.1
New DestAddr         : ----
New IcmpId           : 10263
```

4）漫游测试，首先在 STA1 设备命令行界面，使用 ping 100.100.100.100－t 命令，即长 ping 外网网络，然后右击 STA1 设备选择自动移动，将 STA1 移动到 AP6010－2 的 WLAN 信号释放区域，观察网络连通性，看是否会出现丢包的问题，如图 8-15、图 8-16 和图 8-17 所示。

从图 8-17 中可以看出，将 STA1 设备自动移动至 AP6010－2 释放的 WLAN 信号区域

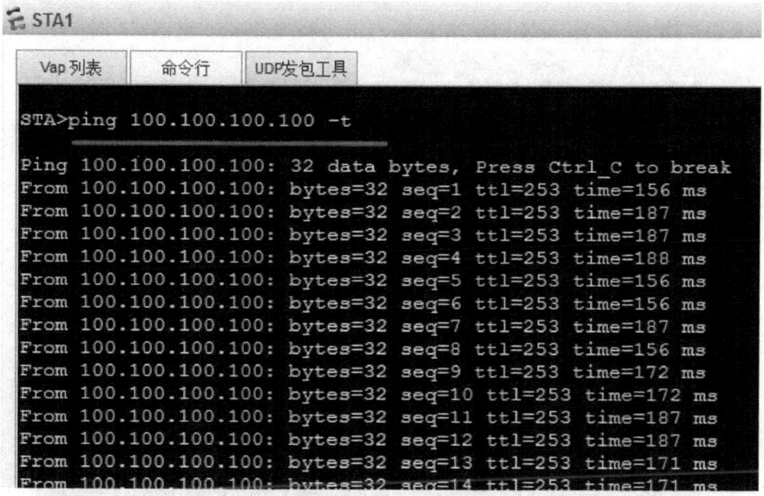

图 8-15 STA 设备长 ping 外网 IP 地址

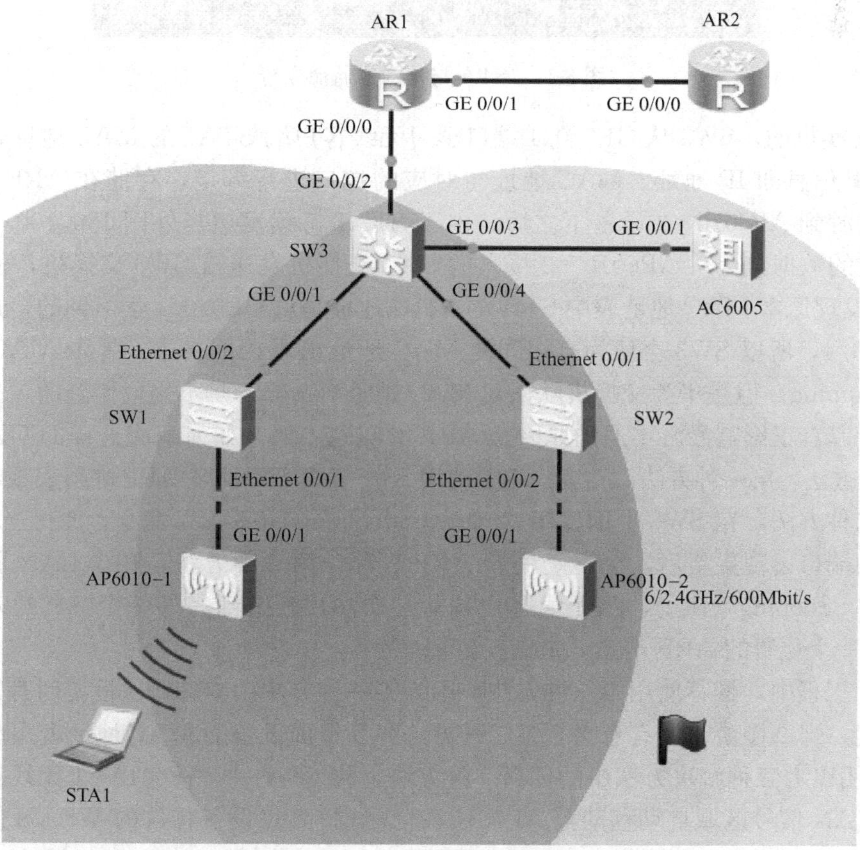

图 8-16 STA1 自动移动至 AP6010-2 信号区域下

时，ping 100.100.100.100 外网业务出现中断，这是为什么呢？

这是由于无线客户端 STA1 起始时连接于 AP6010-1 设备，它是通过 SW1 交换机连接

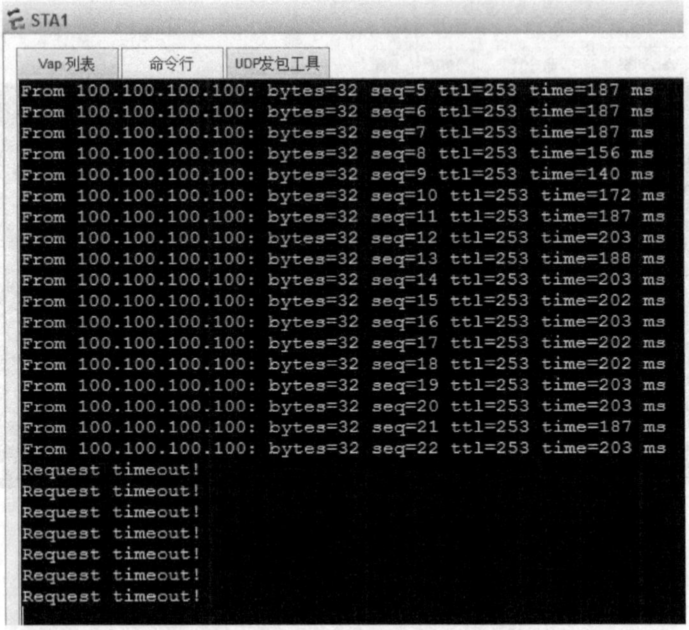

图 8-17 STA 与外网连通命令行

SW3 核心交换机的，SW3 从 GE0/0/1 端口学习无线客户端 STA1 的 MAC 地址，这样会将对应的 ARP 信息即 IP 地址、MAC 地址与对应的端口进行绑定，存储在 ARP 缓存表中，当 STA1 漫游到 AP6010-2 设备下之后，由于 STA1 持续发包与外网 100.100.100.100 通信，这时候的数据包会从 AP6010-2 接入的 SW2 交换机发送给 SW3 交换机，但是这个时候 SW3 就发现原本 MAC 地址表中 STA 的 MAC 地址是从 GE0/0/1 学习到的，这时候却变成了 GE0/0/4，所以 SW3 会认为有相同的 MAC 地址出现在网络中，提示 MAC 地址漂移即 MAC flapping，但是华为交换机默认对 MAC 地址 flapping 是不采取措施的，只是提示告警而已，所以真正影响漫游不通的原因是 ARP 的问题，那么如何解决这样的问题呢？主要有三种解决方法，第一种方法，在客户端上使用 arp-d 命令，清空 ARP 映射表项，如图 8-18 所示；第二种方法，在 SW3 上面使用“mac-address update arp”命令，使得当 MAC 地址表项里面的端口出现更新后，会主动刷新 ARP 表项；第三种方法，在 WLAN 服务集中开启“DHCP Snooping”命令，当无线客户端从一个 AP 漫游到另外一个 AP 的时候，新的 AP 会发送一个免费的 ARP 消息，来刷新 ARP 表项。

在实际工程中，推荐使用第三种方法，因为第一种方法用户在每次漫游时都需要用户主动操作配置，那么漫游就没有意义，第二种方法容易造成设备的 MAC 地址表振荡。

5）使用以上三种解决方法中的任何一种方法，将 STA1 从 AP6010-1 无线接入点设备释放的 WLAN 信号区域自动移动至 AP6010-2 无线接入点设备释放的 WLAN 信号区域之后，ping 外网 IP 100.100.100.100，不会出现业务的中断问题，如图 8-19 所示。

6）WLAN AC 内二层漫游注意事项：

① AP 设备必须在同一个 AC 下。

② WLAN-ESS 的端口策略必须一致。

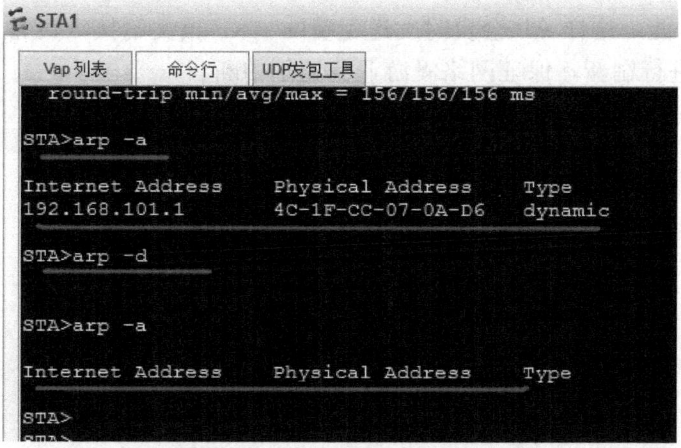

图 8-18　清空 ARP 表项

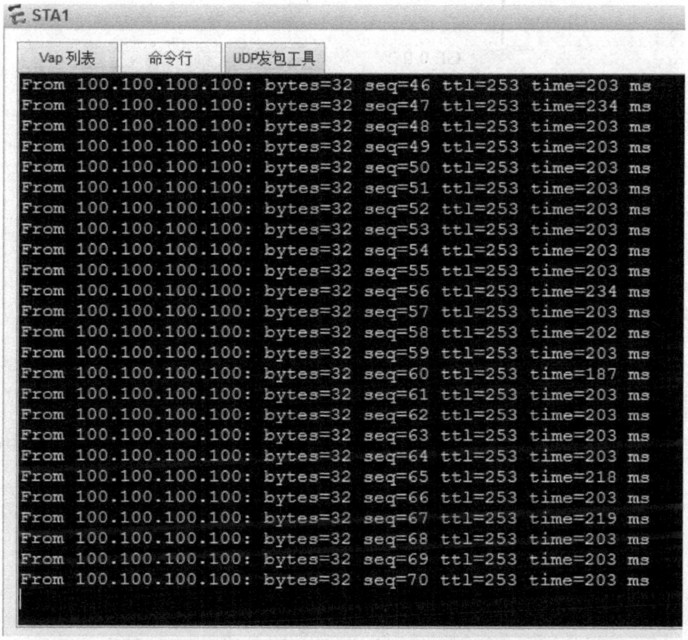

图 8-19　AC 内二层漫游正常示意图

③ 安全模板 security - profile 认证方式、密钥必须一致。

④ 服务集 service - set 模板中的 SSID 和数据转发模式必须一致。

⑤ 只需要定义一个服务集即可，可以将此服务集调用至需要漫游的 AP 设备上面。

⑥ 当多台 AP 设备释放 WLAN 信号时，建议将信道修改为互不干扰，而且 AP 之间的重叠区域建议为 10%～15%。

⑦ 业务 VLAN 与管理 VLAN 都需要放行，否则 STA 漫游过后，会导致 VLAN 通过不了。

⑧ 直接转发模式下，STA 终端漫游过后，与 AP 相连接的接入设备 ARP 表项未能及时

更新，会造成用户终端业务暂时性中断，所以建议管理员在配置 AC 服务集数据时，使能 DHCP Snooping 功能，这样 AP 会及时发送免费的 ARP 报文给接入设备，从而使得接入设备 ARP 表项及时进行刷新，保证网络漫游业务的不中断。

8.3 AC 内三层漫游配置

8.3.1 AC 内三层漫游配置组网拓扑

WLAN AC 内三层漫游组网拓扑如图 8-20 所示。

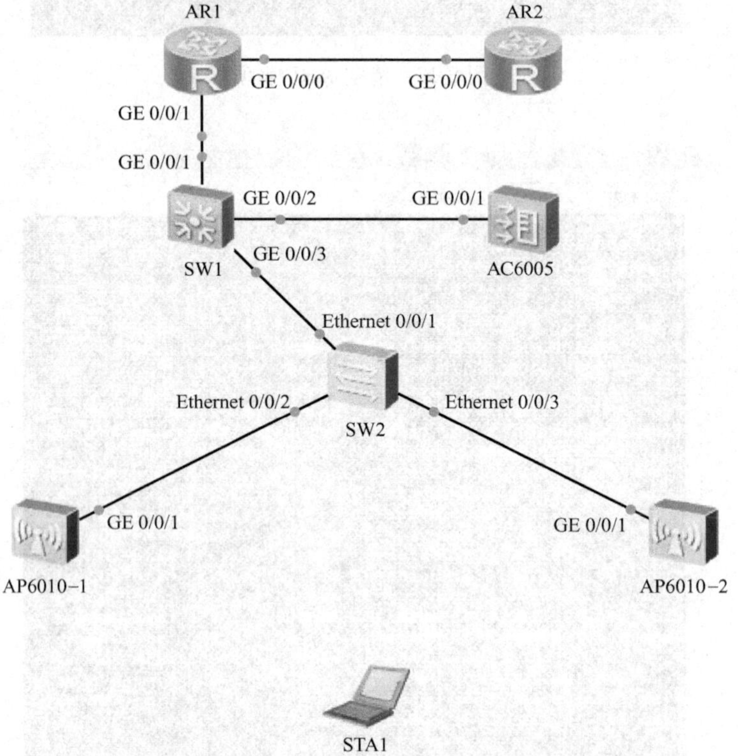

图 8-20　WLAN AC 内三层漫游组网拓扑

图 8-20 中有一个办公区域，但是由于 AP6010 - 1 提供转发 VLAN 101 的数据业务，而 AP6010 - 2 提供转发 VLAN 102 的数据业务，该公司领导希望在此办公区域内，客户端可以进行数据业务的自动切换，即完成不同业务 VLAN 之间的漫游，那么这里就必须使用 WLAN 的 AC 内三层漫游技术来完成此种业务需求。图中 AP6010 - 1 与 AP6010 - 2 设备同时连接了一台带有 POE 功能的接入层交换机 SW2，此类交换机在网络中的功能仅仅是 VLAN 的划分以及与核心交换机对接，核心交换机 SW1 提供了 DHCP 服务以及业务 VLAN 的网关功能，路由器 AR1 作为出口设备，与外网 AR2 路由器连接，并且需要在 AR1 路由器上配置 NAT 服务，使得无线客户端 STA 可以访问外网业务，图中 AC6005 设备主要用来管理多 AP 设备以及 AP 的业务下发，使得 AP 可以正常工作。具体的数据规划如表 8-2 所示。

表 8-2 WLAN 业务数据规划

配 置 项	AP6010－1 规划数据	AP6010－2 规划数据
WLAN 服务	WPA2 认证，PSK+CCMP 加密	WPA2 认证，PSK+CCMP 加密
服务集	名称：fuwuji101 SSID：sancengmanyou WLAN 虚端口：WLAN－ESS 1 数据转发模式：直接转发	名称：fuwuji102 SSID：sancengmanyou WLAN 虚端口：WLAN－ESS 102 数据转发模式：直接转发
用户所属 VLAN	VLAN 101 192.168.101.0/24	VLAN 101 192.168.102.0/24
外网 IP 地址	LoopBack 1：100.100.100.100/24	
AC 运营商标识 (carrier ID)/AC ID	other/1	
AC 管理 IP 地址	VLANIF 100 端口地址：192.168.100.2/24	
DHCP 服务器	SW1	

8.3.2 实验配置

1. 路由器 AR2 侧数据配置

端口 IP 地址配置如下：

```
<Huawei>system-view                                   //进入系统视图
Enter system view, return user view with Ctrl+Z.
[Huawei]sysname AR2                                   //设备名称命名为 AR2
[AR2]interface GigabitEthernet 0/0/0             //进入设备 GE0/0/0 端口视图下
[AR2-GigabitEthernet0/0/0]ip address 200.200.200.100 24 //配置端口 IP 地址
[AR2-GigabitEthernet0/0/0] quit
[AR2]interface LoopBack 1                             //进入设备 LoopBack 1 端口视图下
[AR2-LoopBack1]ip address 100.100.100.100 32   //配置端口 IP 地址
[AR2-LoopBack1] quit
[AR2]
```

2. 路由器 AR1 侧数据配置

(1) 端口 IP 地址配置

```
<Huawei>system-view                                   //进入系统视图
Enter system view, return user view with Ctrl+Z.
[Huawei]sysname AR1                                   //设备名称命名为 AR2
[AR1]interface GigabitEthernet 0/0/0             //进入设备 GE0/0/0 端口视图下
[AR1-GigabitEthernet0/0/0]ip address 200.200.200.200 24 //配置端口 IP 地址
[AR1-GigabitEthernet0/0/0] quit
[AR1]interface GigabitEthernet 0/0/1             //进入设备 GE0/0/1 端口视图下
```

[AR1-GigabitEthernet0/0/1]ip address 192.168.1.2 24 //配置端口 IP 地址
[AR1-GigabitEthernet0/0/1] quit
[AR1]

(2) NAT 数据配置

[AR1]acl number 3000 //创建 ACL 序列号为 3000
[AR1-acl-adv-3000]rule 5 permit ip source 192.168.101.0 0.0.0.255
//制定规则序列 5,放行目的网段 IP 地址为 192.168.101.0 的 IP 地址信息
[AR1-acl-adv-3000]rule 10 permit ip source 192.168.102.0 0.0.0.255
//制定规则序列 10,放行目的网段 IP 地址为 192.168.102.0 的 IP 地址信息
[AR1-acl-adv-3000] quit
[AR1]interface GigabitEthernet 0/0/0 //进入设备 GE0/0/0 端口视图下
[AR1-GigabitEthernet0/0/0]nat outbound 3000
//在此端口的出方向配置 NAT 协议,并且匹配引用 ACL 3000 的策略
[AR1-GigabitEthernet0/0/0] quit
[AR1]

(3) 静态路由配置

[AR1]ip route-static 0.0.0.0 0.0.0.0 200.200.200.100
//配置默认路由,下一跳地址为 200.200.200.100,即 AR2 的 GE0/0/0 端口
[AR1]ip route-static 192.168.101.0 24 192.168.1.1
//配置目的网段为 192.168.101.0,子网掩码为 24 位,下一跳地址为 192.168.1.1 的静态路由
[AR1]ip route static 192.168.102.0 24 192.168.1.1
//配置目的网段为 192.168.102.0,子网掩码为 24 位,下一跳地址为 192.168.1.1 的静态路由

3. 交换机 SW1 侧数据配置

(1) 交换机 SW1 DHCP 服务器配置

<Huawei>system-view //进入系统视图
Enter system view, return user view with Ctrl+Z.
[Huawei]sysname SW1 //设备名称命名为 SW1
[SW1]vlan batch 10 100 to 102 //批量创建 VLAN 10、100、101、102
[SW1]dhcp enable //全局开启 DHCP 功能
[SW1]interface Vlanif 10 //进入三层端口 VLANIF 10
[SW1-Vlanif10]ip address 192.168.10.1 24 //配置三层端口 IP 地址
[SW1-Vlanif10]dhcp select interface //从 VLANIF 10 端口 DHCP 获取 ID 地址
[SW1-Vlanif10]dhcp server option 43 sub-option 3 ascii 192.168.100.2
//因为 AC 与 AP 不在同一网段属于三层组网,默认情况下 AP 是无法发现控制器 AC 的,这里在 SW1 交换机上配置 DHCP 选项,使用 option 43 字段来告诉 VLANIF 10 下

```
的 AP,AC 的 IP 地址为 192.168.100.2
[SW1-Vlanif10] quit
[SW1]interface Vlanif 100                    //进入三层端口 VLANIF 100
[SW1-Vlanif100]ip address 192.168.100.1 24//配置三层端口 IP 地址
[SW1-Vlanif100] quit
[SW1]interface Vlanif 101                    //进入三层端口 VLANIF 101
[SW1-Vlanif101]ip address 192.168.101.1 24   //配置三层端口 IP 地址
[SW1-Vlanif101]dhcp select interface //配置从 VLANIF 101 端口 DHCP 获取 ID 地址
[SW1-Vlanif101]dhcp server dns-list 8.8.8.8 //配置 DHCP 获取的 DNS 为 8.8.8.8
[SW1-Vlanif101] quit
[SW1]interface Vlanif 102                    //进入三层端口 VLANIF 102
[SW1-Vlanif102]ip address 192.168.102.1 24 //配置三层端口 IP 地址
[SW1-Vlanif102]dhcp select interface   //配置从 VLANIF 102 端口 DHCP 获取 ID 地址
[SW1-Vlanif102]dhcp server dns-list 8.8.8.8 //配置 DHCP 获取的 DNS 为 8.8.8.8
[SW1-Vlanif102] quit
[SW1]
```

(2) SW1 端口属性与 VLAN 添加配置

```
[SW1]interface GigabitEthernet 0/0/2          //进入设备 GE0/0/2 端口视图下
[SW1-GigabitEthernet0/0/2]port link-type trunk//修改端口类型为 Trunk
[SW1-GigabitEthernet0/0/2]port trunk pvid vlan 100//修改此端口的 pvid 为 VLAN 100
[SW1-GigabitEthernet0/0/2]port trunk allow-pass vlan 100//配置此端口允许 VLAN
                                                        100 通过
[SW1-GigabitEthernet0/0/2] quit
[SW1]interface GigabitEthernet 0/0/3   //进入设备 GE0/0/3 端口视图下
[SW1-GigabitEthernet0/0/3]port link-type trunk//修改端口类型为 Trunk
[SW1-GigabitEthernet0/0/3]port trunk allow-pass vlan 10 101 102
        //配置此端口允许 VLAN 10、101、102 通过
[SW1-GigabitEthernet0/0/3] quit
[SW1]interface Vlanif 1                  //进入三层端口 VLANIF 1
[SW1-Vlanif1]ip address 192.168.1.1 24
//配置三层端口 IP 地址，华为设备默认情况下，所有的端口都属于 VLAN 1 内，则在
  此网络拓扑图中，此 VLANIF IP 地址配置在 GE0/0/1 的端口下
[SW1-Vlanif1] quit
[SW1]
```

(3) 默认路由配置

```
[SW1]ip route-static 0.0.0.0 0.0.0.0 192.168.1.2
//配置默认路由，下一跳地址为 192.168.1.2，即 AR1 的 GE0/0/1 端口
```

4. 交换机 SW2 侧数据配置

SW2 端口属性与 VLAN 添加配置如下：

```
<Huawei>system-view                          //进入系统视图
Enter system view, return user view with Ctrl+Z.
[Huawei]sysname SW2                          //设备名称命名为 SW2
[SW2]vlan batch 100 to 102 10                //批量创建 VLAN 10、100、101、102
[SW2]interface Ethernet 0/0/1                //进入设备 E0/0/1 端口视图下
[SW2-Ethernet0/0/1]port link-type trunk      //修改端口类型为 Trunk
[SW2-Ethernet0/0/1]port trunk allow-pass vlan 101 to 102 10
          //配置此端口允许 VLAN 10、101、102 通过
[SW2-Ethernet0/0/1] quit
[SW2]interface Ethernet 0/0/2                //进入设备 E0/0/2 端口视图下
[SW2-Ethernet0/0/2]port link-type trunk      //修改端口类型为 Trunk
[SW2-Ethernet0/0/2]port trunk allow-pass vlan 10 100 to 102
          //配置此端口允许 VLAN 10、100、101、102 通过
[SW2-Ethernet0/0/2]port trunk pvid vlan 10 //修改此端口的 pvid 为 VLAN 10
[SW2-Ethernet0/0/2] quit
[SW2]interface Ethernet 0/0/3                  //进入设备 E0/0/3 端口视图下
[SW2-Ethernet0/0/3]port link-type trunk      //修改端口类型为 Trunk
[SW2-Ethernet0/0/3]port trunk allow-pass vlan 10 100 to 102
          //配置此端口允许 VLAN 10、100、101、102 通过
[SW2-Ethernet0/0/3]port trunk pvid vlan 10//修改此端口的 pvid 为 VLAN 10
[SW2-Ethernet0/0/3] quit
[SW2]
```

5. AC6005 侧数据配置

(1) AC 基础配置

```
<AC6005>system-view                             //进入系统视图
Enter system view, return user view with Ctrl+Z.
[AC6005]vlan 100                                //创建 VLAN 100
[AC6005-vlan100] quit
[AC6005]interface Vlanif 100                    //进入三层端口 VLANIF 100
[AC6005-Vlanif100]ip address 192.168.100.2 24 //配置此三层端口 VLANIF 100 的 IP 地址
[AC6005-Vlanif100] quit
[AC6005]interface GigabitEthernet 0/0/1         //进入设备 GE0/0/1 端口视图下
[AC6005-GigabitEthernet0/0/1]port link-type trunk //修改端口类型为 Trunk
[AC6005-GigabitEthernet0/0/1]port trunk allow-pass vlan 100
          //配置此端口允许 VLAN 100 通过
```

[AC6005-GigabitEthernet0/0/1]port trunk pvid vlan100 //修改此端口的 pvid 为 VLAN 100
[AC6005-GigabitEthernet0/0/1] quit
[AC6005]ping 192.168.100.1 //使用 ping 命令来检测到达 SW1 的网络连通性

```
PING 192.168.100.1: 56 data bytes, press CTRL_C to break
Reply from 192.168.100.1: bytes=56 Sequence=1 ttl=255 time=1060 ms
Reply from 192.168.100.1: bytes=56 Sequence=2 ttl=255 time=480 ms
Reply from 192.168.100.1: bytes=56 Sequence=3 ttl=255 time=180 ms
Reply from 192.168.100.1: bytes=56 Sequence=4 ttl=255 time=470 ms
Reply from 192.168.100.1: bytes=56 Sequence=5 ttl=255 time=180 ms
--- 192.168.100.1 ping statistics ---
5 packet(s) transmitted
5 packet(s) received
0.00% packet loss
round-trip min/avg/max = 180/474/1060 ms
```

[AC6005]

(2) 静态路由配置

[AC6005]ip route-static 0.0.0.0 0.0.0.0 192.168.100.1
//配置默认路由，下一跳地址为 192.168.100.1，即设置路由使得 AC6005 可以通过 SW1 的 GE0/0/2 端口到达 VLAN 10

(3) AC 指定源与 AP 上线配置

[AC6005]wlan //进入 WLAN 视图
[AC6005-wlan-view]wlan ac source interface Vlanif 100 //指定 AC 源端口为 VLANIF 100
[AC6005-wlan-view]ap-auth-mode no-auth //配置 AP 认证模式为不认证
[AC6005-wlan-view] quit
[AC6005]display ap all //使用"display ap all"查询命令，查询检测 AP 是否可以正常上线

```
All AP information (Normal-2, UnNormal-0):
AP ID   AP Type        AP MAC          Profile ID/Region   AP State   AP Sysname
------------------------------------------------------------------
0       AP6010DN-AGN   00e0-fc4b-2240  0/0                 normal     ap-0
1       AP6010DN-AGN   00e0-fce0-38f0  0/0                 normal     ap-1
------------------------------------------------------------------
Total number:2
```

[AC6005]

(4) WLAN-ESS 端口配置

[AC6005]interface Wlan-Ess 101 //进入 WLAN-ESS 101 端口视图内
[AC6005-Wlan-Ess101]port hybrid untagged vlan 101 //配置此端口不带标签 VLAN 101 通过

```
[AC6005-Wlan-Ess101] quit
[AC6005]interface Wlan-Ess 102                    //进入 WLAN-ESS 102 端口视图内
[AC6005-Wlan-Ess102]port hybrid untagged vlan 102 //配置此端口不带标签 VLAN
                                                    101 通过
[AC6005-Wlan-Ess102] quit
[AC6005]
```

说明： WLAN-ESS 端口可以启用各种安全认证、QoS 策略以及 ACL 等，在直接转发模式下，WLAN-ESS 端口的 VLAN 属性不重要，不配也可以。

（5）WMM 模板与射频模板配置

```
[AC6005]wlan                                      //进入 WLAN 视图
[AC6005-wlan-view]wmm-profile name wmmprofile id 1
//创建 WMM 模板名称是 wmmprofile，ID 号为 1，模板内信息采用默认数据配置
[AC6005-wlan-wmm-prof-wmmprofile] quit
[AC6005-wlan-view]radio-profile name radioprofile id 1
//创建射频模板名称为 radioprofile，ID 号为 1，采用默认数据配置
[AC6005-wlan-radio-prof-radioprofile]wmm-profile id 1
//配置此射频模板绑定 ID 号为 1 的 WMM 模板
[AC6005-wlan-radio-prof-radioprofile]channel-mode fixed
//修改射频模板的信道模式为固定(fixed)
[AC6005-wlan-radio-prof-radioprofile] quit
[AC6005-wlan-view]
```

说明： WMM 模板可以定义流量优先级，射频模板功能比较多，可以设置功率、802.11 类型等，但要与 WMM 模块关联才能被射频调用，所以这里只需调用 WMM 模板即可，其他的使用默认配置。

（6）流量模板与安全模板配置

```
[AC6005-wlan-view] traffic-profile name trafficprofile id 1
//创建流量模板名称为 trafficprofile，ID 号为 1，此模板采用系统默认配置
[AC6005-wlan-traffic-prof-trafficprofile] quit
[AC6005-wlan-view]security-profile name wpa2 //创建安全模板名称为 wpa2
[AC6005-wlan-sec-prof-wpa2]security-policy wpa2//配置安全策略为 WPA2
[AC6005-wlan-sec-prof-wpa2]wpa2 authentication-method psk pass-phrase simple hua-
wei12345 encryption-method ccmp
//配置 WPA2 安全认证方法为 PSK，采用 pass-phrase 密码格式，明文密码为 huawei12345，
  采用 CCMP 加密算法
[AC6005-wlan-sec-prof-wpa2] quit
[AC6005-wlan-view]
```

说明： 流量模板中可以定义流量限速等，而安全模板是定义安全策略的，默认为 Open，但组网需求中选择的安全策略是 WPA2 PSK+CCMP，所以配置中进行了相应的修改。

（7）服务集模板创建与绑定配置

[AC6005-wlan-view]service-set name fuwuji101 id 1

//创建服务集名称为 fuwuji101，ID 号为 1 的服务集模板，并且进入此服务集视图内

[AC6005-wlan-service-set-fuwuji101]ssid sancengmanyou//配置 SSID 名称为 sancengmanyou

[AC6005-wlan-service-set-fuwuji101]wlan-ess 101

//引用 WLAN-ESS 101 端口，注意端口 VLAN 要对应

[AC6005-wlan-service-set-fuwuji101]service-vlan 101

//配置此服务集的服务 VLAN 为 VLAN 101

Info：This action may cause service interruption if you don't execute commit command.

[AC6005-wlan-service-set-fuwuji101]traffic-profile id 1

//配置此服务集绑定 ID 号为 1 的流量模板

[AC6005-wlan-service-set-fuwuji101]security-profile name wpa2

//配置此服务集绑定名称为 WPA2 的安全模板

[AC6005-wlan-service-set-fuwuji101]display this

//使用查询命令"display this"查询此服务集下的配置信息

```
wlan-ess 101
ssid sancengmanyou
traffic-profile id 1
security-profile id 0
service-vlan 101
```

[AC6005-wlan-service-set-fuwuji101] quit

[AC6005-wlan-view]service-set name fuwuji102 id 2

//创建服务集名称为 fuwuji102，ID 号为 2 的服务集模板，并且进入此服务集视图内

[AC6005-wlan-service-set-fuwuji102]ssid sancengmanyou

//配置 SSID 名称为 sancengmanyou，因为需要实现漫游技术，所以 AP 设备释放的 SSID 信号必须都配置为 sancengmanyou

[AC6005-wlan-service-set-fuwuji102]wlan-ess 102

//引用 WLAN-ESS 102 端口，注意端口 VLAN 要对应

[AC6005-wlan-service-set-fuwuji102]service-vlan 102

//配置此服务集的服务 VLAN 为 VLAN 102

Info：This action may cause service interruption if you don't execute commit command.

[AC6005-wlan-service-set-fuwuji102]traffic-profile id 1

//配置此服务集绑定 ID 号为 1 的流量模板

[AC6005-wlan-service-set-fuwuji102]security-profile name wpa2

//配置此服务集绑定名称为 WPA2 的安全模板

[AC6005-wlan-service-set-fuwuji102]display this

//使用查询命令"display this"查询此服务集下的配置信息

```
wlan-ess 102
ssid sancengmanyou
traffic-profile id 1
security-profile id 0
service-vlan 102
```

[AC6005-wlan-service-set-fuwuji102] quit

[AC6005-wlan-view]

(8) AP天线绑定射频模板与服务集配置

[AC6005-wlan-view]ap 0 radio 0 //进入AP 0设备的2.4GHz频段天线

[AC6005-wlan-radio-0/0]radio-profile id 1 //配置此天线绑定ID号为1的射频模板

Warning: Modify the Radio typemay cause some parameters of Radio resume default value, are you sure to continue? [Y/N]: y

[AC6005-wlan-radio-0/0]service-set name fuwuji10 //绑定服务集名称为fuwuji101

[AC6005-wlan-radio-0/0] quit

[AC6005-wlan-view]ap 1 radio 0 //进入AP 1设备的2.4GHz频段天线

[AC6005-wlan-radio-1/0]radio-profile id 1 //配置此天线绑定ID号为1的射频模板

Warning: Modify the Radio type may cause some parameters of Radio resume default value, are you sure to continue? [Y/N]: y

[AC6005-wlan-radio-1/0]service-set name fuwuji102 //绑定服务集名称为fuwuji102

[AC6005-wlan-radio-1/0]channel 20mHz 6 //配置射频信道带宽工作在20MHz，且信道为6，默认工作在20MHz下

[AC6005-wlan-radio-1/0] quit

[AC6005-wlan-view]

说明：ap 0是此AC上注册的AP ID号，radio 0表示2.4GHz的频率，如果AP设备是双频的话，还可以配置radio 1，表示5GHz频段，然后在射频里面调用了服务集以及射频模板，另外配置了AP 1设备的信道，在这里手动将信道修改为6，默认都是1，实际工程中可以人为修改，也可以自动调优。

(9) AP业务下发配置

[AC6005-wlan-view]commit all //确认下发AC所有AP数据配置至AP上

Warning: Committing configuration may cause service interruption, continue? [Y/N] y

[AC6005-wlan-view] quit

[AC6005]

8.3.3 实验结果与补充

1) 数据配置完成之后，两台AP6010设备会释放出WLAN无线信号，如图8-21所示。

从图8-21中可以看出，AP6010-1无线接入点设备释放出的无线信号，是工作在2.4GHz频段、1信道、数据传输速率为54Mbit/s的WLAN信号，而AP6010-2无线接入点设备释放出的无线信号，是工作在2.4GHz频段、6信道、数据传输速率为54Mbit/s的

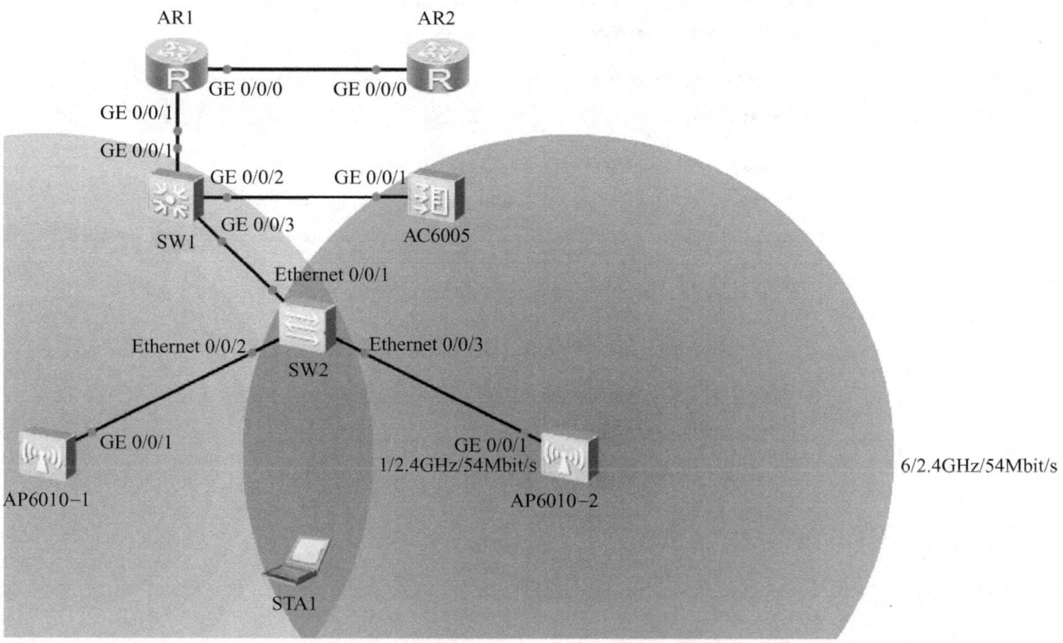

图 8-21 WLAN数据配置完成示意图

WLAN信号，并且AP6010－1与AP6010－2 WLAN信号有一定的重叠区域，从而可以实现WLAN的漫游功能。

2）将STA1移动到AP6010－1左侧独立的WLAN信号释放区域，启动STA1设备，双击进入VAP列表，可以发现一个名称为sancengmanyou的SSID，输入密码huawei12345，自动连接到WLAN网络，如图8-22、图8-23和图8-24所示。

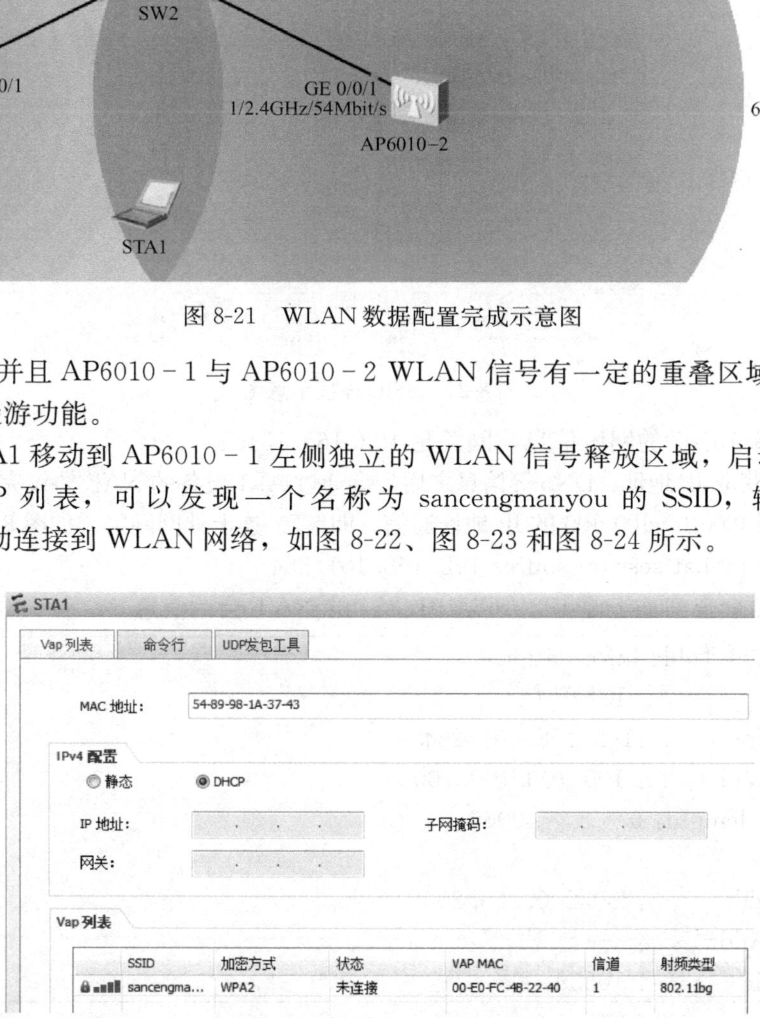

图 8-22 STA1 VAP列表信息

3）输入正确的密码，通过验证后，STA1连接上AP6010－1设备，再通过SW1的DHCP服务器获取IP地址、DNS等信息，如图8-25和8－26所示。

从图8-26中可以看出，由于此时STA1是通过AP6010－1连接至WLAN网络中，AP6010－1业务VLAN属于VLAN 101，则STA1通过SW1作为DHCP服务器获取的IP

图 8-23　输入 WLAN 密码信息示意图

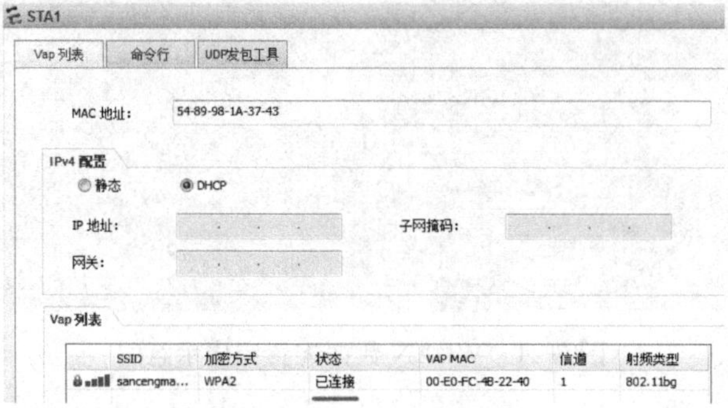

图 8-24　SSID 连接示意图

地址为 192.168.101.0 的网段信息，网关是 192.168.101.1。

4）STA1 获取 IP 地址、DNS 等信息之后，会通过 AR1 设备的 NAT 协议完成 IP 地址转换，从而可以与外网 100.100.100.100 的 IP 地址通信，即 STA 连上外网网络，如图 8-27 所示。

[AR1]display nat session source 192.168.101.254

//使用此命令查询基于源 192.168.101.254 的 NAT 会话信息

```
NAT Session Table Information:
Protocol          : ICMP (1)
SrcAddr Vpn       :192.168.101.254
DestAddr Vpn      : 100.100.100.100
Type Code IcmpId: 0    8    49066
NAT-Info
New SrcAddr       :200.200.200.200
New DestAddr      : ----
New IcmpId        : 10339
```

5）漫游测试。右击 STA1 设备，选择自动移动，将 STA1 移动至 AP6010－2 释放的 WLAN 信号区域，并且在 STA1 设备命令行界面，使用命令“ping 100.100.100.100－t”，观察网络连通性，判断网络是否出现中断或丢包的问题，最后当 STA1 设备移动至 AP6010－2 释放的 WLAN 信号区域时，在 STA1 设备的命令行界面，使用命令“ipconfig”观察此时 STA1 设备的 IP 地址等信息，如图 8-28、图 8-29、图 8-30、图 8-31 和图 8-32 所示。

从图 8-32 中可以看出，STA1 设备漫游至 AP6010－2 释放的 WLAN 信息区域之后，其 IP

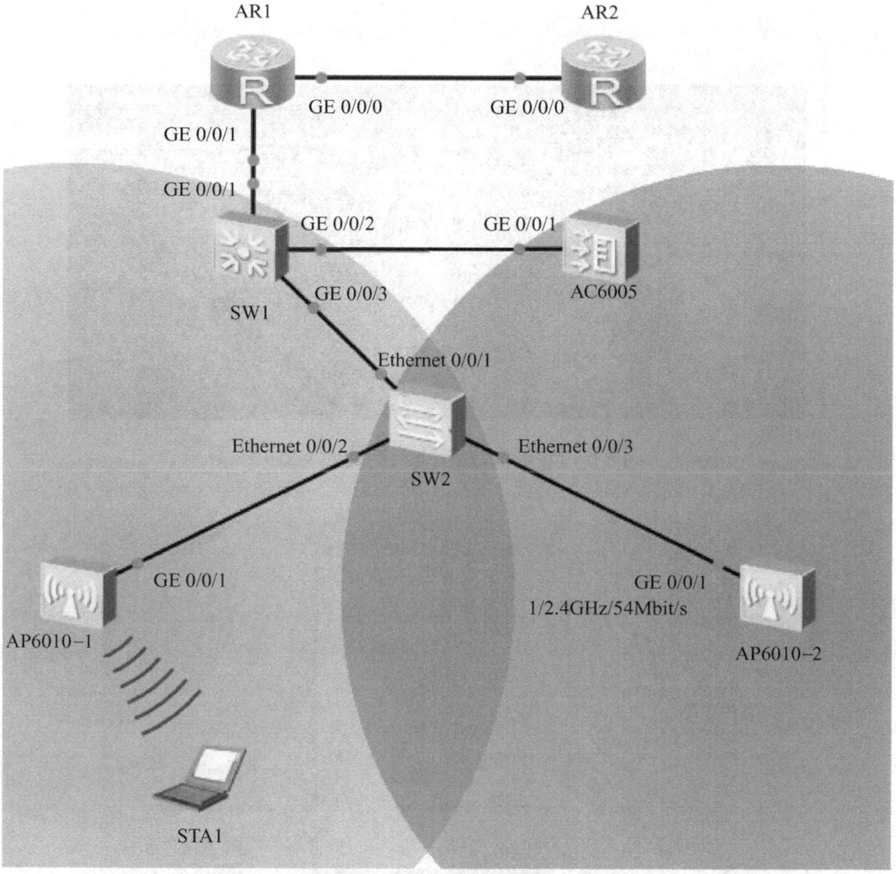

图 8-25　STA1 连接示意图

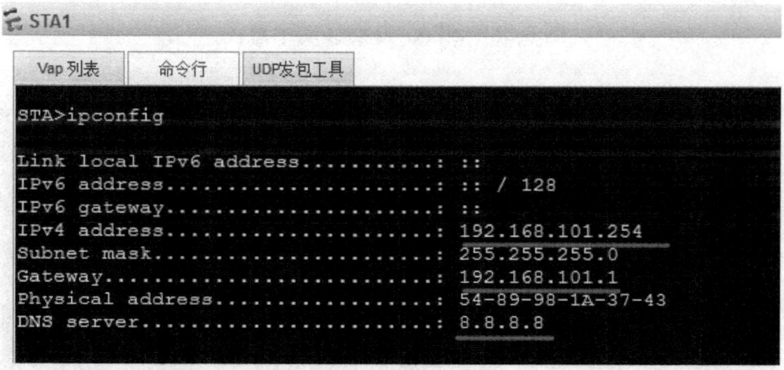

图 8-26　STA1 通过 DHCP 服务器获取 IP 地址信息示意图

地址信息保持不变，默认情况下 AP6010－2 无线接入点设备只允许 VLAN 102 通过，但是由于有 STA1 漫游客户端的加入，AP6010－2 也会加入 VLAN 101 的 Untage 数据业务，这是因为 STA1 在漫游过程中，AP6010－2 设备会通过 CAPWAP 隧道来询问 AC6005 设备是否有关于该 STA1 客户端的关联信息，由于该客户端之前已经关联过 AP6010－1 设备，因此 AC6005 设备上面有关于它的关联、认证以及 VLAN 等属性，这些属性会下发给 AP6010－2 设备，这时候 AP6010－2 设备就会自动添加 VLAN 101 的业务 VLAN 并进行处理，并且会保存关于该

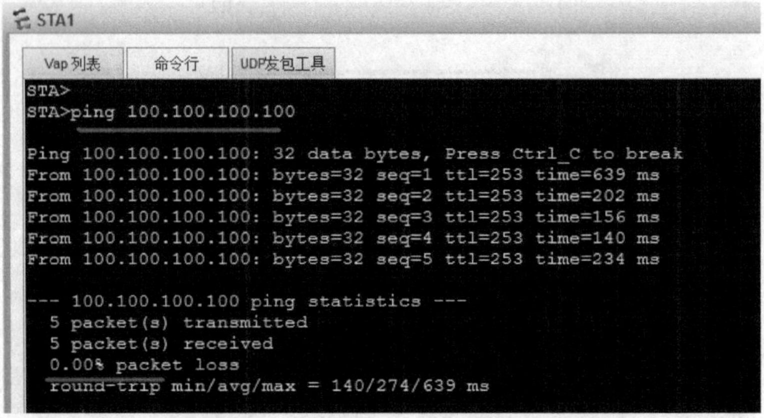

图 8-27　STA1 与外网连通示意图

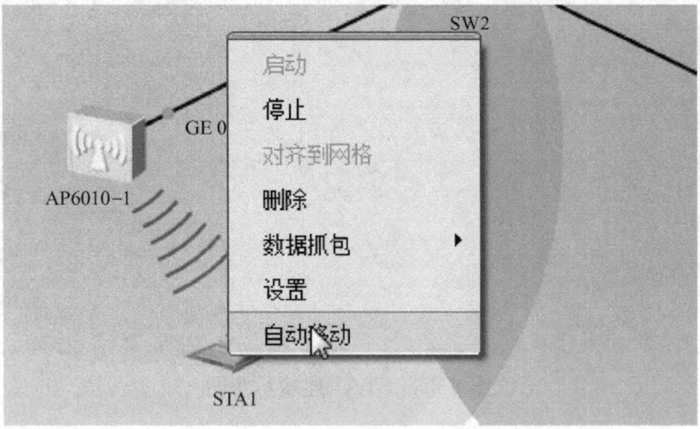

图 8-28　STA1 自动移动示意图

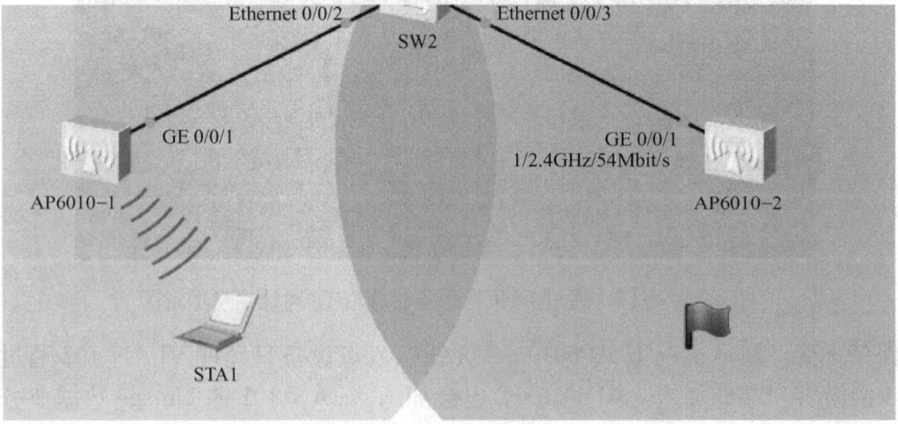

图 8-29　STA1 自动移动至 AP6010－2 示意图

STA1 客户端的漫游信息到本地，之后只要是关于 STA1 该客户端过来的数据包都打上 VLAN 101 的标签，不是漫游记录里面的信息就打上 pvid 102 的业务标签。

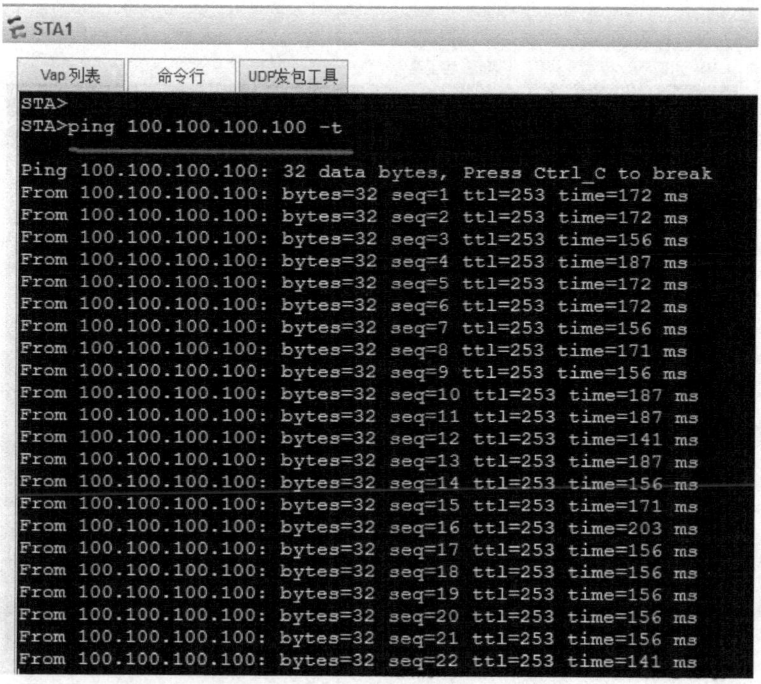

图 8-30 STA1 外网连通示意图

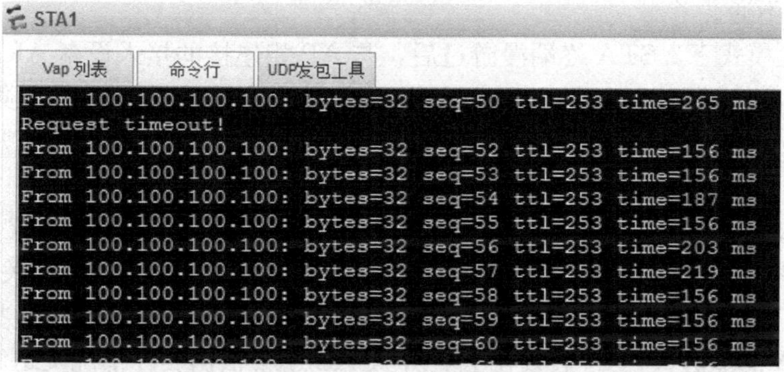

图 8-31 STA1 漫游至 AP6010－2 外网连通示意图

6）WLAN AC 内三层漫游注意事项：

① AP 设备必须在同一个 AC 下。

② WLAN－ESS 端口下的安全策略必须一致。

③ 安全模板 security－profile 的认证方式、密钥必须一致。

④ 服务集模板 service－set 中的 SSID 和数据转发模式必须一致。

⑤ 需要定义多个服务集，并且需要关联不同的 WLAN－ESS 端口以及业务服务 VLAN，但是这些服务集内的 SSID 以及其他策略必须一致。

⑥ 当多台 AP 设备释放 WLAN 信号时，建议将信道修改为互不干扰，而且 AP 之间的重叠区域建议为 10％～15％。

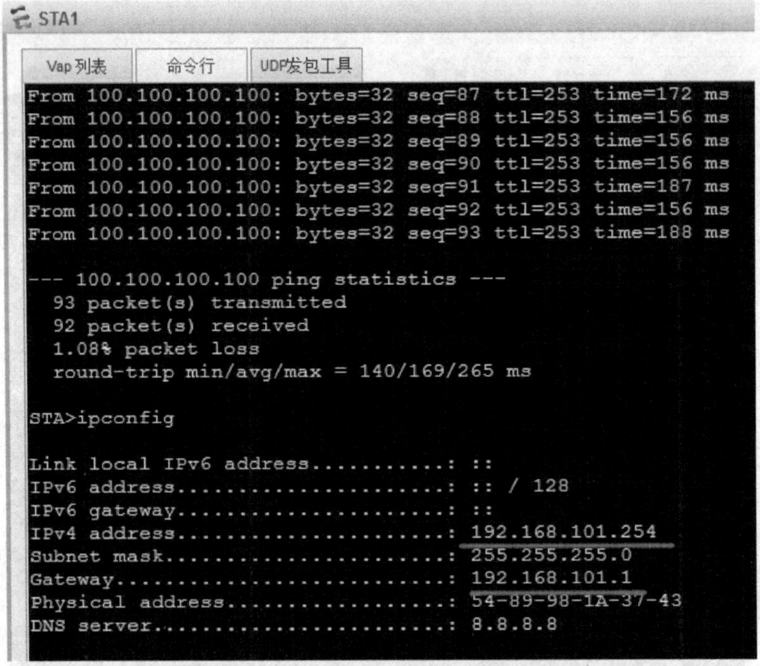

图 8-32　STA1 漫游后 IP 地址信息示意图

⑦ 接入交换机的接入端口必须配置允许所有需要漫游的业务 VLAN 通过，否则漫游过后，将导致业务不通。

⑧ 直接转发模式下，STA 终端漫游过后，与 AP 相连接的接入设备 ARP 表项未能及时更新，会造成用户终端业务暂时性中断，所以建议管理员在配置 AC 服务集数据时，使能 DHCP Snooping 功能，这样 AP 会及时发送免费的 ARP 报文给接入设备，从而使得接入设备 ARP 表项及时进行刷新，保证网络漫游业务的不中断。

⑨ 在 AC 内三层漫游过程中，默认情况下，AP 只会处理服务集内定义的业务 VLAN，当有新的 STA 客户端从别的 AP 漫游至此 AP 后，该 AP 设备会询问 AC 关于该 STA 客户端的关联信息，如安全认证、密钥、业务 VLAN 等，然后 AP 设备收到这些信息之后，会将有关于此 STA 的业务 VLAN 转发出去，并且 AC 还会根据实际情况发送解除关联信息给之前的 AP，要求解除掉关于该 STA 客户端的关联信息。

本章小结

本章 8.1 节介绍了 WLAN 的漫游技术，首先介绍了漫游的概念，即当同一个 ESS 内包含多个无线接入点（AP）设备，STA 从一个 AP 覆盖区域移动至另外一个 AP 覆盖区域时，利用漫游技术完成无线客户端 STA 用户业务的平滑过渡，保证用户业务的不中断。接着介绍了 WLAN 漫游技术主要可以解决的三种问题，第一，避免漫游过程中用户的认证时间过长，而导致用户数据丢包甚至中断的问题；第二，保证用户的漫游过后 IP 地址等信息不变的问题；第三，保证用户授权信息不变的问题。之后介绍了 WLAN 漫游技术的网络架构，以及漫游的分类，主要有同一 AC 下的二层漫游技术、同一 AC 下的三层漫游、不同 AC 下的二层漫游和不同AC下的三层漫游。最后根据用户需求以及WLAN覆盖面积等因素，介绍并分析了WLAN漫游的四种应用场景。

本章8.2节与8.3节对AC内二层漫游网络拓扑图和AC内三层网络拓扑图进行了分析、数据规划、实验配置，对实验结果进行了补充，最后根据实验配置过程总结出关于AC内二层漫游技术与AC内三层漫游技术的注意事项等。

习题与思考

1. WLAN漫游技术到底是什么含义？

2. WLAN漫游技术主要可以解决哪些问题？

3. Master Controller AC主要有哪些功能？

4. 选择Master Controller AC时需要注意哪些事项？

5. WLAN漫游技术主要可以分为哪几类？

6. 在大型网络中为了很好地保证无线业务的漫游不中断，可以使用哪种WLAN漫游技术？

7. HAP指什么？

8. FAP指什么？

9. 如何根据实际网络环境选择WLAN的漫游场景？

10. 简要画出AC内二层漫游网络拓扑图。

11. 简要画出AC间三层漫游网络拓扑图。

12. 什么是VRRP协议？其作用是什么？

13. 简要概述AC内二层漫游技术配置中需要注意的问题。

14. 简要概述AC内三层漫游技术配置中需要注意的问题。

15. 根据实验室机房所拥有的WLAN设备，自行完成WLAN AC间二层漫游数据配置，并且使用无线客户端验证AC间二层漫游数据配置是否正确，同时写出配置的详细步骤与注意事项。

16. 根据实验室机房所拥有的WLAN设备，自行完成WLAN AC间三层漫游数据配置，并且使用无线客户端验证AC间三层漫游数据配置是否正确，同时写出配置的详细步骤与注意事项。

参 考 文 献

[1] 高峰，李盼星，杨文良，等. HCNA - WLAN 学习指南［M］. 北京：人民邮电出版社，2015.
[2] 段水福，历晓华，段炼. 无线局域网（WLAN）设计与实现［M］. 杭州：浙江大学出版社，2008.
[3] 麻信洛，李晓中，葛长涛. 无线局域网构建及应用［M］. 2 版. 北京：国防工业出版社，2009.